2014—2015

水产学
学科发展报告

REPORT ON ADVANCES
IN FISHERY SCIENCE

中国科学技术协会　主编
中国水产学会　编著

U0229677

中国科学技术出版社
·北　京·

图书在版编目（CIP）数据

2014—2015 水产学学科发展报告 / 中国科学技术协会
主编；中国水产学会编著 . —北京：中国科学技术出
版社，2016.2

（中国科协学科发展研究系列报告）

ISBN 978-7-5046-7086-1

Ⅰ . ① 2… Ⅱ . ①中… ②中… Ⅲ . ①水产养殖业 — 学
科发展 — 研究报告 — 中国 — 2014—2015 Ⅳ . ① S9-12

中国版本图书馆 CIP 数据核字（2016）第 025828 号

策划编辑	吕建华　许　慧
责任编辑	高立波
装帧设计	中文天地
责任校对	刘洪岩
责任印制	张建农

出　版	中国科学技术出版社
发　行	科学普及出版社发行部
地　址	北京市海淀区中关村南大街 16 号
邮　编	100081
发行电话	010-62103130
传　真	010-62179148
网　址	http：//www.cspbooks.com.cn

开　本	787mm×1092mm　1/16
字　数	359 千字
印　张	16.75
版　次	2016 年 4 月第 1 版
印　次	2016 年 4 月第 1 次印刷
印　刷	北京盛通印刷股份有限公司
书　号	ISBN 978-7-5046-7086-1 / S·594
定　价	68.00 元

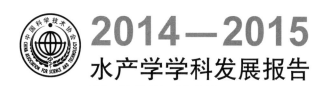

2014—2015
水产学学科发展报告

首席科学家　贾晓平

专　家　组

　　组　长　贾晓平　黄硕琳

　　成　员　（按姓氏笔画为序）

王玉堂	王秀华	王清印	艾庆辉	冯东岳
司徒建通		任鸣春	刘　慧	刘其根
关长涛	麦康森	李　健	李兆杰	李来好
李灵智	李家乐	杨　健	杨文波	杨宁生
励建荣	吴凡修	邱高峰	邹曙明	沈新强
陈　萍	陈松林	陈雪忠	昌鸣先	金显仕
单秀娟	孟宪红	聂　品	徐　皓	徐文腾
栾　生	黄旭雄	黄洪亮	蒋增杰	谢海侠
谭洪新	熊善柏	樊　伟	薛长湖	

学术秘书　刘富林　杨清源

>>>> 序

党的十八届五中全会提出要发挥科技创新在全面创新中的引领作用，推动战略前沿领域创新突破，为经济社会发展提供持久动力。国家"十三五"规划也对科技创新进行了战略部署。

要在科技创新中赢得先机，明确科技发展的重点领域和方向，培育具有竞争新优势的战略支点和突破口十分重要。从 2006 年开始，中国科协所属全国学会发挥自身优势，聚集全国高质量学术资源和优秀人才队伍，持续开展学科发展研究，通过对相关学科在发展态势、学术影响、代表性成果、国际合作、人才队伍建设等方面的最新进展的梳理和分析以及与国外相关学科的比较，总结学科研究热点与重要进展，提出各学科领域的发展趋势和发展策略，引导学科结构优化调整，推动完善学科布局，促进学科交叉融合和均衡发展。至 2013 年，共有 104 个全国学会开展了 186 项学科发展研究，编辑出版系列学科发展报告 186 卷，先后有 1.8 万名专家学者参与了学科发展研讨，有 7000 余位专家执笔撰写学科发展报告。学科发展研究逐步得到国内外科学界的广泛关注，得到国家有关决策部门的高度重视，为国家超前规划科技创新战略布局、抢占科技发展制高点提供了重要参考。

2014 年，中国科协组织 33 个全国学会，分别就其相关学科或领域的发展状况进行系统研究，编写了 33 卷学科发展报告（2014—2015）以及 1 卷学科发展报告综合卷。从本次出版的学科发展报告可以看出，近几年来，我国在基础研究、应用研究和交叉学科研究方面取得了突出性的科研成果，国家科研投入不断增加，科研队伍不断优化和成长，学科结构正在逐步改善，学科的国际合作与交流加强，科技实力和水平不断提升。同时本次学科发展报告也揭示出我国学科发展存在一些问题，包括基础研究薄弱，缺乏重大原创性科研成果；公众理解科学程度不够，给科学决策和学科建设带来负面影响；科研成果转化存在体制机制障碍，创新资源配置碎片化和效率不高；学科制度的设计不能很好地满足学科多样性发展的需求；等等。急切需要从人才、经费、制度、平台、机制等多方面采取措施加以改善，以推动学科建设和科学研究的持续发展。

中国科协所属全国学会是我国科技团体的中坚力量，学科类别齐全，学术资源丰富，汇聚了跨学科、跨行业、跨地域的高层次科技人才。近年来，中国科协通过组织全国学会开展学科发展研究，逐步形成了相对稳定的研究、编撰和服务管理团队，具有开展学科发展研究的组织和人才优势。2014—2015 学科发展研究报告凝聚着 1200 多位专家学者的心血。在这里我衷心感谢各有关学会的大力支持，衷心感谢各学科专家的积极参与，衷心感谢付出辛勤劳动的全体人员！同时希望中国科协及其所属全国学会紧紧围绕科技创新要求和国家经济社会发展需要，坚持不懈地开展学科研究，继续提高学科发展报告的质量，建立起我国学科发展研究的支撑体系，出成果、出思想、出人才，为我国科技创新夯实基础。

2016 年 3 月

2012—2015 年正值我国"十二五"渔业规划中期和末期，是加快现代渔业建设和转变发展方式的重要时期，渔业经济保持平稳健康发展，水产品供给充足，水产品质量安全、渔业安全生产在较高的水平上稳步提高，生产区域布局更趋合理，产业结构进一步优化，水生生物资源养护事业全面深入推进，渔民收入持续较快增长，现代渔业的产业体系和支撑保障体系初步建成，形成生产发展、产品安全、渔民增收、生态文明、平安和谐的现代渔业发展新格局，部分渔业发达地区率先实现渔业现代化。

本报告重点阐述了 2012—2015 年水产学科发展的新进展和新成果、国内外比较和学科发展前景等。本报告涵盖了水产生物技术、海水养殖、水产动物疾病、水产动物营养与饲料、渔业资源保护与利用、水产捕捞、渔业装备、水产品加工与贮藏、渔业信息等学科领域，力求做到全面、客观和权威的阐述，在总结学科发展成果的基础上，体现学科知识体系的发展，预测学科未来发展需求和趋势。

本报告由中国水产学会组织专家撰写、审定修改完成。为保证编撰出版质量，成立了由水产相关学科专家组成的编写组，从 2014 年 7 月开始至 2015 年 10 月，历时 16 个月完成编撰和研讨。报告凝聚了专家们的心血和汗水，在此谨向为报告编写付出辛劳、做出贡献的所有人士致以诚挚的感谢！

由于时间和资料的局限，书中难免存在疏漏和不足，敬请批评指正。

中国水产学会

2015 年 10 月 31 日

>>>> 目录

综合报告

专题报告

ABSTRACTS IN ENGLISH

综合报告

水产学学科发展研究

一、引言

"十二五"以来是我国渔业发展最好的时期之一。2014 年全国水产品总产量 6461.52 万吨，已经连续 25 年世界第一；其中：养殖产量 4748.41 万吨，捕捞产量 1713.11 万吨，海水产品产量 3296.22 万吨，淡水产品产量 3165.30 万吨。全国渔民人均纯收入 14426.26 元，全国水产品人均占有量 47.24 千克，是全世界人均占有量的 2 倍多；水产品进出口总量 844.43 万吨、进出口总额 308.84 亿美元，其中，出口量 416.33 万吨、出口额 216.98 亿美元，中国水产品出口额已经连续 14 年居世界首位。

2013—2014 年我国渔业发展的特点是：加强现代渔业建设，大力推动渔业发展方式转变，构建集约化、专业化、组织化、社会化相结合的新型经营体系；坚持保障供给与提高质量并重。在确保水产品有效供给的基础上，将质量安全摆在更加突出的位置，努力推动渔业生产由数量为主向数量和质量并重方向转变；突出重视生态文明建设，坚持生产发展与生态养护并重，在发展生产的同时，更加注重生态保护，协调推进生产发展和生态养护，合理开发和利用渔业资源，发挥渔业的生态服务功能，做大做强水生生物资源养护事业，促进国家生态文明建设；着力加强渔业基础设施和装备建设，增强科技对产业的支撑能力，建立健全渔业公共服务体系，努力促进渔业产业整体素质的提升。

这些成绩的取得，与我国渔业科技的发展密不可分。渔业发展特点的形成，需要不同学科、不同技术领域研究工作的支撑。近三年来，渔业科技的发展主要体现在以下几个方面：

（1）我国在水产生物技术领域的某些方面有了长足的进展，在某些研究方向甚至处于国际领先地位。

（2）在养殖生物的基因组测序和分子标记辅助育种、多营养层次的综合养殖、工厂化循环水和池塘养殖工程技术等方面开展了广泛而深入的研究工作，取得大量成果、论文和专利，技术推广进一步扩大，有力地推动了产业发展。

（3）在淡水养殖生物的遗传育种、养殖与工程设施技术、池塘养殖和工厂化模式等方面开展了广泛而深入的研究工作，有力地推动了淡水养殖产业发展。

（4）水产养殖动物疾病学科的研究水平得到了进一步提高，对一些重要病原的致病机理的研究取得了可喜的成绩，在疫苗和健康养殖管理方面也取得了良好的成绩。

（5）水产动物营养与饲料研究蓬勃发展，取得了一系列重要的研究成果。

（6）渔药学科体系建设和渔药研发工作异常活跃，新产品、新技术、新工艺不断涌现。

（7）捕捞学科在负责任捕捞技术、远洋渔业新资源开发和促进我国捕捞业可持续发展方面开展了大量研究工作，在服务保障、技术支撑、人才培养和成果创新等方面取得了较大的研究进展。

（8）渔业资源保护与利用学科以生态文明建设的国家需求为导向，着力解决产业发展中的科学问题，不断为行业发展提供科技支撑和技术保障，推动了我国渔业资源保护与利用领域研究的全面快速发展。

（9）渔业生态环境学科围绕生态环境的监测与评价、渔业水域污染生态学、渔业生态环境保护与修复技术和渔业生态环境质量管理技术开展了一系列研究，取得了部分重要的研究进展和成果。

（10）水产品加工与贮藏工程学科在推动国家食物从"量"的安全向"质"的安全稳定转变，进一步优化居民膳食结构、推动渔业产业结构升级方面做了大量工作，取得可喜成绩。

（11）渔业装备科技围绕着现代渔业建设及生产方式转变，得到了长足的发展，与国际先进水平的差距正在缩小，一些领域的技术水平已经达到国际先进或领先水平，支撑着渔业产业的发展。

（12）渔业信息领域开展了渔业信息技术的专题研究，构建了一批信息服务平台，解决了水产信息应用中的一些关键技术，推出了一批技术成果。

这些研究工作使我国渔业科技支撑力不断增强。渔业科技持续进步，渔业科技贡献率从2010年的55%上升至2015年的58%。本报告涵盖了2013—2015年水产养殖、捕捞技术、渔业资源保护与利用、水产品加工与贮藏工程、渔业生态环境、高新技术等领域的研究进展，通过国内外比较研究，探明水产科技发展的热点与差距，预测水产学学科未来发展的需求与趋势。

二、研究进展

（一）水产养殖领域

最近两年来，我国水产养殖领域取得了显著进展。在养殖生物的基因组测序和分子标记辅助育种、多营养层次的综合养殖、工厂化循环水和池塘养殖工程技术等方面开展了广泛而深入的研究工作，取得大量成果、论文和专利，技术推广进一步扩大，有力地推动了产业发展。

1. 水产养殖动植物遗传育种

在淡水、海水水产育种基础研究方面，基因组测序计划在国际上后来居上，已取得重要进展。半滑舌鳎全基因组测序和精细图谱绘制，研究揭示了基于 ZW 同源基因推测的半滑舌鳎性染色体形成时间约为 3000 万年前；完成了大黄鱼全基因组测序，成功解析了其先天免疫系统基因组特征；获得了高质量凡纳滨对虾和中国明对虾基因组测序数据，并开展了比较基因组研究。鲤鱼、草鱼的基因组测序和装配工作已经完成，鲫鱼、团头鲂等的基因组计划也正在进行中。开展了中华绒螯蟹、罗氏沼虾基因组学研究，构建了中华绒螯蟹、罗氏沼虾基因组文库，目前已经完成了中华绒螯蟹高密度连锁图谱和全基因组测序及组装工作。

"十二五"是前期技术积累和育种工作成果凸显的 5 年，全国水产原种和良种审定委员会共审定 56 个海水、淡水水产新品种，占全部（156 个）水产新品种的 35.9%。仅 2013—2014 年就有 40 个水产新品种通过了审定，占全部水产新品种的 25.6%（表 1）。2015 年我国水产育种研发技术主要包括选择育种技术、杂交育种技术、细胞工程育种技术和分子育种技术。研究最多、使用最广泛的是群体选择技术。进一步优化水产动物多性状复合育种技术体系，建立了以 REML 和 BLUP 法为核心的水产动物多性状遗传评估技术，突破了多个性状复合选择的技术难题。该育种技术及软件应用至 20 个育种项目，直接或间接培育出凡纳滨对虾"壬海 1 号"、日本对虾"闽海 1 号"等新品种 10 多个，生长速度、抗病性、抗逆性和养殖存活率等性状得到了显著改良。建立了高通量 SNP 标记开发和分型技术，可同时对全基因组的 SNP 进行筛查和基因分型，准确度比 RAD 技术提高 20%以上，成本只有芯片技术的十分之一。利用高通量 SNP 分型技术，相继构建了半滑舌鳎、大菱鲆、栉孔扇贝、凡纳滨对虾、日本对虾、斑节对虾、中华绒螯蟹等高密度遗传连锁图谱。建立并优化全基因组选择育种平台，实现了全基因组育种值（GEBV）快速准确地估计。

在淡水养殖生物遗传育种方面，在国家"十二五"科技计划，尤其是国家大宗淡水鱼类产业技术体系的支持下，草、青、鲢、鳙、鲤、鲫、鲂等大宗淡水鱼类育种取得了一批具有良好发展前景的重要成果。在淡水名特优鱼类中，2013—2014 年以来培育出吉富罗非鱼"中威 1 号"、中华绒螯蟹"长江 2 号"、乌斑杂交鳢、吉奥罗非鱼、杂交翘嘴鲂、秋浦杂交斑鳜、斑点叉尾鮰"江丰 1 号"、翘嘴鲌"华康 1 号"、易捕鲤、津新鲤 2 号、津新乌鲫等 11 个水产新品种，选育的翘嘴鲌、斑鳜的杂交种后代在人工饲料利用方面表现出显著的杂交优势，正在开展龟鳖大鲵系统的育种技术研究。截至 2014 年，共有水产养殖品种 156 个，其中淡水养殖动物新品种近 90 个，81.4% 的淡水养殖动物新品种都是由科研机构和水产院校研制而成，为我国淡水养殖产业做出了巨大的贡献。近年来企业参与程度增加，水产类企业培育良种 29 个，占 18.6%。

表 1　经全国水产原种和良种审定委员会审（认）定通过的水产良种名录（2011—2014 年）

年份	培育种	杂交种及其他良种	合计
2011 年	松浦红镜鲤、瓯江彩鲤"龙申 1 号"、中华绒螯蟹"长江 1 号"、中华绒螯蟹"光合 1 号"、海湾扇贝"中科 2 号"、海带"黄官 1 号"（6）	鳊鲴杂交鱼、马氏珠母贝"海优 1 号"、牙鲆"北鲆 1 号"（3）	9
2012 年	凡纳滨对虾"桂海 1 号"、三疣梭子蟹"黄选 1 号"、"三海"海带（3）	尼罗罗非鱼"鹭雄 1 号"、坛紫菜"闽丰 1 号"、杂交鲍"先锋 1 号"、芦台鲂鲌（4）	7
2013 年	大黄鱼"东海 1 号"、中国对虾"黄海 3 号"、三疣梭子蟹"科甬 1 号"、中华绒螯蟹"长江 2 号"、长牡蛎"海大 1 号"、栉孔扇贝"蓬莱红 2 号"、文蛤"科浙 1 号"、条斑紫菜"苏通 1 号"、坛紫菜"申福 2 号"、裙带菜"海宝 1 号"、龙须菜"2007"（11）	北鲆 2 号、津新乌鲗、斑点叉尾鮰"江丰 1 号"、海带"东方 6 号"（4）	15
2014 年	翘嘴鳜"华康 1 号"、易捕鲤、吉富罗非鱼"中威 1 号"、日本囊对虾"闽海 1 号"、菲律宾蛤仔"斑马蛤"、泥蚶"乐清湾 1 号"、文蛤"万里红"、马氏珠母贝"海选 1 号"、华贵栉孔扇贝"南澳金贝"、海带"205"、海带"东方 7 号"、裙带菜"海宝 2 号"、坛紫菜"浙东 1 号"、条斑紫菜"苏通 2 号"、刺参"崆峒岛 1 号"、中间球海胆"大金"（16）	大菱鲆"多宝 1 号"、乌斑杂交鳢、吉奥罗非鱼、杂交翘嘴鲂、秋浦杂交斑鳜、津新鲤 2 号、凡纳滨对虾"壬海 1 号"、西盘鲍、龙须菜"鲁龙 1 号"（9）	25

2. 养殖与工程设施技术

淡水养殖注重绿色、可持续性，稻田养殖发展迅速。2013 年以来，我国淡水池塘养殖行业坚持以科学可持续化养殖为方向，逐渐形成符合现代渔业建设要求的养殖生产设施技术、生态化养殖模式、节水减排模式技术与水质调控技术等，对池塘养殖生产方式转变起到积极的领导作用。在养殖技术及养殖模式方面取得一系列进展，如"团头鲂清洁高效养殖技术""池塘单体生态低碳高效养殖模式""鱼菜共生生态养殖技术"和"微孔增氧技术和稻田综合种养技术"等。大宗淡水鱼类固氮和固碳效果显著，滤食性（鲢、鳙）、草食性（草鱼、团头鲂）和杂食性（鲤、鲫）鱼类综合养殖模式已成为淡水水域减轻富营养化的有效途径。近年来，我国"稻—渔"耦合养殖快速发展，稻田养殖技术也得到了较大的提高，2015 年"稻—渔"耦合养殖正在向着集约化、规模化、专业化和产业化的方向发展。

在淡水生物工厂化育苗、循环水养殖研究方面，取得了较好的进展。我国在淡水养殖动物工厂化育苗方面处在世界前列，实现了养殖鱼类、淡水虾蟹蚌等淡水养殖对象的工厂化繁苗，苗种生产基本满足养殖需要。研究建立了"基于太阳能与种养结合的鳜鱼人工饲料可控养殖新技术体系""低碳高效池塘循环流水养鱼""设施渔业和生态渔业有机耦合创建高效循环养殖技术""鳗鲡新品种的开发鳗鲡新品种及其规模化养殖关键技术的开发与示范"和"罗非鱼和花鳗工厂化养殖系统"。2015 年，我国循环水设施设备已全部实现国产化。淡水名特优鱼类肉质好，养殖经济效益高，非常适合工厂化和集约化养殖，有望培育成新兴产业，有效解决我国水产品的需求与水产养殖水质性缺水的局面。

多营养层次综合养殖（integrated multi-trophic aquaculture，IMTA）目前正成为国际上学者们大力推行的养殖理念，实行 IMTA 是减轻养殖对生态环境压力，保证海水养殖业健康可持续发展的有效途径之一。我国学者在注重 IMTA 产业化的同时，也陆续开展了相关基础理论研究，包括双齿围沙蚕—牙鲆网箱综合养殖模型碳、氮收支以及海湾扇贝和海带混养实验，获得了品种搭配的适宜比例。我国已经成功进行产业化的两种典型的 IMTA 模式包括："浅海鲍—参—海带筏式综合养殖模式"和"大叶藻海区底播综合养殖模式"，已分别在桑沟湾海域构建实施，并获得了显著的经济效益。

工厂化养殖是在室内海水池中采用先进的机械和电子设备控制养殖水体的温度、光照、溶解氧、pH 值、投饵量等因素，进行全年高密度、高产量的集约化养殖方式。2015年主要有流水养殖和循环水养殖（recirculating aquaculture systems，RAS）两种主要模式。其中循环水养殖是集工程化、设施化、规模化、标准化和信息化于一体的现代化养殖生产新模式，具有高效、安全等特点，是现代海水养殖产业的重要发展方向。我国的海水工厂化养殖起始于 20 世纪 90 年代，随着大菱鲆的引种及"温室大棚 + 深井海水"养殖模式的开发，我国的海水工厂化养殖进入快速发展期。2013 年，全国海水工厂化养殖规模达到2172 万立方米，养殖总产量达 17.74 万吨。我国 2015 年应用循环水养殖技术的企业已达 80多家，养殖水体 70 万立方米，其中，天津、山东等地区海水循环水养殖规模在国内居于领先地位，养殖品种以大菱鲆、半滑舌鳎、石斑鱼、大西洋鲑和河鲀等名贵海水鱼类为主。

我国在淡水养殖动物工厂化育苗方面处在世界前列，实现了养殖鱼类、淡水虾蟹蚌等淡水养殖对象的工厂化繁苗，苗种生产基本满足养殖需要。除了鱼类之外，已经越来越多地将此种养殖模式应用于虾类、刺参、贝类等品种。

近两年，优质淡水鱼类养殖业已逐渐形成了完整的产业链，我国池塘养殖的集约化、工程化水平较高，但小规模、大分散的池塘特点决定了现有的养殖条件与集约化养殖设施的实施有较大的距离。

在凡纳滨对虾池塘养殖过程中，研制了适合高、中、低盐度的池塘水体和底质改良的生物技术产品 4 种和理化型环境改良剂产品 7 种，建立了产品的使用方法及配套应用技术。生物絮团养殖技术是通过向养殖系统中添加一定量碳源，利用水体中的氮源培养异养有益微生物，以达到改善养殖生态环境，提高饲料蛋白利用率，增强养殖动物免疫力，减少养殖用水量的一项新的养殖技术。国内学者针对生物絮团的上述功能，开展了生物对虾养殖过程中氨氮变化规律的研究，确定了絮团养殖对虾中对氨氮、硝基氮的去除效果。检测了生物絮团养殖对虾过程中病原弧菌动态变化，确定了应用生物絮团技术养殖对虾对弧菌病的控制效果。"海水池塘高效清洁养殖技术研究与应用"成果获得了 2012 年国家科技进步奖二等奖。此外，还建立了中国对虾养殖为主的"虾蟹贝鱼生态养殖模式""凡纳滨对虾工厂养殖模式"，有效地提高了对虾养殖成活率，取得了较好的经济和社会效益。

3. 水产动物疾病研究

（1）寄生虫病研究。寄生虫病方面的研究主要集中在粘孢子虫、小瓜虫、刺激隐核虫、单殖吸虫等引起的病害方面，推动了对寄生虫发病规律的认识和病害防治水平的提高。鱼类寄生虫的区系研究在一些地区得以持续开展。对粘孢子虫的研究，主要集中在我国淡水养殖品种异育银鲫寄生粘孢子虫的种类组成、流行病学、生活史、危害机制与粘孢子虫病的控制等方面，更有学者完成了粘孢子虫的基因组测序工作。在多子小瓜虫病的防治方面做出了有益的尝试，取得了一定的成效，但离实际应用尚有相当长的距离。对海水养殖鱼类刺激隐核虫的研究呈现可喜的发展态势，在鉴定刺激隐核虫生活史不同阶段的蛋白组成、筛选可能的疫苗候选抗原、鉴定抗刺激隐核虫的有效分子及其作用机制，以及宿主对刺激隐核虫感染的免疫反应等研究方面都取得良好的进展。

（2）细菌性疾病的研究。主要在病原菌的鉴定与检测、致病机理、弱毒株构建、保护性抗原筛选、鱼类肠道微生物等方面取得了良好的进展。在迟缓爱德华氏菌致病机理、预防迟缓爱德华氏菌感染的疫苗和免疫增强剂以及迟缓爱德华氏菌抗生素抗性机理的研究方面均取得重要进展。对嗜水气单胞菌的研究工作主要集中在诊断方法与鉴定、毒力基因分析与分型、感染机制、外膜蛋白的致病性与保护性抗原的筛选、菌苗的应用等方面。对鳗弧菌的研究主要聚焦其Ⅵ型分泌系统，以及引起的免疫反应研究。近年来，对溶藻弧菌的一些重要生理功能基因的鉴定，以及对一些毒力因子的致病性的研究成为热点。对溶藻弧菌的一些代谢相关的基因也进行了比较系统的研究。此外，研究人员还开展了溶藻弧菌、哈氏弧菌、副溶血弧菌三种弧菌的交叉保护性抗原的鉴定以及保护性效果评价工作。对无乳链球菌开展的研究主要包括快速诊断、流行病学调查、致病机理、保护抗原筛选等。特别值得指出的是研究人员发展了适合于无乳链球菌的基因缺失突变技术，并成功地研究了密度感应系统的关键酶编码基因的功能，有望实现对无乳链球菌毒力基因进一步研究，并在此基础上对该细菌进行改造。对柱状黄杆菌的研究主要集中在利用构建遗传操作系统开展了硫酸软骨素酶、几丁质酶和胶原酶的研究工作。

近年来，还从一些生产养殖的种类和观赏养殖种类中，分离到以前较少甚至是没有报道的病原。如，从乌鳢患有体表充血溃疡，腹部膨大腹水，脾、肾、肝等内脏有大量白色结节的个体中分离的诺卡氏菌科的种类、从斜带髭鲷幼鱼死亡病例进行病原学方面的检验，分离鉴定到鱼肠道弧菌。有学者更是从草鱼腹水中分离出的一株致病菌，经鉴定为肺炎克雷伯菌。

（3）病毒性疾病的研究。在病毒病的防治方面，从疫苗接种的免疫防治和养殖系统的管理两方面都取得了显著的成绩。在草鱼出血病方面的研究进展主要体现在三个方面：①对我国养殖的草鱼出血病毒的检测和三种不同基因组的草鱼出血病毒的发现；②对病毒的入侵、组装以及感染机制的研究；③利用病毒的衣壳蛋白或者毒株发展的疫苗研究和应用。

鲤疱疹病毒 2 型（CyHV-2）是一种感染金鱼、鲫及其变种的高致病性双链 DNA 病毒；鲤疱疹病毒 3 型（CyHV-3）则可造成鲤鱼和锦鲤大规模发病死亡。对 CyHV-2 的研究主要集中在诊断、鱼体感染后的病理变化等方面。学者对所分离到的三株 CyHV-3 病毒进行了全基因组测序和系统的蛋白组学鉴定，在病毒的免疫逃避基因、病毒感染细胞后的 miRNA 等方面有一些有趣的发现。

对虹彩病毒病研究比较多而且比较深入地是一种肿大细胞病——鳜传染性脾肾坏死病毒病。研究人员通过改造该病毒发展了免疫防治方法。研究人员对属于蛙病毒属的石斑鱼虹彩病毒进行了持续研究，在病毒的复制的机理方面也取得了良好的进展，发现细菌的一条 miRNA 可以抑制病毒引起的细胞凋亡。学者还开展了大鲵的虹彩病毒病的研究，2015 年基因组已经被测序，引起的宿主的免疫反应也从转录组的角度进行了探讨，但是防治问题尚有待攻克。

对其他病毒病的研究，特别值得指出的是对虾白斑综合征病毒病的研究，近来的研究多集中在对虾的免疫系统和对虾白斑综合征病毒的分子与宿主的相关作用。一些原本在我国没有报道的疾病，如传染性胰腺坏死病毒引起的虹鳟疾病，研究人员在病原的分离鉴定和检测以及免疫防治方面都取得成功。

4. 渔药学研究

我国的渔药产业起始于 20 世纪 90 年代初，经过 20 多年的发展，已形成了一个年销售额 60 亿 ~ 80 亿元的产业群。截至 2012 年年底前，根据农业部 1435 号、1506 号、1525 号、1759 号公告和《中华人民共和国兽药典》（2010 年版）等发布的允许使用的国家标准渔药统计，农业部已批准并公布的正式国家标准渔药计七大类、104 个剂型、147 种（剂型 + 规格），包括：抗微生物药 23 种、杀虫驱虫药 15 种、消毒剂 16 种、中药类（药材、饮片、成方制剂、单味制剂）71 种、代谢调节与促生长剂 9 种、环境改良剂 7 种、水产疫苗 6 种。

从 2005 年起，全国水产技术推广总站组织有关专家，相继编著出版了《渔药药剂学》《渔药制剂工艺学》《渔药药效学》《渔药药理学与毒理学》和《鱼病防治用药指南》，在我国第一次系统地梳理了渔药研发、制作、应用等基础理论与专业技术，形成了一个基本系统的渔药学科体系，填补了国内空白。同时，国家兽医行政管理部门还组织制定了《水产养殖用抗菌药物药效试验技术指导原则》《水产养殖用抗菌药物田间药效试验技术指导原则》《水产养殖用驱（杀）虫药物药效试验技术指导原则》《水产养殖用驱（杀）虫药物田间药效试验技术指导原则》《水产养殖用消毒剂药效试验技术指导原则》《水产养殖用药物靶动物安全性评价研究指导原则》《水产养殖用药物环境安全性评价研究指导原则》《水产养殖用药物残留（休药期）研究技术指导原则》等 15 项试验技术指导原则，其中已有 7 项拟编入《中华人民共和国兽药典》（2015 年版）（以下简称《兽药典》），其他 8 项也拟争取编入 2020 年版《兽药典》。

同时，各地科研机构也开展了大量渔药研发工作，主要取得了以下进展：在渔药药效学研究方面，科研人员研究了抗菌肽的防病效果，在饲料中添加重组对虾素，可以显著提高吉富罗非鱼对嗜水气单胞菌的防病效果，降低死亡率。在渔药代谢动力学研究方面，科研人员研究了黄芩苷在中国对虾体内的代谢消除规律，应用 HPLC 法测定对虾不同组织中的黄芩苷含量，结果是肝胰腺＞鳃＞血液＞肌肉，黄芩苷在不同组织中的消除速度为血液＞肌肉＞鳃＞肝胰腺。由于中草药在动物体内残留较少，毒副作用小，因此在病害防治中的应用前景广阔。在渔药药理学研究方面，研究人员开展了甲枫霉素单次灌服给药在松浦镜鲤的药动学，确定了鲫鱼和草鱼细菌性败血症的给药方案等。在渔药毒性毒理学研究方面，科研人员通过一系列毒性试验、特殊毒性试验对药物进行安全性评价。如水产消毒杀菌药物（硫酸铜、高锰酸钾、生石灰和食盐）对克氏原螯虾幼虾的急性毒性作用，并进行了安全浓度评价；比较了诺氟沙星两种不同给药方式——药浴和药饵下的残留及消除规律，发现药浴和药饵给药后，中国明对虾肌肉中诺氟沙星的消除半衰期分别为 40.19 小时和 31.01 小时，药物达峰时间分别为 24 小时和 4 小时。在渔药安全学研究方面，研究发现长期使用含有重金属盐类（铜、铁、锌等）的渔药，造成养殖水域重金属超标；随着时间的推移，重金属在水体和底质中不断富集，当底泥被搅动时将造成水体的二次污染。在渔药制剂工艺学研究方面，研究发现 0.05 毫克 / 升 2% 的阿维菌素乳油对患锚头蚤的银鲫治疗率达 92% 时的时间需要 24 小时，而 0.05 毫克 / 升 2% 的阿维菌素水乳剂对患锚头蚤的银鲫，取得相同的疗效仅需 6 小时。渔用疫苗研究方面，2015 年，全国有近 30 家科研单位开展渔用疫苗相关研究，据不完全统计，涉及病原 27 种（类）、其中病毒 10 种（类）、细菌 14 种（类）和寄生虫 3 种（类）。到 2015 年为止，我国有 4 个疫苗获得国家新兽药证书，分别是草鱼出血病灭活疫苗，牙鲆鱼溶藻弧菌、鳗弧菌、迟缓爱德华菌病多联抗体疫苗，鱼嗜水气单胞菌败血症灭活疫苗和草鱼出血病活疫苗。此外，农业部第 348 号公告已将珠江水产研究所选育的剑尾鱼 RR-B 系作为适用于水环境监测、水产药物安全评价、化学品毒性检测、动物疾病检验模型及遗传生物学研究等领域的水生试验动物。

5. 水产动物营养与饲料研究

2014—2015 年，我国水产动物营养与饲料研究蓬勃发展，这为我国水产饲料产业乃至养殖产业快速、平稳的发展提供了助力。分别在主要养殖动物营养需要和饲料原料消化率数据库构建、蛋白源和脂肪源开发、亲鱼和仔稚鱼营养以及高效环保饲料的开发等方面取得了一系列重要成果，为推动我国水产饲料产业以及水产养殖业的健康可持续发展做出了巨大贡献。

（1）主要水产养殖种类营养需要及原料生物利用率数据库的构建。探明了主要养殖动物不同生长阶段营养需求，为饲料的精准开发奠定了基础。确立了 13 种水产养殖代表种的蛋白质需要量，涉及鱼类、甲壳类及爬行类等，发现不同养殖动物的蛋白质需求在 24.8% ~ 45%，物种间存在较大差异。确定了大鳞鲃、凡纳滨对虾幼、吉富罗非鱼、克氏原螯虾、鲈鱼、胭脂鱼和团头鲂等的多种必需氨基酸需要量。同时，主要养殖鱼类脂肪以及必需脂肪酸的需求量也得以确定。糖类营养研究集中在糖对于养殖品种生长的影响，糖类营养的适宜添加量在 15% ~ 35%，不同食性鱼类之间差异比较大。进一步的研究发现糖对鱼体免疫及糖脂代谢等方面有影响。确定了军曹鱼铜元素的最适添加形式和需求量，中华绒螯硒的需要量以及吉富罗非鱼饲料中适宜钙磷比进行了研究发现适宜的矿物元素添加量可以提高水产养殖动物存活率、增重率和免疫能力。

构建水产养殖 10 个代表种类对 20 余种常用饲料的生物利用率数据库。其中动物性蛋白源包括鱼粉、肉粉、肉骨粉、鸡肉粉、血粉、羽毛粉和虾粉等；植物性蛋白源包括大豆及其副产物、菜粕、棉粕、花生粕、酵母、酒糟、玉米蛋白粉等。

（2）新型蛋白源和脂肪源开发。开发出了新型蛋白源与脂肪源。豆粕是水产饲料利用最多的植物蛋白源，其替代比例为齐口裂腹鱼、石斑鱼、草鱼、施氏鲟、褐点鱼、中华鳖和牙鲆在 4.72% ~ 60%，替代比例的大小与动物食性关系比较大。其他植物蛋白如棉粕、玉米蛋白粉和小麦蛋白粉等在草鱼、黑鲷、中华绒螯蟹、日本沼虾、军曹鱼和黄颡鱼等水产动物上的研究也有类似的发现，但补充氨基酸和矿物质有所改善。这可能是由植物蛋白营养不平衡和抗营养因子引起的。昆虫蛋白如蝇蛆粉等可以部分替代鱼粉。

在研究脂肪需求量的同时，有关脂肪酸（尤其是多不饱和脂肪酸）的研究备受青睐。研究发现，共轭亚油酸可以提高鱼体的生长性能、降低脂肪沉积并提高 CPTI 的表达量来促进氧化；适宜的 n-3LC-PUFA、ARA 以及 DHA/EPA 可以提高鱼体生长性能以及非特异性免疫力，以上研究均为鱼油的高效利用提供了理论依据。与此同时，鱼油替代不仅仅局限于适宜的替代水平的探索，还对深层次的分子机制进行相应的探究。

（3）亲鱼和仔稚鱼营养研究。亲本的营养不仅可以影响其繁殖力，还关乎苗种的质量。营养强化和控光控温对大菱鲆亲鱼性腺发育及卵子质量的影响，表明控光控温和营养强化能在一定程度上缩短性腺发育时间和产卵期；经营养强化后亲鱼产卵量、上浮卵量、上浮率及受精卵活率、孵化率均有显著提高；饲料中添加高剂量（0.525%）的维生素 C 更有利于促进半滑舌鳎亲鱼性激素的合成，改善亲鱼的繁殖性能，提高精卵质量，促进受精卵孵化，减少仔鱼畸形。

仔稚鱼的营养关系不仅到苗种的质量，同时也关系到水产养殖业的可持续发展。为了更好的开发利用微颗粒饲料，对仔稚鱼发育过程中消化酶活力的变化进行探究。同时，还发现不同驯化方式以及不同饵料（微颗粒饲料或桡足类）对仔稚鱼生长和存活的影响不同。确定了仔稚鱼对不同营养素的需求参数，如磷脂、n-3 长链多不饱和脂肪酸。

（4）高效环保饲料的开发。通过产学研相结合，将上述研究成果应用到实际生产中，成功开发出高效环保的人工配合饲料。现有饲料配方可有效节约鱼粉、鱼油等不可再生资源，同时降低氮磷及重金属的排放，提高饲料利用率，保护养殖环境。

国内外学术交流进一步得到加强，2013 年"第九届世界华人鱼虾营养学术研讨会"，2014 年第十六届国际鱼类营养与饲料研讨大会（international symposium fish nutrition and feeding，ISFNF）等会议顺利召开，开展了广泛的学术交流。为世界水产动物营养学研究与饲料发展提出了自己的建议，为世界水产养殖业的进一步发展贡献了自己的力量。

（二）捕捞技术领域

捕捞技术领域重点配合国家政策需求，在负责任捕捞技术、远洋与极地渔业新资源开发和促进我国捕捞业可持续发展方面开展了大量的研究工作，在服务保障、技术支撑、人才培养和成果创新等方面取得了较大的研究进展。

1. 渔具渔法研究

全面推进渔具准入制度建设，重点对主要渔具进行了调查和规范命名，经过2013—2015年的不断补充和完善，我国沿海已查明的渔具共85种，按渔具类型分别统计，其中刺网类8种，围网类5种，拖网类7种，张网类23种，钓具类7种，耙刺类12种，陷阱类5种，敷网类、抄网类、大拉网类、掩罩类共计13种。经专家审定准用渔具为30种，过渡渔具为42种，禁用渔具为13种，并分别提出了过渡和准用渔具使用的限制条件和要求，为我国负责任捕捞渔业规范管理提供了决策依据。

进一步开展优化渔具结构与性能研究，分析了大网目底拖网网身长度设计参数对网具阻力、网口垂直扩张和能耗系数的影响，并设计了三种面积和三种不同冲角的扩张帆布调整试验，并比较了使用扩张帆布与使用塑料浮子对网具性能的影响；开展了南极磷虾拖网浮沉比、上下手纲（等长）和叉纲的三因子L9（34）正交实验，并在3组水平扩张比（L/S）和5级拖速条件下完成了135次拖曳试验。结果显示随着拖速和L/S的增加，网具阻力增加，网口高度降低。深入开展了渔具选择性研究，跟踪分析了不同渔具的渔获物结构和组成，通过拖网的逃逸率和刺网网目尺寸选择性试验，结果表明，放大网目尺寸可有效提高虾拖网副渔获的释放数量，对虾类的产量影响有限；蓝点马鲛刺网网目尺寸选择性试验表明，网目尺寸为121.5毫米较适宜。进一步通过对刺网选择性与鱼类表型性状的影响研究，当刺网最适体长与初始种群优势体长重合时，会造成种群体长分布的分化，否则会导致种群结构体长组成向小型化或大型化方向偏移，而且这种影响可能伴随关遗传因素，具有不可逆性。自主研发的南极磷虾专用拖网网具和浅表层低速磷虾拖网水平扩张网板，经上海开创远洋渔业有限公司"开利"轮使用，起放网操作速度较以前提高40%，网具水平扩张提高20%，浅表层作业拖网网具扩张充分，拖网作业性能明显提高，单位时间捕捞效率已接近国际同类船型水平。

2. 渔具材料改性技术

我国学者主要从事渔具材料的改性研究较多，系统研究纳米碳酸钙（nano-$CaCO_3$）的粒径大小及其分布、钛酸酯耦联剂的用量对nano-$CaCO_3$表面处理的效果以及活性nano-$CaCO_3$的微观形态结构。系统研究活性nano-$CaCO_3$与POE的质量比对活性nano-$CaCO_3$/POE复配体系微观形态结构的影响。活性nano-$CaCO_3$/POE复配体系对聚乙烯基体的增韧改性研究，控制活性nano-$CaCO_3$/POE复配体系在聚乙烯基体中的分散，系统研究增韧改性聚乙烯的微观相态结构及其力学性能。活性nano-$CaCO_3$/POE复配体系的组成对聚乙烯单丝结构与性能的影响，通过控制活性nano-$CaCO_3$/POE复配体系的组成实现其在聚乙烯单丝中的均匀分散。用等长原理把HMPE每根纤维断裂强力集中到一个绳索中，克服绳索系、股加捻造成的不等长的缺陷，提高纤维强力利用率，获得强力高而经济的高性能绳索。

通过纳米 MMT 的有机化改性，采用熔融纺丝的方法制备了渔用性能优良的在海水中可降解 PLA/MMT 纳米复合单丝。系统研究了光照、温度、生物等因素对 PLA/MMT 渔用单丝在海水中降解性能的影响关系。通过紫外光老化试验结果分析得到，随着 MMT 含量的增加，相同老化时间下，MMT 起到了一定屏蔽紫外光的作用，PLA 降解程度减缓；通过热老化试验结果分析得到，加入 MMT 形成 PLA 与 MMT 界面结合缺陷，有利于水分子的浸润，加速 PLA 的降解，故随着 MMT 含量的增加，相同的热老化时间和温度下，随着 MMT 含量的增加，PLA 降解程度加剧；研究了光照、温度、生物等因素对 PLA/MMT 渔用单丝在海水中降解性能的影响关系。通过调整 MMT 的含量、分散程度、环境温度和酸碱度可实现在海水中降解速率的初步可控。

3. 远洋渔场资源与环境调查研究

基于 2011 年度夏秋季中国南极磷虾渔业科学观察员收集的影像资料分析表明：南极磷虾群在南奥克尼群岛西北部海域出现的次数较为集中，磷虾群垂直方向主要呈块状分布，0～50 米和 50～100 米水层集群类型极为相似（PSI = 92.3），散点状、块状和带状磷虾群在 0～50 米水层出现比例最高，且块状磷虾群和带状磷虾群在各水层中的分布极为相似（PSI = 94.4）；1:00～18:00 南极磷虾群出现频率较高，随后比例开始下降，19:00～20:00 出现频率最低。通过图像处理软对磷虾群声学映像进行图像数字化处理，磷虾集群厚度分布范围为 5.6～55.8 米，90% 的虾群厚度为 10～50 米，呈现出白天厚度小、夜间厚度大的趋势。利用"雪龙号"科考船载 SIMRAD EK500（38 千赫兹）科学渔探仪对南极半岛附近海域的南极大磷虾资源量进行了调查，结果表明：调查区域内的南极大磷虾平均密度为 27.30 克 / 平方米（62.95 ind·m^{-2}）。

针对厄尔尼诺和拉尼娜事件对秘鲁外海茎柔鱼渔场分布影响的研究认为：中心渔场位置的变化与厄尔尼诺和拉尼娜事件具有密切关系。利用广义可加模型（GAM）对 2013 年冬季南极磷虾渔获率与环境因子之间的关系进行了研究，秘鲁外海茎柔鱼渔场分布与厄尔尼诺和拉尼娜事件具有密切关系；根据生产统计数据以及环境参数，以外包法建立作业努力量和 CPUE 的各环境变量适应性指数，表明以 SST 和 SSS 为因变量构建的 HIS 模型为最佳，以作业努力量为 SI 指标，基于 SST 和 SSS 为因子的 HIS 模型能较好地预报矫外海茎柔鱼渔场。秋刀鱼渔场分布与海表温度有较直接关系，渔场分布为 10～17℃，最适为 10～13℃；大西洋黄鳍金枪鱼渔场与温跃层关系密切。

4. 信息技术在海洋捕捞中应用研究

借助 2013 年浙江象山地区拖网渔船北斗船位数据，采用统计方法获取了拖网捕捞状态的速度阈值，并根据阈值判断捕捞状态点，捕捞状态点之间时间组成累计捕捞时间，累计捕捞时间与功率的乘积作为捕捞努力量，再根据捕捞努力量分析拖网捕捞时空特征。结果表明，2013 年象山在近海拖网捕捞努力量从时间上可以分为 3 个时间段，即 2～5 月、6～9 月、10 月至翌年 1 月。从空间来看捕捞努力量以象山附近的渔场为中心由高到低向外扩展，形成近似的同心圆。从拖网捕捞时间来看分为全年近海渔场、春秋季近海渔场、春秋冬外海渔场、春季或秋季周边外缘渔场。利用北斗数据提取方法计算 6 个网次时长，并与手工出海调查记录的时长比较，两者相对误差在 5% 以内。

渔船监控系统的构建，可获取高精度的渔船时空船位数据，并通过基于船位监控系统的渔船船位数据计算捕捞努力量，具有实时、范围广、快速等特点，可对渔船捕捞努力量进行实时、高精度的准确估算，为渔业科学管理提供了重要的技术支撑。

（三）渔业资源保护与利用领域

1. 海洋生态系统动力学研究向系统整体效应和适应性管理推进

我国近海生态系统动力学理论体系已经建立，并对近海生态系统的食物产出的支持功能、调节功能和产出功能等关键科学问题有了进一步的诠释。在大陆架环境的生态系统动力学、生物地球化学与生态系统整合研究方面进入学科发展国际前沿，在新生产模式发展等国家重大需求方面取得了重大突破，构建了多营养层次综合养殖新生产模式，实现了海水养殖的生态系统水平管理（EBM）。"十二五"期间，一系列"973"项目相继获批，针对近海生态系统的服务与产出功能、生态容量及动态变化、承载能力和易损性、海洋生态灾害发生过程和机制等进行广泛研究，从生态系统整体效应和适应性管理层面上进一步推进了我国海洋生态系统动力学研究的进程。另外，由唐启升院士带领的开展海洋生态系统动力学研究的"海洋渔业资源与生态环境"团队 2014 年获"全国专业技术先进集体"称号。

2. 渔业资源调查与评估向常规化和数字化方向发展

《国务院关于促进海洋渔业持续健康发展的若干意见》颁布以后，农业部先后启动了一系列渔业资源评估与调查项目，包括近海渔业资源调查和产卵场调查、外海渔业资源调查、远洋渔业资源调查与评估、南极磷虾渔业资源调查与评估、"中韩、中日、中越协定水域渔业资源调查"、黑龙江流域、长江流域、珠江流域、雅鲁藏布江调查项目、捕捞动态信息采集项目等，为摸清我国渔业资源状况及产卵场补充功能、探明和开发外海、远洋与极地渔业新资源提供了基础资料，也促进来渔业资源调查与评估新技术的研发和开展，如声学评估技术的改进、生态分区的标准、环境监测实现数字化等。这些项目的开展认知了主要渔场生态系统结构功能，掌握了重要渔业资源变化规律，并研发了渔业资源利用能力和渔场环境数字化监测评估系统，为制定积极稳妥的利用政策、科学合理的养护政策以及涉外海域的渔业谈判等提供了重要科学依据；同时，为远洋和极地渔业资源的开发、争取更多的捕捞配额奠定了基础，改变了我国远洋渔业生产与管理的落后状况、增强了我国的公海权益竞争力。

3. 渔业资源增殖与养护技术研发水平显著提升

针对重要渔业资源衰退与近岸海域生境"荒漠化"现象，国家加大了对渔业资源增殖与养护的支持力度。农业部相继设立了渔业资源增殖放流与养护相关的行业科研专项 10 余项，科技部也启动了国家科技支撑计划、国际合作项目等一批项目，研究内容涉及了沿海、淡水和内陆湖泊等资源增殖与养护、栖息地修复过程中存在的关键技术和共性技术问题，全方位开展了重要渔业资源养护工程技术研发，完成了适宜增殖放流种类的筛选，突破了增殖放流关键技术，研发了人工鱼礁、人工藻场以及天然岛礁保护区建设关键技术，建立了增殖放流效果评价指标体系，组织实施了规模化增殖放流与生态修复示范区建设，形成了基于资源配置优化的现代海洋牧场构建模式，优化配置了海洋牧场功能区，建立了生态增殖、聚鱼增殖和海珍品增殖 3 类海洋牧场示范区，增加了渔业资源补充量，改善了近岸海域生境"荒漠化"现象；建立了海洋捕捞渔具准入制度，完善了近海渔具渔法的数据库，为重要渔业资源养护与渔业可持续发展提供了重要技术支撑。"东海区重要渔业资源可持续利用关键技术研究与示范"获得 2014 年度国家科学技术进步奖二等奖。

4. 珍稀濒危野生动物在人工繁殖及迁地保护技术方面取得重大突破

"十二五"期间，江豚、中华鲟等旗舰物种的自然种群动态监测得到加强，围绕长江上游梯级电站建设进行了系统和连续性观测。珍稀濒危鱼类繁育、增殖放流和生态修复技术研究得到加强。突破了中华鲟、达氏鲟等珍稀濒危鱼类的全人工繁殖，启动了达氏鲟、胭脂鱼、大鲵等繁育群体的家系（遗传）管理；解析了中华白海豚分布迁移与近岸鱼类季节性洄游的相关性。另外，分子生物学技术的发展也促进了保护生物学相关研究的发展。2015 年，农业部长江流域渔业资源管理委员会，组织各单位专家，提出了中华鲟拯救行动计划。

（四）水产品加工与贮藏工程领域

水产品加工与贮藏工程是连接水产品生产和消费的关键环节，发展水产品加工与贮藏工程学科，构建以加工流通带动水产品原料生产、以加工流通保障水产品消费的现代水产业发展新模式，对保障我国水产业持续健康发展，推动国家食物安全从"量"的安全向"质"的安全稳定转变具有重要意义。

1. 水产品加工、贮藏、流通与安全的基础研究领域进一步拓展

随着我国养殖水产品产量不断增加、新品种不断出现，我国水产科技工作者加强了养殖水产品加工与贮藏中品质变化方面的基础理论研究。近年来，在与品质保持相关的水产蛋白酶的结构鉴定、生化特性及水产加工品品质影响，水产活性成分的结构解析、生物活性及构效关系研究，超高压、微波场、电子束冷杀菌等高新技术对产品品质改善机理，水产品在加工贮藏过程中挥发性盐基氮、有机胺、甲醛等典型危害因子的产生与变化机制，鲜活水产品暂养及运输中的营养品质下降机制，淡水鱼生鲜调理水产品品质变化及调控机制，淡水鱼鱼肉蛋白质特性与胶凝机制及南极磷虾新资源加工与保藏的基础研究等方面取得了重要进展，在 *Food Chem.* 和 *J.Agric.Food Chem.* 等食品科学领域顶级刊物上发表论文 200 余篇，充分展示了我国研究者在水产品加工与贮藏工程领域基础研究的进展。

2. 水产品精深加工与高效利用关键技术取得突破

利用海洋微生物新型生物酶高效转化水产动物蛋白制备功能肽的研究取得重要进展。近年来，中国科学院南海海洋研究所等单位针对海洋软体动物蛋白的高效利用，创制了新

型生物酶，攻克了海洋功能肽定向制备技术，并实现了工程化应用，成果获2014年度国家科技进步奖二等奖。

传统海藻加工产业技术升级取得突破。海藻精深加工产业自20世纪60年代形成以来，技术不断进步。海藻寡糖制备技术获得2009年度国家技术发明奖一等奖。近年来，上海海洋大学等单位完成的坛紫菜新品种选育、推广及深加工项目突破了坛紫菜深加工技术，使产品附加值提高到200%以上，该成果获得2012年度国家科技进步奖二等奖。另外，中国水产科学研究院南海水产研究所完成的"南海主要经济海藻精深加工关键技术的研究与应用"在海藻加工传统工艺技术的升级改造、海藻食品多元化产品开发、海藻高值化新产品开发、海藻加工副产物利用等方面形成了系列具有自主知识产权的海藻加工技术，成果获得2012年度广东省科技进步奖一等奖。

养殖海参精深加工的理论和关键技术取得突破。海参养殖形成了我国的第五次海水养殖浪潮，海参产业已成为我国经济效益最高的单一养殖品种。针对传统海参加工中存在的问题，中国海洋大学、中国水产科学研究院黄海水产研究所等单位集成创新了传统海参的加工技术、研制了海参加工机械、制订/修订完成了多项海参产品标准，构建了海参的现代工业化加工和质量控制体系。成果获得2013年度山东省科技进步奖一等奖。

淡水鱼规模化加工关键技术研究取得一定进展。2000年以后国家和主产区政府开始重视淡水鱼加工业发展，并投入大量经费资助淡水鱼加工和保鲜关键技术研发，农业部先后启动了国家大宗淡水鱼类产业技术体系和国家大宗淡水鱼加工技术研发分中心建设工作，在淡水鱼品种鉴别与品质评价技术、生鲜调理水产品保鲜技术、淡水鱼冷冻鱼糜的品质保持技术、淡水鱼风味休闲食品研制及及其生产技术研究及淡水鱼加工副产物的资源化利用技术等取得重要进展。其中长沙理工大学等单位完成的"淡水鱼深加工关键技术研究与示范"项目解决了淡水鱼深加工中诸如保鲜、储运、高端产品开发、加工副产物利用等方面的多项关键瓶颈技术。成果获得2014年度湖南省科技进步奖一等奖。

水产品无水保活运输及鲜度保持技术取得一定成就。带水活鱼运输技术与装备不断改进、逐步成熟，冷杀菌保鲜技术和冰温保鲜技术在一些水产品上取得了突破，使活体水产品远距离运输的成活率甚至可以达到98%以上。海洋食品在流通过程腐烂变质的损失率从2000年的20%下降到2015年的15%以下。

南极磷虾等新资源开发初见成效。2011年，科技部立项了"南极磷虾快速分离与深加工关键技术""863"计划课题，掀起了我国研究南极磷虾综合利用技术研究的浪潮。据初步统计，截至2015年10月，已发表研究论文180余篇。在南极磷虾油精制技术、南极磷虾蛋白质高效回收技术、南极磷虾化学危害因子高效脱除及南极磷虾磷酸肽等活性成分高效制备等方面取得了一定进展，推动了我国南极磷虾产业的发展。据统计，2014年我国南极磷虾捕捞量已达到5.3万余吨。

3. 水产品质量安全控制技术体系日益完善

近年来，我国的食品质量安全问题受到党中央、国务院等各级领导和部门前所未有的重视，通过相关部门、机构的不懈努力，并借鉴国际上先进的监测、监管和评估模式，我国的水产品质量安全保障技术已经有了显著的提高和改善，并不断取得新成果。例如，由中国水产科学研究院珠江水产研究所制定的国家标准《冻罗非鱼片》，在安全指标（如卫生指标和药残指标）与理化指标（如磷酸盐含量、冻品中心温度等）方面设计了多项自主创新指标，提高了质量安全要求，达到或超过国际水准，提高了我国冻罗非鱼片产品质量和竞争力，提升了农业生产安全与加工技术水平，获得广东省标准创新贡献奖一等奖。中国海洋大学等单位系统研究了海洋食品中危害因子的检测与控制技术，部分成果归纳提高后上升为国家/行业标准，形成了海洋食品中化学危害、生物危害和物理危害等检测的基础理论框架，引领了相关检测方法的发展，引导企业对相关危害因素进行消减与控制，成果获得教育部科技进步奖二等奖。

（五）渔业生态环境领域

全国渔业生态环境学科自 2012 年 7 月以来，围绕渔业水域生态环境监测、评价与预警技术、污染物对产地环境及渔业生物影响及污染效应、渔业生态环境保护与修复和渔业生态环境质量管理等学科理论和产业技术需求，开展了一系列研究。在评价、揭示渔业生态环境变动规律，阐明生态环境变动对渔业资源的保护和利用、水产增养殖业的健康发展和水产食品安全的作用、影响机理，提出解决途径、方法和技术等方面，取得一批重要研究成果，为渔业的可持续发展提供了技术支持。

1. 摸清重要渔业水域生态环境现状，阐明渔业生物对栖息环境演变的响应

"十二五"期间，全国渔业生态环境监测网通过对全国 160 多个重要渔业水域的水质、沉积物、生物等不同指标的监测，掌握了我国重要渔业水域生态环境的现状，为每年发布国家渔业生态环境状况公报提供了科学数据。监测结果表明：我国渔业生态环境总体保持稳定，局部渔业水域污染仍比较严重，主要污染物为氮、磷和石油类。通过对长江河口调查与研究，阐明了重要生物资源受盐度、水温、饵料和底质环境因子变化影响及在河口的空间分布和季节变动规律，获取了影响河口重要生物资源的关键水沙条件和污染物浓度阈值，提出通过改变河口径流条件来降低盐水入侵和污染对不同类型生物资源的潜在风险影响及通过生态调度可减少河口渔业资源影响的重要论点。通过调查与分析，全面摸清了南海北部近海 12 个重要河口和海湾渔业资源环境现状，阐明了重要海湾渔业资源及其栖息环境的演变趋势，揭示了近海渔业资源变动规律及机理，创建了生态系统水平的近海渔业资源养护和管理技术平台；初步掌握了南沙—西中沙海域渔场理化环境主要特征，揭示了新发现的"高产渔场"形成与生态环境因子间的关系，探讨和建立了基于脂肪酸的浮游植物种类组成生物标志物，分析了南海南部海域不同粒径浮游动物的春季和夏季的生物量和稳定同位素特征，该研究填补了该区域资源栖息地生态环境的研究空白，为南沙渔业资源状况和合理开发利用、海域生态环境保护研究提供了重要的基础资料。通过基于耳石的环境元素指纹的重要经济鱼类洄游生态学研究，建立了江海、盐湖与淡水河流间洄游性鱼类耳

石中对应于不同生境的 Sr/Ca 或 Mg/Ca 比值判别标准，以直观而可视的线、面图像方式，突破了传统技术的局限，有效地把握了上述鱼类的基本生境需求规律、生活史特征、洄游履历及其可能的生物学原因。

2. 科学阐述污染对水产生物的毒性效应及致毒机制

针对溢油事故频繁发生对渔业的危害，分别选择不同油品对不同鱼、虾、贝类开展个体水平、细胞水平和分子水平的毒性效应与致毒机制研究。通过研究，获得了不同油品对不同生物的急性和不同水平的毒性效应、血细胞的病理损伤、在不同生物体内、食物链中的富集、释放和传递等实验数据，初步阐明了溢油污染对海洋生物的毒性效应及致毒机制、在海洋食物链中富集和放大的迁移机制，给出了溢油对水产品质量影响与风险评估。通过对代表性污染物和农渔药对重要水产增养殖品种影响效应研究，建立了多种农渔药新的分析方法，优化了"南海贻贝观察"技术体系、增养殖海域新污染源判别法、贝类产品质量和卫生安全风险评估模型；解析了近岸增养殖海域贝类体中 14 种代表性污染物的时空变化特征、单独或混合曝露胁迫下污染物和农渔药的积累、释放与代谢的动力学特征，生物标志物的响应关系，筛选出 26 种重金属、环境激素类、有机污染物和农渔药的潜在生物标志物，系统揭示了资源的质量水平和食用安全风险的变化趋势，阐明了代表性污染物和农渔药对重要水产增养殖生物的毒性毒理影响效应。通过"淡水背角无齿蚌移殖观察"研究，掌握了背角无齿蚌从受精卵至性成熟的全生活史过程的生境条件、发育机制和生长规律，初步建成了污染物监测和毒理评价专用"标准化"背角无齿蚌的"活体库"及组织"标本银行"，研究结果显示背角无齿蚌体内重金属的背景与生境污染背景密切相关，表明通过控制养殖环境来控制"标准化"背角无齿蚌的重金属背景具有很强的可行性，"标准化"背角无齿蚌富集对富营养化养殖水体中重金属具有净化能力。

3. 因地制宜，发展多种渔业生态环境保护与修复技术

针对环境污染、涉渔工程等造成生物资源严重衰退、重要生境退化的现状，开展一系列渔业生态环境保护与修复技术研究。通过人工鱼礁关键技术研究，系统阐明基础礁体结构的流场特征、生态调控功能，建立了附着生物的生态特征综合评估方法，系统解析了 6 种基本鱼礁材料的生物附着效应及其生态综合效益，阐明 7 种环境因子和季节变化对附着生物的影响机制及提升礁区饵料效应的优化条件，定量评估了礁区的增殖效果和生态系统服务价值。围绕涉海工程生物资源影响及修复技术的研究，揭示了我国重要经济鱼类种群时空分布特征和产卵场、索饵场、越冬场、洄游路线，查明了沿海、河口、海湾等短距离洄游鱼类产卵敏感时段，科学地确定了渔业关键种养护目标和保护区域，首次阐释了幼体资源潜在增长价值损失是沿海渔业资源损失主体的技术原理，建立了幼体资源损失量化评估方法和生物资源损失评估技术体系，实现了涉海工程生态补偿费征收的标准化和业务化运作，建立了适宜不同环境特征的生态修复技术。针对海湾天然藻场遭受严重破坏的状况，在大亚湾、象山港等海域开展海藻场修复研究，筛选出铜藻和马尾藻作为生物修复首选种，研究结果表明移植的马尾藻与野生藻体的成活率无显著性差异。人工牡蛎礁生态建

设工程研究结果显示，不仅增殖了牡蛎种群、扩增了活体牡蛎礁面积，而且人工牡蛎礁区大型底栖动物的平均总密度、总生物量和生物多样性显著高于对照区。针对养殖池塘环境，创造性地利用多级生物修复技术进行原位修复，建立了适合我国重要渔业增养殖水域生态环境优化调控技术体系。研究结果显示养殖池塘的生态环境得到显著改善，鱼类病害发生率明显降低，渔药使用量大幅度减少，保证了水产品质量安全，提高了鱼类成活率、饲料利用率和单位面积的产量；实现了养殖用水零污染排放，达到了节能减排的目的。

4. 建立环境影响评估新方法，为增养殖水域的保护和管理提供技术支持

为满足增养殖水域的保护和管理的需求，建立了《建设项目对水产种质资源保护区影响评估的技术和方法》《水下工程爆破作业对水生生物资源及生态环境损害评估方法》《海水滩涂贝类养殖环境特征污染物筛选技术规范》《海水滩涂贝类养殖环境类型划分技术规范》等技术方法与规范，为科学评价与有效保护水生生物资源及生态环境提供了技术支持。

（六）高新技术领域

1. 水产生物技术

（1）水产动物全基因组测序与精细图谱构建。我国2013—2015年完成了长牡蛎、半滑舌鳎、鲤鱼、大黄鱼、草鱼全基因组测序和精细图谱绘制；国外则完成了大西洋鳕、三棘刺鱼、金枪鱼、斑马鱼和虹鳟全基因组的测序工作。

（2）水产动物功能基因筛选与克隆。在性别决定与分化相关基因方面，我国学者克隆与表征了半滑舌鳎、罗非鱼、石斑鱼等鱼类性别决定与分化相关基因20多个，特别是中国水产研究院黄海水产研究所陈松林团队等发现 dmrt1 是半滑舌鳎雄性决定基因，揭示了鱼类性逆转的表观遗传调控机制；西南大学发现 dmrt1 基因敲除后影响罗非鱼精巢发育。国外学者发现银汉鱼的 Amhy、吕宋青鳉的 Gsdf、恒河青鳉的 Sox3、虹鳟中的 SdY、河豚的 Amhr2 分别为这些鱼类的性别决定基因。

在免疫抗病相关基因筛选方面，从海水鲆鲽鱼类、其他经济型鱼类、淡水鱼类、甲壳类、贝类等水产生物中筛选鉴定了数十种免疫抗病相关功能基因。其中，中国科学院水生生物研究所团队绘制了鱼类干扰素 IFN 调控网络，较为完善地解析了干扰素系统关键基因的抗病毒作用机理，中国水产科学研究院黄海水产研究所科研团队发现半滑舌鳎抗细菌病相关 microRNA。

在生长和生殖相关基因筛选：已有许多重要基因被证明在生长调节过程中具有决定性作用。目前，在斜带石斑鱼中鉴定出多个生长激素调控和摄食功能相关基因，在半滑舌鳎鉴定到在精子发生中起重要作用的基因 neul3 和 tesk1。

（3）水产动物重要性状相关分子标记筛选与应用。性别相关分子标记筛选：由于鱼类的性染色体分化程度低，现有报道多为性别相关标记，2013—2015年国内仅在半滑舌鳎、条石鲷和罗非鱼等少数鱼类上筛选到性别特异微卫星标记和 AFLP 标记。

抗病相关分子标记的筛选：2014年抗病标记的筛选在水产动物中得到了一定的发展，

在牙鲆、大菱鲆、虹鳟、斑节对虾中发现多个与免疫密切相关的微卫星或SNP标记。

（4）水产动物高密度遗传连锁图谱构建。水产生物高密度遗传图谱构建取得了很大进展，已经完成了半滑舌鳎、牙鲆、鲤鱼、海湾扇贝的高密度微卫星遗传连锁图谱构建，而随着测序技术的发展和成本的降低，以大量SNP标记为主体的高密度遗传连锁图谱也逐渐增多，已经构建了半滑舌鳎、牙鲆、斑点叉尾鮰和尼罗罗非鱼高密度SNP图谱，标记间距达到0.2～0.5cm。此外，在大菱鲆、银鲤、鲟鱼、虹鳟、点带石斑鱼等物种中，也有遗传连锁图谱的相应报道。

（5）水产动物性别控制与单性育种。黄海水产研究所主持的公益性行业科研专项"鱼类性别控制及单性苗种培育技术的研究"对我国的主要养殖鱼类（半滑舌鳎、牙鲆、黄颡鱼、罗非鱼、大黄鱼、石斑鱼、鲟鱼、鲤鲫鱼）进行了性别特异标记筛选、人工雌核发育和性别控制技术的研究。作为该项行业专项的标志性成果，陈松林主编出版了我国第一部《鱼类性别控制和细胞工程育种》专著。

（6）基因组编辑技术。基因组编辑是近几年来发展起来的对基因组进行精确修饰的一种先进技术，自2012年以来在斑马鱼等模式鱼类上成功建立了TALEN和CRISPR技术，但在养殖鱼类上的应用还刚刚开始，成功报道还比较少。虽然基因组编辑技术在水产养殖动物上的应用刚刚起步，但作为基因功能研究和基因组改造的一个重要手段，在水产养殖动物上已展现出重大应用潜力。

（7）水产动物细胞培养。2014—2015年以亚洲国家为主的研究团队建立了鱼类的多种组织细胞系，包括半滑舌鳎卵巢和伪雄鱼性腺细胞系、南亚野鲮鱼鳃组织细胞系、两种印度热带观赏鱼的尾鳍细胞系、杰弗罗大咽齿鱼皮肤和鳍细胞系，进一步改善了水产动物的细胞学研究平台。水产无脊椎动物的细胞系虽然一直没有建立，但学者们在海胆、对虾、文昌鱼等物种的不同组织进行了尝试并取得了一定进展。

2. 渔业装备与工程技术

（1）养殖装备。池塘养殖装备取得了很大的进步，综合技术水平达到了国际先进水平，局部成果达到国际领先水平。开发研制了底质改良机、涌浪机等多种新型池塘养殖机械；建设基于潜流式人工湿地的生态沟、生态塘；研究水质预判模型，实现对增氧、水质调控设备的自动控制；构建节水减排系统模式，建立健康养殖小区。

工厂化循环水养殖已形成专业化的系统模式，装备系统构建总体上已接近国际先进水平，重点研发高效净化装备，研究生物膜形成机制与填料生物膜优化，并研制相关设备；研发水体颗粒物有效分离及气水混合装置。

网箱设备在高效和设施安全性构建方面有了一定的进步，整体技术水平已接近国际先进水平，并在设施抗风浪技术上处于领先水平。利用数值模拟技术研究网箱框架、网衣及锚泊结构受力与变形特性；研发基于PLC控制的网箱集中投喂系统和高压射流式水下网衣清洗装置；利用水声多波束探测技术的远程监测系统监测网箱鱼群生长状况。

（2）渔船与捕捞装备。我国渔船在标准化船型研发应用和大洋性渔船自主建造能力建设上取得一定的成效,在部分领域形成了自主设计能力。渔船标准化船型研究以船机桨优化与节能技术集成应用为重点,综合运用船型优化与船机桨匹配技术研究设计了 10 多种近海钢质、玻璃钢渔船;电力推进、LNG 燃料动力等新能源在渔船上首获应用。南极磷虾拖网加工船总体设计关键技术研究项目,完成了船舶建模与设计计算,开展了桁架作业性能研究。变水层大型拖网渔船自主研发项目完成了船图设计送审。金枪鱼围网渔船研发得以成功并进一步优化。

捕捞装备技术在解决远洋捕捞装备自主建造能力不足以及近海捕捞装备安全节能水平提升上取得突破。开展金枪鱼围网起网设备研究,构建了包括 19 种、43 台起网设备与电液控制系统方案,研发了大拉力动力滑车;开展秋刀鱼舷提网设备研发,形成了产品制造能力。捕捞渔具以降阻、高效为重点研发大型网具。渔用仪器以渔用声呐技术研究为重点,开发声学图像数值化处理技术。大型远洋捕捞机械、网具等主要研究成果,形成产品技术,开始应用于生产实际。以电液控制捕捞装备技术为核心,应用于海洋工程装备领域。

(3)水产品加工装备。水产加工装备创新水平不断提升,一些成果形成产品技术开始推广应用,南极磷虾加工装备研发取得重要进展。开展海参加工工艺与装备研究,采用连续式蒸煮工艺,全程连续投料,控温蒸煮,形成了整套装备。利用机器视觉技术判别干海参腹水膨胀尺度,对参复水过程实施精准监控。开展活鱼运输关键技术研究,从运前的预处理至运后的恢复,进行系统性工艺构建,以达到"少水"甚至"无水"的目的。研制挤压式对虾去头机,利用双弹性圆柱在虾头与身体结合部进行挤压分离,得率比刀切式明显提高。开展南极磷虾船上加工与快速分离技术及装备的研究,优化虾粉加工工艺及设备性能,研究虾壳肉分离技术,优化滚筒挤压工艺参数。

3. 渔业信息技术

渔业信息技术是利用现代信息技术和信息系统为渔业产、供、销及相关的管理和服务提供有效的信息支持,是提高渔业的综合生产力和经营管理效率的技术手段。信息技术的突飞猛进推动了渔业发展的变革与科技进步,渔业信息技术应用日益成熟,渔业信息化水平不断提高,渔业信息技术在渔业生产和研究中的应用总体处于快速发展阶段,具体表现在以下几个方面:

(1)渔业遥感等空间观测信息技术的应用已从早期的渔场环境监测和渔情预报,逐步拓展到渔船监测、水产养殖选址及规划等领域。

1)遥感技术用于监测评估鱼类生境变化、渔业生态系统综合管理和渔业生物功能区划等研究日益受到重视,更加注重对渔业生态系统整体的保护与管理。

2)卫星导航为核心的海洋渔船监测与动态监控技术,由单纯的 GPS 定位技术应用发展到结合高分辨率遥感光学影像监测、雷达卫星监测信息等多源信息的渔船综合集成监测。

3)渔业地理信息系统(GIS)由一般的专题制图、统计汇总发展为渔业综合管理 GIS 决策支持系统,实现了制图、模型构建与评估等多种分析预测功能。此外,随着物联网、移动应用等信息技术的发展,渔船监测通信传输技术、水产养殖的水质在线监测与监控技术、自动投饵及自动化控制技术、水产品安全监控与追溯技术等渔业生产装备与设施的数字化信息技术发展异常迅速，部分已经实现了商业化应用，未来发展应用潜力巨大。

（2）以互联网为基础的渔业信息资源开发利用方面迈上了新的台阶。具体表现为：

1）以数据信息资源收集为基础的渔业专题数据库建设与共享进一步加强，如：水产种质资源共享平台与水产科学数据共享平台建设等得到广大水产科研工作者的欢迎。

2）专题信息服务系统的开发和应用已深入到渔业的生产和管理中，如中国渔政管理指挥系统建设、全国渔情信息动态监测网建设，均推动了渔业生产、科研和管理方式的深刻变革。

3）渔业基础数据库建设、文献计量分析等为渔业科研选题、咨询、决策等提供了有效的信息服务。

（3）渔业信息研究和战略情报分析为国家发展战略提供了有力的信息支撑。

"十二五"期间开展的走中国特色渔业现代化道路的探讨、海洋生物资源开发和利用战略研究、"蓝色农业"与海洋渔业发展战略、水产养殖业发展战略、"海上粮仓"发展战略、休闲渔业发展战略、低碳经济与渔业碳汇、渔业多功能性与渔业新兴产业、全球金融危机及其对渔业发展的影响等研究课题为渔业行业管理和发展提供了有力的决策咨询和智力支撑。

三、国内外发展水平比较

（一）水产养殖领域

中国在 IMTA 产业化应用方面领先于世界其他国家，但相应的基础研究较为落后；而相对于单一品种养殖，国际上关于多营养层次综合养殖模式与技术的研究方兴未艾，但产业化规模较小。新种质是水产养殖业健康可持续发展的遗传基础。截至 2014 年年底，我国共审定水产养殖新品种 156 个，涉及我国主要的养殖种类，但在品种性状的遗传稳定性上略逊于国外。未来新品种的育种目标性状，除生长速度、单位产量外，还必须具备抗病性强、逆境耐受性高等适应性特点，且应具备肉质、颜色、品味等方面的优良品质性状。兼具多种优良性状的养殖品种将是未来水产育种的发展趋势。国外在养殖设施、养殖废水回收净化再利用及水质自动化控制技术方面的研究与应用均较国内成熟。水产养殖装备的改进和综合管理技术的提升成为新的热点。不仅产业化程度较高的工厂化养殖装备和自动化水平在不断提高，传统池塘、网箱等养殖模式也越来越多地纳入了节能减排技术。养殖水质生态调控技术是目前国内外应用技术研发的重点。

2015 年我国养殖的淡水动物主要有草、鲢、鳙、鲤、鲫、鲂、罗非鱼等大宗淡水鱼类，鲈、鳜、鳢、鲟、鲑鳟、黄颡等名特优鱼类，淡水虾蟹类、龟鳖大鲵类和淡水贝类（珍珠蚌）等。比较而言，国外淡水水产养殖品种比较少，产量相对我国而言较小，但相对集中，比如欧美一些发达国家一般只养殖 3 ~ 5 个品种，而其中一个品种的产量和产值往往能占该国水产养殖的一半以上。研究和开发力量相对集中，大宗品种的育种和养殖技术、设施等方面都优于我国。

国外非常注重先进科学技术特别是现代化的制种选育技术，培育优良品种。如发达国家已经开展了罗非鱼、虹鳟、大西洋鲑、斑点叉尾鮰、南美白对虾和太平洋牡蛎中进行了全基因组测序。近几年我国在一些淡水水产动物完成了全基因组测序，但在全基因组育种、分子设计育种和基因组诱变育种理论与技术方面，与国际先进水平存在一定的差距。

国外在淡水养殖方面，重视集约化、工厂化、机械化养殖，大力发展生态养殖模式，建立水产可持续发展的技术保障。目前国外工厂化循环水养殖技术比较发达的国家有北美的加拿大、美国，欧洲的法国、德国、丹麦、西班牙，以及日本和以色列等国家。总体上，我们国家在工厂化循环水养殖与发达国家相比差距还很大，淡水鱼类工厂化循环水养殖更少，处于起步阶段。

我国在水产动物营养与饲料方面的研究起步晚、投入少、基础相对薄弱，我国在养殖方式、科研、行业运行与监管及观念等方面仍与国外先进水平存在一定差距。我国水产养殖品种众多。而在欧美和东南亚，则能够在相对单一的养殖品种上进行细致而系统的研究和开发，从而确保了在该领域的优势地位，控制了相关资源、技术和市场。我国水产养殖生产仍处于粗放型发展阶段，而在欧美等发达国家主要以集约化养殖为主。

发达国家对水产养殖动物营养学的研究具有系统性，且研究较为深入。我国相关科研机构较少、人才更是匮乏、人才流失严重、实验设备条件落后等，使该研究领域的科研力量较大幅度被削弱。养殖品种的多样化分散了科研力量。我国在水产动物营养与饲料的研究缺乏创新性。研究方法和手段均借鉴国外的研究方法，缺乏创新性。

饲料工艺落后于发达国家。虽然我国已经基本建成水产饲料加工成套设备制造的工业体系，但与发达国家仍然存在显著的差距。饲料的配制水平落后于发达国家，由于水产饲料的配制是以深入而系统的营养学研究为基础的，我国在水产动物营养学研究方面与发达国家的差距决定了饲料配制水平的差距。水产饲料市场不规范，监管力度不够。我国水产饲料行业规模大，分布散乱，监管困难，相关法律和规范得不到有效执行，造成了我国水产饲料行业及水产养殖业的一系列混乱局面。

在渔药方面，我国与国外水产养殖发达国家在科学用药方面，还存在较大差距。国外渔药的研发特点是，食用水产动物用药相对较少，观赏鱼用药（研发使用）增多，抗寄生虫药物增多，抗菌药物减少，同时，比较重视复方制剂和新制剂的研发。我国研究开发的渔药主要用于食用水产动物，其中60%以上的药物为抗菌药物，其他药物如抗寄生虫类药物发展相对缓慢。我国与国外的差距在以下几个方面：一是渔药研究深度存在差异。我国现有国标渔药中，其中已进行药动学研究并可指导其生产的渔药种类还不到现有常规使用渔药种类的10%，目前已有的试验数据还远远不能支撑渔药的安全使用技术体系的建立，缺乏残留限量、休药期、给药剂量及用药规范等方面资料。二是渔药管理工作存在差距。我国基本上处于起步阶段，对渔药的管理决策偏向于事后控制，对于一些药物的残留、禁用药物控制决策都依赖于水产品进口国的政策，而缺乏对渔药研究的引导和相关政策，造成了研究滞后。三是渔药残留标准研究尚需加强。我国与主要贸易国（欧盟、美国、日本）的水产养殖允许用药情况差异非常大，从而导致对渔药残留的限量要求不一致。四是禁用渔药的替代性药物研发严重滞后于水产养殖业的发展需要，到目前为止还没有一种成型的替代药物等。五是同种渔药的适宜使用水生动物类群划分还没有建立起来，导致渔用药物使用上的局限等。

（二）捕捞技术领域

虽然捕捞学科研究得到了国家一定的政策支持，取得了阶段性成果，但由于我国在海洋捕捞学科研究过程中存在试验平台不足、试验设备缺乏、试验方法落后等多种不利因素，总体研究水平与世界渔业强国相比，存在着很大的差距。

在渔具渔法方面，欧盟为了在分享他国专属经济区内或公海海域渔业资源中保持优势地位，通过投入巨资，提高技术优势，建造设备先进的渔船，配备高科技仪器和性能优良的渔具。尤其是渔船趋向专门化、大型化、机械化、自动化。冰岛、挪威等国使用新型中层拖网、自动扩张底拖网，方形网目和绳索网，具有有效捕捞空间大、阻力小、拖速快的特点，既节约燃料，又提高了渔获量。各种类型的选择性捕捞装置，如海龟释放装置和拖网选择性装置（TED）、渔获物分离装置（CSD）、副渔获物减少装置（BRD）、渔获物分选装置及选择性捕虾装置等已成为渔业管理的标配装备，对保护和合理利用渔业资源上起到了积极的作用。我国对渔具性能及其对资源环境的影响等缺乏系统的基础研究，渔具的准入条件、各种节能、生态型渔具的研发及其标准制定等研究不足，对海洋生态系统和资源状况的研究不够系统，气候环境变化对资源渔场的影响等研究开展甚少。

渔具材料改性是 2015 年世界各国研究的重点。主要是围绕以二氧化硅（SiO_2）、碳酸钙（$CaCO_3$）、六面体倍半硅氧烷（POSS）、纳米层状双金属氢氧化物（LDH）等非金属纳米材料为填料的体系展开。我国渔用材料的研究缺乏专业化研究团队和设备，研究成果的转化和应用率较低。还没有开展基于渔具适配性能的功能性材料开发与应用的研究。

世界各国高度重视对远洋渔业资源的科学调查。日本是开展渔业资源调查最系统的国家之一，该国渔业科学调查船每年定期对全球三大洋重要渔业资源进行科学调查。北大西洋沿海国家，如挪威、英国、法国、加拿大、荷兰和比利时等国，通过海洋开发理事会（ICES）长期开展渔业合作，协调渔业科学研究，进行系统的渔业资源联合调查。我国远洋渔业资源调查虽然已有 10 多年的时间，但由于缺乏系统全面的资源调查探捕规划，以及缺乏专业的远洋渔业科学调查船，至今尚无完善的调查规范与标准，特别在调查方法、手段、内容和成果等方面均无法与国际渔业资源调查规范接轨，影响我国在国际渔业资源管理上话语权。

各区域性国际渔业组织均将限额捕捞作为一种管理方式，并采用渔船动态监测系统（VMS）、水产品可追溯等管理制度。国际上已经成功应用的渔船监测系统主要有：法国

（CLS 公司）CARSA 系统，利用 RS、GPS、GIS 和卫星通信技术建成了全球海洋渔船监控管理信息系统和海况渔情咨询服务系统；英国 QinetiQ 的 MaST 系统，挪威 FFI 的 Eldhuset 系统、Kongsberg 的 MeosView 系统，以及欧盟 JRC 的 VDS 系统等。日本渔情预报中心每年定期发布三大洋海域 55 种渔业信息产品，包括近海太平洋海况情报（每周 2 次）和太平洋外海海况情报（每周 2 次）等。我国在远洋渔场渔情分析预报方面取得了较大的进展，但常规性资源监测工作不足。对近海和大洋渔业资源、生态环境的调查和监测力度不够。

（三）渔业资源保护与利用领域

国际上对种群数量变动规律与机制解析、较大尺度的海洋资源变动与预测等研究较为深入，并且侧重于机制机理的阐明与模拟。我国在 20 世纪 90 年代后发展的"简化食物网"及"生态系统动力学"研究方面已经达到国际先进水平，并且在种群层次的研究也取得显著研究成果，但是部分研究成果具有一定的局域性限制。

渔业资源监测与评估技术在发达国家如美国、挪威、日本等国家都已经常态化，并且相关的新技术也取得长足发展。我国渔业监测研究时断时序，调查范围有限，20 世纪末期开展的国家海洋勘测专项调查是我国近海相对全面的渔业资源及其栖息环境监测也已经有 10 多年之久，远洋与极地渔业资源调查与评估研究更少，并且监测技术研究开展的也很少，尤其一些重要技术环节方面与国际先进水平尚有较大差距。另外，捕捞生产统计资料缺乏，因此难以准确地进行资源状况及其发展趋势分析，并为渔业资源管理提供有效的科学依据。

国际上增殖放流工作将在更加注重生态效益、社会效益和经济效益评价的基础上，开展"生态性放流"，推动增殖渔业向可持续方向发展。我国的增殖放流缺乏科学、系统的规划和管理明显滞后。人工鱼礁和海洋牧场技术体系与平台建设不完善。在产业平台建设方面，尚未出现国家层面的专门研发机构。我国虽在负责任捕捞技术方面开展了相关基础研究，但大多局限于实用性很强的渔具，缺乏基础性的理论研究。

西方发达国家对水生野生动物保护和研究起步较早，研究较我国深入。相比国外对濒危野生水生动物的保护和管理工作，我国主要存在以下问题：①自然保护区的监管和管理水平有待提高；②濒危水生野生保护动物的基础性研究工作滞后；③珍稀濒危水生野生动物养护工作不规范。

（四）水产品加工与贮藏工程领域

世界发达国家十分重视对水产品精深加工基础理论的研究，并以重大理论与技术的突破提升水产品原料利用率，带动产业发展。我国是世界第一养殖大国，水产品养殖产量占世界总养殖量的 70%，但我国养殖水产品的精制加工的基础理论研究方面仍处于较低水平，大部分科学研究仍以跟踪研究为主。主要表现在：对鱼、贝、虾、藻类等主要水产动植物原料中蛋白质、脂肪及多糖等主要营养与功能成分加工特性和营养特性缺乏系统研究；水产品在养殖、加工、贮藏及冷链流通过程品质变化过程与调控机制不明。

世界渔业发达国家极为重视渔业环境的保护和监测、贝类的净化、有毒物质的检测技术和有害物质残留量限量标准等的研究，陆续制定了有关的法规和标准，安全控制技术日臻完善。尽管我国水产品质量安全科技取得了一定的成绩，但同渔业发达国家相比较，仍存在不小差距。主要表现为：危害物产生途径和转化规律的分子基础不明；多残留检测方法少，快速检测技术不成熟；缺少痕量分析和超痕量分析等高技术检测手段与设备。发达国家的水产品加工已形成了完整的生产线，各工序衔接协调，实现了高度机械化和自动化。与发达国家相比，我国的水产品加工总体上还属于劳动密集型产业，机械化水平落后。主要表现为：专门研发机构少，高端人才缺乏，国家在加工装备基础研究方面的科研投入力度不够。

国外水产品科技成果转化率高。国外发达国家的产业技术创新以企业为主体，科技成果转化率高可达到70%以上。而目前我国的产业技术创新仍以大专院校和科研院所为主，缺乏足够的成果孵化和转化技术平台，水产品加工科技成果的转化率不足30%。

（五）渔业生态环境领域

当前国际生态环境监测与保护学科发展的主要趋势有以下几方面：发展快速监测技术、浮标监测技术、船载监测技术和传感器监测技术；重点关注持久性有机污染物，由于其在环境介质中的持久性、生物富集性、长距离迁移能力、对区域和全球环境的不利影响以及毒性作用成为优先研究方向；强化环境监测预警及风险评价技术，建立国家重大环境基础数据库、水质基 / 标准体系，建立环境预警及风险评价模型。

我国在渔业生态环境监测与保护学科方面，主要针对所辖渔业水域生态环境以及重要渔业品种生境动态及需求等进行监测，重点是水产养殖区与重要鱼、虾、蟹类的产卵场、索饵场和水生野生动植物自然保护区等功能水域。在污染生态学研究方面，主要开展单个污染物质或综合性废水对渔业生物急性、亚急性毒性效应的研究，尚未对多介质多界面复杂环境和复合污染物行为机制、污染生态系统毒理学诊断开展研究。在水域生态环境保护方面，主要在降解菌种的筛选、养殖池塘、网箱养殖区、底栖生态环境方面开始进行一些试验性修复研究，尚未形成成熟技术，整体研究水平与国际先进水平差距较大。

（六）高新技术领域

1. 水产生物技术

2013—2015 年来我国水产生物技术有了长足进展，某些研究方向甚至处于国际领先地位，但与国外相比仍有许多薄弱环节，具体表现在：基因功能分析方面，国外以模式生物为研究对象的团队，等于集全世界之力进行了长时间的积累；而国内团队由于物种和工作基础方面的限制，在这方面的研究亟待加强。分子辅助育种和基因组选择育种方面，与国外相比仍有很大差距。尤其国外较早开展 SNP 标记研究，已初见成效。至于 QTL 的定位，更是有赖于前期研究的积累，这方面我们与国外差距也十分明显。如何利用好手中的基因组资源，迅速开展育种方面的研究，创出有国际影响力的水产良种，将是未来几年我国水产领域科学家的一个主攻方向。

2. 渔业装备与工程技术

整体而言，我国池塘养殖装备科技处于世界先进水平。但在池塘生态机制研究上积累不足；养殖装备的机械化水平还不高、种类比较单一；池塘养殖系统设施化、生态功能化构建不足。

我国工厂化循环水养殖技术在应用层面跟上了国际发展水平。但相比国外针对主养品种养殖环境及生长机制及水净化系统的研究积累还有明显差距。在技术研发方面我国以跟踪为主，创新性成果少。

对网箱养殖装备，我国的基础性研究主要围绕 HDPE 网箱设施的水动力特性开展，范围较为单一；在深水网箱配套装备和新型养殖设施等方面的技术研发滞后。

我国对基本船型的研究积累非常薄弱，渔船设计对新技术的应用不多；新能源应用、玻璃钢渔船建造、全船自动控制等技术与发达国家的差距较大；南极磷虾捕捞加工船、大型拖网加工船等设计领域差距明显。我国捕捞装备的技术研发还处于跟踪研制阶段，自主创新与研发能力不足。

我国在鱼体加工设备、鱼糜及鱼糜制品加工设备、鱼粉低温干燥设备、虾壳分离设备等方面的水平明显落后。针对磷虾特性的粉加工 工艺研究与装备集成能力不足。

3. 渔业信息技术

信息技术的发展日新月异，物联网、云计算、大数据等新概念不断涌现，新的信息技术为渔业现代化发展提供了广阔的发展空间和前景。我国渔业信息化和信息技术的发展虽然具备了一定的基础，但总体上，渔业与信息技术的融合较为落后，对新技术的吸收和引进过程慢。综观国内外渔业信息化发展，主要有以下特点：①信息技术加快融合，集成综合应用趋势明显。②渔业空间信息技术应用不断深化，有望形成独特的渔业空间信息技术应用技术体系。③互联网应用普及，渔业应用的网络化、即时性显著。④移动通信发展快，渔业信息服务朝大众化、个性化方向发展。

与发达国家相比，我国在渔业信息技术领域差距明显，集成创新能力落后，渔业信息化应用理论基础薄弱，对产业的支撑力度不足；大型的专业数据库建设不足，数据种类少，渔业信息标准化研究严重滞后。在渔业信息化与信息资源的开发利用方面，我国信息化制度不完善，渔业信息化建设应用开发分散，总体建设缺乏顶层设计，信息共享、业务协同和服务应用程度需进一步提高。在渔业发展战略研究方面，我国渔业统计数据的实用性、系统性、延续性亟待提高，服务于产业经济与战略研究的数据库和渔业经济分析预测平台亟须进一步完善。

四、发展趋势与未来研究重点

（一）水产养殖领域

1. 不断提高水产种业原始创新能力

在未来一段时间，我国水产种业技术体系必须打破技术模仿跟踪的惯性，瞄准重要经济性状遗传调控网络解析、组学研究、全基因组选择育种等重大基础理论和前沿技术，构建适合我国国情的水产育种创新技术体系，引领水产种业走上创新驱动、内生增长的良性发展轨道。针对水产养殖生物中存在的良种覆盖率不高，品种种质退化，病害频发等主要问题，以产业发展和市场需求为导向，围绕主养品种，在保持高产稳产的前提下，培育出优质、抗逆、生态、安全等的新品种。围绕主要养殖鱼类，开展对苗种繁育技术水平和竞争力整体提升具有显著促进作用的关键技术、共性技术和集成配套技术的研发。

2. 加强水产养殖基础理论及应用研究

推动海水养殖产业发展逐步从规模产量型向质量效益型转变，海水养殖研究开发从拓展新种类和增大养殖规模向优良新品种培育和环境友好、生物安全的集约化养殖模式转变是海水养殖产业未来发展的必然趋势。进行淡水生物产业关键技术研究与集成，运用工程学、生态学、生物学等方法，开展关键技术突破和集成研究，通过原位修复技术使养殖生物在良性的生态环境中生长发育，最大限度减少池塘养殖对外环境的影响，实现池塘养殖可持续发展。建立不同类型池塘养殖水生态工程化控制设施系统、关键设备的研究。

3. 侧重发展健康、生态、集约、低碳水产养殖技术

"高效、优质、生态、健康、安全"可持续发展的池塘多营养层次生态养殖、工厂化循环水养殖技术、生物絮团技术等是近年来水产养殖技术发展过程中的重要创新，为解决未来水产养殖工业化发展中的水质控制、病害防治、环境污染等关键问题提供了有效的技术措施与研究方向。养殖研究将更多关注养殖生物学和生态学基础，以及养殖系统内生源要素的物质循环与能量收支及其生态调控途径，从而不断揭示养殖池塘生态系统生物功能群优化与调控机制，建立池塘养殖环境生态调控对策，建立生态养殖模式，加强养殖动物营养生理与高效饲料开发。通过基础研究提出池塘健康养殖和质量安全控制技术体系，为实施基于"高效、优质、生态、健康、安全"可持续发展的池塘多营养层次生态养殖提供技术支撑。

4. 优先发展水产动物营养与饲料工业

我国 2013 年的水产饲料达到 1900 万吨，居世界首位。目前已成为我国饲料工业中发展最快、效益最好、潜力最大的朝阳产业。作为水产养殖大国，我国在未来 10 年应把水产动物营养与饲料开发放在优先发展的地位。采取"选择代表种、集中力量、统一方法、系统研究、成果辐射"的战略思路是加速我国水产饲料工业的发展，增强水产营养研究中的必由之路。应该继续完善主要养殖种类基础营养参数，夯实高效饲料工业的基础、规范水产动物营养研究方法、进行营养代谢与基因调控的深入研究、开发新型蛋白源和脂

肪源、开展饲料营养与水产品安全和品质关系研究，并完善水产养殖人工育苗期开口饲料和亲本营养的研究，根据不同品种、不同发育阶段、不同生理状态下的营养需求最精确地来配制饲料。

5. 构建水产养殖病害预警体系，增强综合防控能力

6. 有计划、有步骤推进药代动力学和新渔药研究

在国家渔业科技发展规划中制定渔药学科发展规划，有计划、有步骤地组织推进渔药学科建设。一是加强学科基础研究建设。包括药物代谢动力学、水产实验（适宜）动物分类研究、药效评价标准方法等。二是加强渔药新制剂和剂型的研发。大力开发使用对环境友好的水性、粒状、微囊、缓释等新剂型的渔药，既提高了渔药药效，也对水产品质量安全、药物残留起到了控制作用。三是加强抗菌肽、功能性糖类及干扰素类产品的研发。因为它们具有安全无污染，提高水生动物免疫活性细胞功能，增强养殖动物机体防御能力，在治疗病毒类疾病无有效药物的情况下，它们具有其他防治方法无法比拟的功效。四是推动渔用无公害中草药研究。中草药作为开发绿色安全高效的渔药已经成为目前的研究热点。随着基因工程重组亚单位疫苗、核酸疫苗产业化的发展，预计中国在未来10年内将有一批基因工程疫苗产品面世，渔用疫苗将大面积推广应用。五是加强渔用疫苗的研究。六是积极开展水产养殖动物主要致病菌的耐药性普查工作，尽快建立普查技术规程，推进规范用药指导工作。

（二）捕捞技术领域

1. 负责任渔具渔法是捕捞学科研究的核心

从生产源头上做好渔业资源的科学管理和合理开发，减缓或杜绝捕捞活动对渔业资源的过度开发与利用，发展节能、高效和生态友好型的渔具渔法。在充分调查与研究的基础上，采用数字化模拟和仿真模型，为渔具设计、渔具选择性和渔业资源管理决策等提供了预测，为我国树立负责任渔业大国的形象和捕捞业可持续发展提供科学技术支撑。

2. 功能型渔具新材料的应用是捕捞学科发展的基础

保护渔场生态、降低捕捞生产的能耗以及确保渔业生产的安全需要将是渔具材料与工艺研究的必然趋势。今后研究的重点是加强开发废旧渔具材料循环利用技术，研制绿色环保型渔用材料，提高渔具材料性能的研究，为我国渔具性能优化提高提供基础保障。

3. 渔场资源的掌控与利用是捕捞学科研究的关键

在全球海洋生物争夺激烈的今天，渔业发达国家为了掌握海洋生物资源开发利用的主动权，十分重视对公海生物资源进行全面、系统调查研究。我国今后在这方面的主要重点是：将远洋渔业资源和渔场调查列入国家经常性基础调查工作，全面、系统调查研究渔场资源与环境，分析捕捞对象不同时间的水平和垂直分布状态，评估捕捞对象的资源量和可捕量，了解捕捞对象与渔场环境的关系，掌握捕捞对象时空变化规律是有效捕捞的基础，把握资源变动和渔场形成规律，提高后备渔场开发能力，为我国远洋渔业可持续发展提供科学技术支撑。

4. 数字化综合信息服务是捕捞能力提升的技术保证

随着信息技术的发展，信息技术在捕捞业中的应用将朝集成化、业务化方向深入发展，同时，也将充分结合电子信息、云计算、无线传感器网络技术等在内的前沿信息技术，实现更多的智能应用，从而推动捕捞技术的进步与产业升级。今后的重点是加强基础研究，积累原始数据，建立科学的模型，进行内在规律的探索和预测；加强信息技术在海洋捕捞中应用研究，建立全天候、全覆盖的全球渔场观测和渔船监测管理系统。

（三）渔业资源保护与利用领域

1. 加强海洋生态系统动力学研究

跟踪海洋生态系统动力学国际研究前沿，把握先进国家及关键机构的最新研究动向，分析国际海洋生态系统动力学研究热点，制定我国海洋生态系统动力学研究的长远规划，广泛参与国际研究计划，发挥区域优势，加强多重压力胁迫下近海生态适应性管理对策研究，争取在海洋生态系统研究等领域中取得突破。

2. 改善渔业资源调查与评估

渔业资源调查与评估工作是渔业资源可持续利用和生态系统水平渔业管理的基础，应包括更多的环境变动因子，采用计算机技术和更广泛综合性进行数据分析。渔业资源评估模型将对改进渔业资源管理起到更重要的推动作用。今后渔业资源评估模型研究的重要内容是掌握种间关系，理解环境、气候变化及人类活动对渔业生态系统的影响；物理—生物—渔业过程的耦合将进一步促进基于生态系统的渔业资源评估模型的发展，这类模型将是未来渔业资源评估模型的发展方向。

3. 强化渔业资源增殖与养护

准确了解各种水产资源的现存状态和发展趋势、与之相关的渔业水域生态系统的环境动力学、实现有效恢复渔业资源的环境因素干预对策的作用机理等，无疑是最重要的研究课题。增殖放流品种和规模、海洋牧场和人工渔礁建设的科学规划，健全渔业资源增殖效果评价体系建设和管护制度是实现衰退渔业资源生态修复和养护的基础。新方法、新技术的应用是为解决渔业资源增殖过程中关键技术和共性技术难题提供了技术支撑，也促进了渔业资源增殖产业的健康和谐发展。

4. 提升远洋渔业的核心竞争力和话语权

可持续利用和生态系统水平的渔业管理概念越来越深入，海洋渔业已进入全面管理时代，有关公海渔业管理措施趋向于强制执行，远洋渔业的外部发展环境将日趋严峻。今后研究重点是系统开展各大洋和极地地区的渔业资源调查和生态系统的调查，逐步掌握各大洋海洋渔业资源状况，提升远洋渔业的核心竞争力和话语权。

5. 建立保护生物学研究方法和理论体系

加强鱼类和珍稀濒危等物种的基础生物学研究，尤其应加强中国主要海洋底层经济鱼类资源生物学研究。采用传统的形态学方法和分子生物学相结合的方法，从基因水平上研究鱼类种群遗传结构和系统进化，探讨中国海洋渔业生产中长期存在的"开发无序，利用无度"状况对中国主要海洋经济鱼类遗传变异的影响。

（四）水产品加工与贮藏工程领域

该领域今后发展趋势是构建以企业为主体、大学和科研院所为依托、产学研用紧密结合的产业技术创新和技术服务体系，形成以加工带动原料生产、以加工保障消费的现代水产业发展新模式，解决制约我国水产业持续健康发展的问题；研究、开发主导大宗水产品资源加工的新工艺、新产品，攻克水产品加工副产物规模化利用的关键技术及产品的质量安全保障技术，发掘新型水产食品资源，提高水产品在国民饮食中的比重，逐步形成以营养需求为导向的现代水产食品加工产业体系，实现水产食品供应由量到质的本质提升；加强顶层设计，通过增强政策与法律法规引导，构建全产业链质量安全保障体系，实现养殖水产品"从养殖场到餐桌"的全过程安全。重点发展方向包括：

1. 养殖水产品加工、流通与质量安全基础研究

系统研究鱼、贝、虾、藻类等主导养殖水产品原料的化学组成、结构、性质及分布，水产品营养成分的膳食价值、功能特点、吸收方式及生物活性，构建完善的养殖水产品化学与营养数据库；系统研究养殖水产品中蛋白质、脂肪及多糖等主要营养成分以及产品鲜度、品质等在养殖、加工、贮藏、流通过程中变化机理及调控机制；明确水产品危害因子的生物蓄积及代谢机制，为水产品的精制加工与质量安全控制提供理论基础。

2. 水产品保活、保鲜流通技术

重点研究方向主要包括水产品运输前期渔船暂养与规模化暂养技术，水产品休眠麻醉保活处理技术，水产品低成本快速冷却、冷冻加工技术，鲜活水产品现代流通的装备技术集成，水产品无水保活运输技术与装置，鲜活水产品人工运输环境调控技术，鲜活水产品品质可视化检测技术，鲜活水产品新型智能化包装技术与包装材料等。

3. 生鲜、调理、即食、中间素材等超市水产食品加工技术

重点研究水产品的无残留减菌技术，鲜味降解抑制技术，产品质构保持技术，腥味控制技术，营养保持杀菌技术及速冻保鲜、超冷保鲜、高压保鲜、气调保鲜、冷冻干燥保鲜、辐照杀菌保鲜等新型保鲜技术。

4. 水产品加工副产物规模化高值利用技术

重点研究水产品原料固液态自动化连续发酵技术，组合酶定向水解技术，自溶酶与固态发酵耦合技术等生物技术与装备，水产品精深加工专用工具酶和功能菌株的发掘和制备，水产品活性成分的提取、分离纯化、结构活性与活性稳态化技术。

5. 大宗养殖水产品前处理技术与装备

重点开心大宗养殖鱼类的鲜度识别技术与设备、分级设备、鱼体脱鳞设备、鱼类切头机、剖鱼去脏机，设计和组建养殖鱼类加工的前处理（清洗、分级、去鳞、剖鱼、去脏、

去头）成套设备，以提高养殖鱼类加工业的机械化、自动化水平和生产效率。

6. 水产品质量安全检测技术

重点研发高效、灵敏、便捷、经济的样品前处理技术，贝类毒素、真菌毒素、细菌毒素等生物毒素和化学性污染物多残留检测与确证技术，原产地溯源及快速筛选与现场速测技术，水产品中未知化合物残留筛查技术等。

7. 水产品安全风险评估技术

重点研究特定危害因素的风险评估模式研究，不同危害因子量值与风险的关系构建，风险指数评价方法，特定危害因素的风险评估模式，不同危害因子量值与风险关系的构建，风险指数评价方法。

8. 水产品质量安全过程控制与溯源预警技术

重点研究水产品全程质量控制技术，关键危害因子的预警技术，可追溯技术与产地溯源技术。

（五）渔业生态环境领域

渔业生态环境监测与保护学科的研究已从一般性生态环境监测与评价逐步发展为对规律性、机理性的探索，从污染机理研究朝预测、预警、污染防治方向发展；研究方式也由以现场监测为主转变为现场和实验研究相结合，微观与宏观调查相结合；研究手段也越来越体现出专业交叉和综合化的特点。渔业水域生态环境学科的研发重点主要为：

1. 渔业水域生态环境监测、评价与预警技术体系研究

重点研究渔业水域生态环境监测新技术，渔业生态环境变化规律及其生态环境效应与反馈机理，生态环境质量评价与生态安全预警技术、渔业灾害的预测、预警技术等。

2. 渔业污染生态学和环境安全评价技术

重点研究外源污染物质、养殖自身污染物质迁移和转化规律及其对生态系统生物多样性、结构和功能的不利影响；开展受控生态系统生态毒理学实验，了解污染物的遗传、生理和生化毒性和作用机制和生物地球化学特性（沿食物链转移、代谢规律等）。探索建立污染生态学的新方法论及新技术。形成渔业污染生态学和环境安全评价技术体系。

3. 增养殖水域生态环境调控与修复技术研究

重点研究不同生态类型的增养殖环境容量理论与方法，养殖生态环境调控理论与技术，清洁养殖生产环境保障技术；研究退化的天然渔场、增养殖水域生态系的环境变化诊断技术和生物修复技术，人工生态环境设计和运用技术。

4. 渔业生态环境质量管理技术

重点根据水域环境污染的背景值、环境容量等，研究更合理的水质、生物体质量标准体系，渔业环境容纳量和渔业水域的功能区划，不同类型的重大涉渔工程对重要水生生物栖息环境影响损失评估技术，建立渔业生态系统健康标准和评估技术。

（六）高新技术应用领域

1. 水产生物技术

水产生物技术是当代水产学科中最活跃的一个领域，能够接纳各领域的最新技术并为其实施提供平台。随着越来越多的物种基因组解析，国际水产生物技术研究将转向功能基因组研究。今后，我国研究的重点方向是：

（1）基因组编辑技术。转基因技术或者基因组编辑是遗传育种中最为直接有效的手段，可以迅速获得理想的遗传性状。随着现阶段基因敲除和敲入（ZFN，TALEN，CRISPR/CAS9）技术的成熟，将为反向遗传学中验证基因功能，合理利用基因提供基础。

（2）水产动物细胞培养技术。水产动物细胞培养领域至少会有以下两个研究热点：一是无脊椎水生动物细胞系的建立。二是扩展鱼类细胞系的种类和数量，主要从物种、组织和细胞种类等多个层面丰富鱼类细胞系。

（3）以基因组为基础的各类相关组学技术。以基因组为基础，进行转录组、蛋白质组、代谢组等组学分析。由此衍生出的甲基化组、磷酸化组、乙酰化组等一系列的组学研究，在揭示水产生物相关分子机制方面方兴未艾。

（4）重要水产养殖生物的全基因组选择育种技术。随着越来越多鱼类基因组的破译、海量分子标记的发掘、数量形状座位（QTL）的定位、全基因组关联分析（GWAS）等生物信息学技术的发展，在鱼类上开展全基因组选择技术已成为现实，也必将成为未来鱼类遗传育种的一个热点方向。

2. 渔业装备与工程技术

将从单一装备研发，向以新型装备研发为核心的系统模式构建拓展。围绕现代渔业建设的要求，更多地融合现代工业机械化、自动化、信息化、智能化科技，更好地渔业生产技术相，形成适用技术装备，提升现代装备的研发水平。主要研究方向为：

（1）池塘养殖装备。以生态工程学研究与功能化构建为研究重点，构建养殖系统及养殖环境水质与环境生物；以设施装备强化微生物、植物、植食性生物等群落功能，集成精准饲喂、环境监控、良好管理等技术，形成集约化池塘养殖新模式。

（2）工厂化养殖装备。以养殖生境控制机制研究与高效装备研发为重点，系统性开展可控水体主养品种生长与水质、营养、环境操纵机制研究；研发精准化养殖生境调控系统、智能化投喂控制系统、信息化管理系统、生态化排污精化设施等，构建工业生产水平的现代化养鱼工厂。

（3）网箱养殖装备。以远海大型设施装备研发为技术创新重要途径，形成新型海洋渔业生产方式。开展深远海大型养殖设施及生产平台研发及水动力特性研究，创制大型深海网箱及浮式养殖平台，构建集养殖、繁育、加工及海上渔获物流通与物质补给为一体的远海渔业新模式。

（4）渔船与捕捞装备。以船型标准化研究与大洋型渔船装备自主研发为重点，推升捕捞渔船现代化。以近海、过洋性作业中型钢质渔船、中小型玻璃钢渔船为对象，建立船型设计方法。以南极磷虾捕捞渔船为重点，开展大洋性作业渔船研发；研发高效捕捞装备与专用网具。最终形成大型渔船自主建造能力。

（5）水产品加工装备。以船载加工关键装备研发与物流装备系统构建为重点，促进渔业产业链进一步扩展。研发南极磷虾船上加工系统技术与成套装备；开展基于信息物理系统的现代物流装备研究，提升水产品远洋船载物流、内陆车载物流系统品质控制与高效配送水平。

（6）渔业装备学科研究。从单一装备研发向以新型装备研发为核心的系统模式构建拓展。在现代工业科技的推动下，渔业装备科技将以高效装备研发与系统模式构建为核心，针对产业需求以及共性、关键性、制约性装备技术问题，形成基础研究、技术研发和集成创新有效聚焦的创新链，不断提高渔业生产机械化、精准化、信息化水平，促进渔业工业化发展。

3. 渔业信息技术

以"新四化"建设为指导方针，重点围绕现代渔业生产及管理需求，深化空间信息技术的渔业专题应用研发和推广示范，拓展物联网技术的渔业应用与集成创新，加强渔业数据信息共享平台建设等，加速助推渔业现代化建设与渔业信息化发展。主要研究方向：

针对我国渔业水域生态安全问题，开展面向全国渔业环境变化的遥感监测，建立基于GIS技术的渔业环境污染与灾害信息快速分析、决策制定、实时发布的应急反应系统。

远洋渔业发展竞争加剧，远洋渔业已经由简单的捕捞开发向资源管理及生态保护等负责任捕捞渔业方向发展。不仅需要构建全球渔场环境的遥感观测技术体系和远洋渔船监控系统，而且也需要加强大洋渔业生态环境研究，为产业发展提供高新技术支撑。

我国海上极端灾害天气事件多发，周边水域生产形势复杂，海上渔事纠纷尖锐等使我国渔业安全生产管理的任务日益加重。目前，我国渔政信息化装备设施建设还存在重点区域不突出、整体发展不平衡的问题，渔船安全应急和救助体系建设尚不健全，缺乏信息化和可视化的技术手段。因此，渔船管理及渔港规划建设任务艰巨，亟须强化信息技术支撑。

—— 参考文献 ——

［1］房景辉，张继红，吴文广，等.双齿围沙蚕-牙鲆网箱综合养殖模型碳、氮收支的实验研究［J］.中国水产科学，2014（2）：390-397.
［2］唐启升，方建光，张继红，等.多重压力胁迫下近海生态系统与多营养层次综合养殖［J］.渔业科学进展，2013，34（1）：1-11.
［3］孙中之，许传才，周军，等.黄渤海区拖网渔业现状与分析［J］.渔业现代化，2013，40（1）50-56.
［4］金宇峰，张健.渔具选择性研究中SELECT模型的EXCEL VBA实现［J］.实验室研究与探索，2014,33（3）：154-158.

［5］尤宗博，李显森，赵宪勇，等．蓝点马鲛大网目流刺网的选择性研究［J］．水产学报，2014，38（2）：154-161.

［6］朱国平，刘子俊，徐国栋，等．基于精细尺度的冬季南乔治亚岛南极磷虾渔获率时空与环境效应研究［J］．应用生态学报，2014，25（8）：2397-2404.

［7］刘连为，陈新军，许强华，等．北太平洋柔鱼微卫星标记的筛选及遗传多样性分析［J］．生态学报，2014，34（23）：6847-6854.

［8］L.Fauconnet，V.M.Trenkel，G.Morandeaub.et al.Characterizing catches taken by different gears as a step towards evaluating fishing pressure on fish communities［J］.Fisheries Research，2015，164：238－248.

［9］L D.Jenkins，K.Garrison.Fishing gear substitution to reduce bycatch and habitat impacts：An example of social－ecological research to inform policy［J］.Marine Policy，2013，38：293－303.

［10］苏海林．贝类全基因组选择技术建立及其在扇贝育种中的应用［D］.中国海洋大学，2013，136.

［11］李宁求，余露军，吴淑勤，等．鳗源迟缓爱德华氏菌菌蜕的构建及制备条件优化［J］.水产学报，2012，36（11）：1754-1762.

［12］马寅，金珊，余开，等．恩诺沙星对4种水产致病弧菌的抑杀菌效应［J］.微生物学通报，2011，38（8）：1216-1221.

［13］王玉堂．渔药药物效应动力学研究［J］.中国水产，2013，2（1）：47-52.

［14］吴淑勤，陶家发，巩华，等．渔用疫苗发展现状及趋势［J］.中国渔业质量与标准，2014（2）：1-13.

［15］甘玲玲，王蔚芳，雷霁霖，等．鲆鲽类渔用疫苗研究现状及展望［J］.渔业科学进展，2013，34（2）：125—131.

［16］陈丽婷，郇志利，王晓清，等．中草药添加剂在水产养殖中的应用研究进展［J］.2014，33（3）：190-194.

［17］桂建芳，张显良，刘英杰．淡水养殖动物种业科技创新发展战略研究［M］.北京：科学出版社，2013.

［18］李明爽，林连升，赵雷．我国水产种业发展现状，趋势与对策探析［J］.中国渔业经济，2013，31（2）：139-145.

［19］邓伟，李巍，张振东，等．中国现代水产种业建设的思考［J］.中国渔业经济，2013，2（31）：5-12.

［20］赵永锋．2013年国内外大宗淡水鱼养殖业现状及技术研发进展［J］.科学养鱼，2014（4）：80-84.

［21］J.F.Gui，Z.Y.Zhu.Molecular basis and genetic improvement of economically important traits in aquaculture animals（review）［J］.Chinese Science Bulletin，2012，57（15）：1751-1760.

［22］曹俊明，严晶，黄燕华，等．家蝇蛆粉替代鱼粉对凡纳滨对虾生长，抗氧化和免疫指标的影响［J］.水产学报，2012，36（4）：529-537.

［23］董晓庆，张东鸣，葛晨霞，等．牛磺酸在鱼类营养上的研究进展［J］.动物营养与饲料科学，2013，39（6），125-127.

［24］霍雅文，曾雯娉，金敏，等．凡纳滨对虾幼虾的蛋氨酸需要量［J］.动物营养学报，2014，26（12）：3707-3716.

［25］李彬，梁旭方，刘立维，等．饲料蛋白水平对大规格草鱼生长，饲料利用和氮代谢相关酶活性的影响［J］.水生生物学报，2014，38，（2）：233-240.

［26］尤宗博，李显森，赵宪勇，等．蓝点马鲛大网目流刺网的选择性研究［J］.水产学报，2014，38（2）：154-161.

［27］张鹏，曾晓光，杨吝，等．南海区大型灯光罩网渔场渔期和渔获组成分析［J］.南方水产科学，2013，9（3）：74-79.

［28］FAO.The State of World Fisheries and Aquaculture［J］.Rome，2014.

［29］W.K.Dodds，J.S.Perkin，J.E.Gerken.Human Impact on Freshwater Ecosystem Services：A Global Perspective.Environ［J］.Science and Technology，2013，47（16）：9061－9068.

［30］李阳东，陈新军，朱国平，等．基于Pocket PC的海洋渔业调查数据采集［J］.海洋科学，2013，37（4）：

65-69.

[31] 沈晓盛, 韩小龙, 张海燕, 等.我国对南极磷虾的开发研究及其产业化利用现状 [J].现代食品科技, 2013, 29 (5): 1181-1184, 1191.

[32] 赵启蒙, 许澄, 黄雯, 等.贝类保鲜技术研究进展 [J].广东农业科学, 2014 (6): 117-121.

[33] 张双灵, 张忍, 于春娣, 等.贝类重金属脱除技术的研究现状与进展 [J].食品安全质量检测学报, 2013, 4 (3): 857-862.

[34] 魏静, 崔峰, 张永进, 等.基于虾类食品的保鲜保藏技术研究进展 [J].渔业现代化, 2013, 40 (4): 55-60.

[35] 徐文杰, 洪响声, 熊善柏.基于近红外光谱技术的大宗淡水鱼品种快速鉴别 [J].农业工程学报, 2014, 30 (1): 253-261.

[36] 郑嘉楠.我国沿海省市水产品物流发展现状评估 [J].物流工程与管理, 2012, 34 (8): 4-6.

[37] 基金委.近年来水产品加工与贮藏工程学科国家自然科学资助情况 [J/OL].http://isisn.nsfc.gov.cn/egrantindex/funcindex/prjsearch-list.

[38] 范立民, 徐跑, 吴伟, 等.淡水养殖池塘微生态环境调控研究综述 [J].生态学杂志, 2013, 32 (11): 3094-3100.

[39] 贾晓平, 陈丕茂, 唐振朝, 等.人工鱼礁关键技术研究与示范 [M].北京: 海洋出版社, 2011: 7.

[40] A.L.Shen, F.H.Tang, W.T.Xu, et al.Toxicity Testing of Crude Oil and Fuel Oil Using Early Life Stages of the Black Porgy (Acanthopagrus schlegelii) [J].BIOLOGY AND ENVIRONMENT, 2012, 112B (1): 35-42.

[41] 吴伟, 范立民.水产养殖环境的污染及其控制对策 [J].中国农业科技导报, 2014, 16 (2): 26-34.

[42] M.Chao, Y.R.Shi, W.M.Quan, et al.Distribution of macro crustaceans in relation to abiotic and biotic variables across the Yangtze River Estuary, China [J].Journal of Coastal Research, 2014.DOI: 10.2112/JCOAS-TRES-D-13-00207.1.

[43] 刘兴国, 刘兆普, 徐皓, 等.生态工程化循环水池塘养殖系统 [J].农业工程学报, 2010, 26 (11): 237-244.

[44] 李慧, 刘星桥, 李景, 等.基于物联网 Android 平台的水产养殖远程监控系统 [J].农业工程学报, 2013, 29 (13): 175-181.

[45] 张宇雷, 吴凡, 王振华, 等.超高密度全封闭循环水养殖系统设计及运行效果分析 [J].农业工程学报, 2012, 28 (15): 151-156.

[46] 张光发, 张亚, 姚杰, 等.渔船安全技术评价系统的开发与应用 [J].农业工程学报, 2013, 29 (17): 137-144.

[47] 任玉清, 姚杰, 许志远, 等.中国钢质海洋渔船安全状况评价研究 [J].渔业现代化, 2012, 39 (6): 56-61.

[48] 聂小宝, 张玉晗, 孙小迪, 等.活鱼运输的关键技术及其工艺方法 [J].渔业现代化, 2014, 41 (4): 34-39.

[49] 陈松林.鱼类性别控制与细胞工程育种 [M].北京: 科学出版社, 2013.

[50] 农业部渔业渔政管理局.2013 年全国渔业经济统计公报 [R].2014, -06-16.

撰稿人: 黄硕琳

专题报告

水产生物技术学科发展研究

一、引言

本专题报告介绍了 2012—2014 年度国内外水产生物技术领域的最新研究进展及取得的代表性成果，主要包括水产动物全基因组测序与精细图谱构建、水产动物功能基因筛选与克隆、水产动物重要性状相关分子标记筛选与应用、水产动物高密度遗传连锁图谱构建、水产动物性别控制与单性育种、分子育种技术及良种培育、基因组编辑技术、水产动物细胞培养等方面。通过比较本领域的国内外发展现状，总结了国内近三年来水产生物技术研究和开发方面取得的长足进展，同时指出了存在的问题和不足，并对水产生物技术今后的发展趋势进行了展望。

二、水产生物技术学科最新进展

（一）水产动物全基因组测序与精细图谱构建

随着第二代测序相关技术的发展和测序平台的不断完善，对物种进行 de novo 测序和重测序的成本大大降低。在水产经济动物中，大西洋鳕、金枪鱼、长牡蛎、半滑舌鳎、鲤鱼、大黄鱼、虹鳟等水产养殖动物全基因组测序已宣告完成。国外的进展主要包括：挪威奥斯陆大学完成了大西洋鳕全基因组测序和精细图谱绘制，并揭示了大西洋鳕鱼具有一种特殊的免疫机制，即基因组中缺少 MHC II、CD4 和 invariant chain（ii）等三个重要免疫基因，并且发现 MHCI 和 TLR 基因发生扩张[1]；2012 年斯坦福大学和博德研究所完成了三棘刺鱼全基因组测序和精细图谱绘制，并对 20 个不同地理群体进行重测序分析，从全基因组水平鉴定出与海淡水适应性进化相关的位点[2]；2013 年由维尔康姆基金会桑格研究所完成了模式鱼类斑马鱼的全基因组精细图谱。基因组大小为 1.4 Gb，由 4560 个 fragments 组成，注释基因 26206 个。比较基因组学表明 70% 的人类基因在斑马鱼里至少有一个 orthologue[3]。2014 年法国科学家牵头完成了虹鳟全基因组测序和精细图谱绘制，这是完成的第一种鲑鳟鱼类全基因组精细图谱[4]。

国内近两年奋起直追，在牡蛎、半滑舌鳎等海水养殖动物全基因组精细图谱绘制上也取得重要进展。其中，中国科学院海洋研究所张国范等人完成长牡蛎全基因组测序和精细图谱绘制，并揭示了潮间带逆境适应的分子机制[5]；中国水产科学研究院黄海水产研究所陈松林领衔完成了世界上第一个鲽形目鱼类——半滑舌鳎全基因组精细图谱绘制，并揭示了 ZW 性染色体起源和进化以及适应底栖生活的分子机制[6]；随后，孙效文团队报道了鲤鱼全基因组测序和群体基因组学的研究结果[7]；吴常文等报道了大黄鱼全基因组测序和精细图谱绘制的结果，并发现大黄鱼具有完善的免疫系统[8]；汪亚平等报道了草鱼全基因组测序并对其快速生长的机制进行了研究[9]。

（二）水产动物功能基因筛选与克隆研究进展

1. 性别决定与分化相关基因

多年以来，学者们一直热衷于寻找和筛选动物性别决定和性别分化基因，在水产领域里也并不例外。最近几年，随着高通量测序技术的快速发展和日臻完善，水产动物性别决定和分化相关基因筛选研究取得了一些重要进展，并筛选出如 *Amhy*、*Gsdf*、*Amhr2*、*SdY*、*Sox3*、*Sox9*、*SoxE*、*dmrt1*、*rspo1*、*tra-2*、β-catenin、*Amh*、*cyp19a1a*、*FoxL2*、*wnt4*、*wt1*、*sf1*、*AR* 等性别决定和性别分化相关基因[10-14]。从已鉴定出来的性别相关基因物种分布来看，多集中在鱼类中，此外在虾、贝类等物种中也分离出一些性别相关基因。

国外的主要进展包括：发现了银汉鱼（*Odontestheshatcheri*）中的 *Amhy*、吕宋青鳉（*Oryziasluzonensis*）中的 *Gsdf*、恒河青鳉（*Oryziasdancena*）中的 *Sox3*、虹鳟（*Oncorhynchusmykis*）中的 *SdY*、河豚（*Takifugurubripes*）中的 *Amhr2* 等不同鱼类性别决定基因[10, 13-16]。进一步研究这些性别决定基因所参与的信号通路发现，3 个非转录因子性别决定基因 *Amhy*、*Gsdf*、*Amhr2* 所参与的性别决定过程均涉及 TGF-β 信号通路[12]，表明该信号通路在这些鱼类的性别决定过程中发挥了重要的功能，同时也暗示了性别决定机制在不同种鱼类之间存在着一定的保守性。单就性别分化基因而言，最近几年鱼类性别分化基因多来源于其他脊椎动物性别分化的同源基因，但仍然具有一些新的进展，硬骨鱼中普遍存在一种 *StAR* 基因（*StAR1*）。

国内的主要研究进展包括：中国水产科学研究院黄海水产研究所陈松林研究团队在解析半滑舌鳎全基因组结构的基础上，揭示了鱼类性逆转的表观遗传调控机制[17]，发现了 *dmrt1* 基因是半滑舌鳎 Z 染色体连锁、精巢特异表达、雄性性腺发育必不可少的基因，具有性别决定基因的特点[6]；此外，该团队还筛选出如 *tesk1*、*ubc9*、*wnt4a*、*piwil2*、*csdazl*、*Gadd45g1*、*Gadd45g2*、*cyp19a1a*、*vasa* 等半滑舌鳎性别分化和性腺发育相关基因[18-23]。

其中 Hu 等人对包括陆生哺乳动物在内的多种脊椎动物 *wnt4* 基因分支位点分析证明硬骨鱼类 *wnt4* 基因发生了正向选择作用而哺乳动物却没有[18]。Liu 等人发现半滑舌鳎 W 和 Z 染色体上分别存在着 2 种 *Gadd45g* 基因（*Gadd45g1* 和 *Gadd45g2*），研究显示 *Gadd45g1* 和 *Gadd45g2* 基因均在卵巢中高表达，表明这 2 种基因很可能参与卵巢发育和雌性性状的维持[20]。Meng 等人首次阐明一种丝氨酸 / 苏氨酸蛋白激酶基因——*tesk1* 参与半滑舌鳎精子发生[21]。桂建芳院士团队在银鲫鱼中发现 *dmrt1* 基因在精巢的支持细胞和精原细胞中有表达，表明其在性别调控中的作用[22]；西南大学研究人员 Yu 等人在罗非鱼中发现了一种新的 *StAR* 基因（*StAR2*）；Li 等采用 TALENs 技术将罗非鱼 *dmrt1* 基因进行敲除，敲除 *dmrt1* 基因后的罗非鱼精巢表型发生明显的变化，其中包括形成畸形的精巢输出管以及精巢生殖细胞的发育严重退化等[24]。目前，虽然对鱼类性别决定基因及其所涉及的信号通路有了初步认识，然而这种认识并不系统完整，而对性别决定基因在不同种鱼类中进化的共性以及环境因子在鱼类性别决定中的作用机制等都缺乏系统的研究，这也可能是今后鱼类性别决定机制研究的重点和发展方向。

虾、贝类作为无脊椎动物的重要类群，其性别决定基因的研究也吸引了很多学者的兴趣。Li 等人在中国对虾中克隆并鉴定了 transformer-2（tra-2）基因。研究发现中国对虾 tra-2 基因存在 3 种剪切形式（tra-2a，tra-2b，tra-2c），其中 tra-2c 更是在卵巢中高表达，推测其可能参与到中国对虾卵巢决定过程。Santerre 等人在太平洋牡蛎中分离出 2 种潜在的性别决定基因——SoxE 和 β-catenin。SoxE 和 β-catenin 均在牡蛎性腺中高表达，推测其参与牡蛎的性别决定和性别分化过程[11]。总体来说，虾、贝类性别决定相关基因的研究主要集中于基因的克隆、表达及基于表达特征的功能推测，几乎鲜有基因功能方面更进一步地研究，因此，相比于脊椎动物，虾、贝类性别决定相关基因的研究需要在深度上有进一步的突破和提升。

2. 免疫抗病相关基因筛选与克隆

本文分别从免疫相关基因克隆、宿主免疫体系对病原侵染的应答机理、免疫防治技术的发展等三个方面，阐述 2012 年 7 月以来水产动物尤其是经济型养殖动物在免疫抗病相关基因方面的研究进展。

（1）从海水鲆鲽鱼类（牙鲆、大菱鲆和半滑舌鳎）和其他经济型鱼类（大黄鱼、鲈鱼、斜带石斑鱼、石鲷等）、淡水鱼类（鲤鱼、草鱼）、甲壳类（对虾、蟹）等水产生物中筛选鉴定了数十种免疫相关功能基因，其中中国水产科学研究院黄海水产研究所陈松林课题组对大菱鲆 STAT2、GRIM-19、hepcidin、Ferroportin 1、Transferrin receptor，牙鲆 Akirin1、HEPN、C1Q，半滑舌鳎 ghC1q、干扰素调节因子 1 等基因进行了基因结构、表达模式、免疫功能等方面的研究[25-27]；中国科学院海洋研究所孙黎课题组对大菱鲆趋化因子，半滑舌鳎核转录因子进行了克隆研究；中国海洋大学胡国斌等对牙鲆干扰素调节因子 5，8 和 9 进行了基因克隆和功能研究[28]。Toll 样受体相关基因、抗菌肽、免疫球蛋白分子、凝集素等重要的免疫相关基因也陆续被克隆和分析[29]。

（2）中国水产科学研究院黄海水产研究所陈松林课题组、中山大学林浩然课题组和中国海洋大学张全启课题组分别对鲫鱼、卵形鲳鲹和半滑舌鳎进行了转录组分析，获得了大量免疫相关基因的信息[30]。国内外研究人员对细菌、病毒、寄生虫等外源病害感染的水产生物进行了大量的研究，分别对鳗弧菌感染半滑舌鳎，虹彩病毒感染牙鲆，链球菌感染的亚洲海鲈，白斑综合征病毒感染对虾、副溶血性弧菌感染青蟹为研究对象，系统地研究了宿主和病原体 RNA 及 microRNA 的转录表达谱，以及免疫相关分子信号转导通路，揭示了水产生物的免疫调控机制[31, 32]。中国科学院水生生物研究所桂建芳课题组系统开展了鱼类干扰素基因及其调控机制的研究，绘制了鱼类干扰素 IFN 调控网络，解析了干扰素系统关键基因的抗病毒作用机理[33, 34]。中国海洋大学包振民课题组在虾夷扇贝发现 6 种铁蛋白与鳗弧菌免疫过程中相关。

（3）随着对水产生物免疫防御系统的认识以及对病原微生物的研究，研究人员开展了大量的免疫防治技术的研究，包括 DNA 疫苗、寡聚核苷酸疫苗以及多种疫苗佐剂等[35, 36]。中国科学院水生生物所张奇亚课题组剖析了多种鱼类病毒基因组架构，阐明了鱼类病毒几个重要功能基因的结构特征与生物特性，揭示鱼类病毒 DNA 疫苗免疫的机体应答水平与机理，筛选鉴定了一批抗病毒免疫分子，为抗病免疫和分子育种提供了多个候选基因，促进了水产生物免疫功能的研究。

3. 生长和生殖相关基因筛选与克隆

生长性状是水产生物最重要的经济性状之一，已有许多重要基因被发现在生长调节过程中具有决定性作用。这些基因包括作用于生长轴的生长激素（GH）、生长激素结合蛋白（GHBP）、生长激素受体（GHR）、类胰岛素生长因子（IGF）、生长激素释放激素（GHRH）和瘦素（Leptin）等，以及在肌肉组织的生长与分化过程中起重要调节作用的生肌调节因子基因家族 MRFs（包括 MyoD，MyoG，MRF4，MRF5 等）和肌肉生长抑制素（MSTN）等。目前，在斜带石斑鱼中鉴定出了多个生长激素抑制激素和生长激素抑制激素受体基因，并发现半胱胺（Cysteamine）可促进垂体 GH 的表达。瘦素基因（*Lep*）和瘦素受体基因（*LepR*）也得到克隆并证实与摄食及能量代谢相关。在日本鳗鲡、斜带石斑鱼中鉴定出神经肽 Y（*NPY*）并发现其对生长激素的分泌具有促进作用[37]。在斜带石斑鱼中克隆到两个摄食功能相关受体 *npy8br*（*y8b*）及 *npy2r*（*y2*）。

水产生物的生殖发育过程包括原始生殖细胞（PGC）的发生、迁移、分化和配子形成。以往的研究中鉴定出一些与 PGC 增殖、迁移、分化等有关的生殖基因，如生殖质标记基因 *vasa*、*Dazl*，参与 PGC 迁移的 *dnd*、*sdf1a/b*、*cxcr* 等。Ye 等人在中华鲟中鉴定出 *nanos1* 基因，并发现其在初级卵母细胞和精母细胞的细胞质中表达；本实验室对半滑舌鳎 *vasa* 基因进行了克隆并鉴定其参与原始生殖细胞（PGC）的增殖与分化，同时证明其 3'-UTR 可对 PGC 进行标记[19]。

水产动物的生殖还受体内生殖轴的调节，参与调节过程的激素包括促性腺激素释放激素（GnRH）、促性腺激素（GtH）、卵泡刺激素（FSH）、促黄体生成素（LH）等，其对应基因及相关调控因子已有大量研究成果。近年来，kisspeptin 被认为是脊椎动物生殖功能的关键调节剂，参与雌雄分化信号通路及 GnRH 的分泌与释放等生理调节过程。在罗非鱼中，kiss 基因得到克隆并发现受甲状腺激素 T3 间接调节；在斜带石斑鱼中克隆得到褪黑激素受体基因 *MT1*，可影响 kiss2 表达。另一方面，释放促性腺激素抑制激素（GnIH）被普遍认为是生殖轴的负调控因子[38]。此外，金鱼（*Carassiusauratus*）中发现一种以 spex-in 为前体的新型神经肽及神经激肽 B（NKB）也可对生殖轴起负调节作用[39]。

（三）水产动物重要性状相关分子标记筛选与应用

1. 性别相关分子标记筛选

性别，是水产动物尤其是鱼类重要的表型性状。许多养殖鱼类都会出现雌雄异形或雌雄个体生长差异较大的现象。例如，半滑舌鳎等鲆鲽鱼类雌性比雄性生长快 2 ~ 4 倍，而黄颡鱼和罗非鱼等淡水鱼类雄性比雌性生长快 30% ~ 100%。所以，开展鱼类性别控制技术研究，生产生长快速的单性鱼类苗种对于提高鱼类养殖产量具有重要意义。性别特异分子标记可以用于建立遗传性别鉴定技术，可以在鱼类养殖的早期或者亲鱼繁育之前进行遗传性别鉴定，从而对后代的性别进行控制，生产出具有优良生长性状的单性苗种。由于鱼类的性染色体分化程度低，在绝大多数鱼类都缺乏形态上可区分的性染色体，因此筛选鱼类性染色体特异分子标记难度很大。现有报道多为性别相关标记，即只是与性别有一定的关系，而有关真正可以准确鉴定遗传性别的特异分子标记的报道很少。如在大菱鲆中，通过 AFLP 技术找到 4 个性别连锁位点，但是在没有成功转化为 SCAR 标记，在黄鲷鱼中找到一个微卫星标记，与性别相关，但并非性别特异，且存在家系特异性，不能用于野生黄鲷鱼的性别鉴定。近 2 年只在半滑舌鳎、条石鲷等少数几种鱼类上筛选到性别特异分子标记[40]。其中，Chen 等人通过半滑舌鳎雌鱼和雄鱼全基因组测序和序列比对，筛选到雌性特异的微卫星分子标记，Liao 等人也筛选到 1 个新的半滑舌鳎性别连锁微卫星标记。

2. 抗病相关分子标记的筛选

分子标记（RFLP，RAPD，AFLP，SSR，SNP）的飞速发展极其广泛的应用，对水产动物的研究工作产生了巨大的影响，在水产动物优良品种的选育、亲缘关系和品系家系的鉴定、重要经济性状基因的定位克隆以及大规模疾病防治等方面发挥重要作用。其中，水产动物疾病的爆发严重威胁着水产养殖业的健康可持续发展，传统的防治方法弊大于利，且某些物种的抗病机制尚未明确，因此通过筛选与水产动物抗病相关的分子标记进行辅助育种已成为解决这一问题的最理想的方法。近年来，抗病标记的筛选在水产动物中得到了一定的发展，Rodríguez-Ramilo 等人在大菱鲆中发现的与盾纤毛虫病密切相关的微卫星标记 Sma-USC256 可解释 22.30% 表型变异率；Dutta 等在斑节对虾中先发现了 1 个与对虾白斑病（WSD）相关的 RAPD-SCAR 标记，随后又得到一个 71 bp 与该病相关的微卫星标记；Nie 等人发现了 3 个与文蛤弧菌病相关的 EST-SSR 标记（MM959，MM4765，MM8364）；Wang 等人在牙鲆家系中获得 2 个与鳗弧菌病相关的微卫星标记[41]；Campbell 等人从虹鳟中筛选出 12 个与细菌性冷水病（CWD）以及 19 个造血性坏疽病毒病（IHNV）密切相关的 SNP 标记[42]。

（四）水产动物高密度遗传连锁图谱构建

遗传连锁图谱简称遗传图谱，是通过计算重组率并换算为遗传距离标示图距，以显示基因或遗传标记在染色体上的相对位置的生物学工具。遗传连锁图谱在基因组研究中有着重要的作用，通过遗传图谱可以了解基因和分子标记在基因组中的大体位置，作为坐标来辅助基因组的组装。而图谱中的分子标记，可用于群体分析、亲子鉴定、辅助育种等研究。

近年来，水产生物遗传图谱的研究取得了一定的进展。Song 等人构建了半滑舌鳎高密度微卫星遗传连锁图谱，雌性图谱包含 828 个微卫星标记，平均间隔为 1.83cM；雄性图谱包含 764 个微卫星标记，平均间隔为 1.96cM[43]。Song 等人构建了牙鲆高密度微卫星遗传连锁图谱，雌性图谱包含 1257 个微卫星标记，平均间隔为 1.35cM；雄性图谱包含 1224 个微卫星标记，平均间隔为 1.44cM[44]。Zhang 等人构建了鲤鱼微卫星遗传连锁图谱，共包含 1025 个标记。Li 等人构建了海湾扇贝微卫星遗传连锁图谱，包含 161 个标记[45]。此外，在大菱鲆、银鲫、鲟鱼、虹鳟、点带石斑鱼等物种中，也有遗传连锁图谱的相应报道[46,47]。

随着测序技术的发展和成本的降低，以大量 SNP 标记为主体的高密度遗传连锁图谱会更加普及，目前已经构建了半滑舌鳎、牙鲆、斑点叉尾鮰和尼罗罗非鱼高密度 SNP 图谱，标记间距达到 0.2 ~ 0.5cM[6,48]，用于水产生物基因组学研究。同时，将已有遗传图谱进行整合，根据实际需要选择作图群体构建适当密度的遗传图谱，进而借助图谱中的分子标记进行相应的研究，将成为日后发展的趋势。

（五）水产动物性别控制与单性育种

许多鱼类雌雄个体在生长、繁殖等性状上存在明显差异，如黄颡鱼、罗非鱼和乌鳢等淡水养殖鱼类雄性个体生长速度比雌性个体快 30% ~ 200%，鲆鲽类等海水鱼类雌性个体生长比雄性个体快 30% ~ 300%[49]。其中，半滑舌鳎的雌雄生长差异最为明显，其雌性个体比雄性个体生长快 2 ~ 4 倍[18]。因此，性别控制研究在鱼类养殖和遗传育种等领域具有重要意义和应用价值。随着分子标记和基因组技术的发展，近几年来国内外在不同鱼类中开展了性别特异分子标记筛选的研究，并取得一些重要进展。黄海水产研究所陈松林主持完成了公益性行业科研专项"鱼类性别控制及单性苗种培育技术的研究"，对我国的几种主要养殖鱼类半滑舌鳎、牙鲆、黄颡鱼、罗非鱼、大黄鱼、石斑鱼、鲟鱼及鲤鲫鱼等进行了性别特异标记筛选、人工雌核发育和性别控制技术的研究。通过雌雄鱼全基因组测序和比对，Chen 等首次筛选到半滑舌鳎性别连锁微卫星标记，并建立了 ZZ 雄、ZW 雌和 WW 超雌遗传性别鉴定的分子技术[40]，进一步建立了半滑舌鳎高雌苗种制种技术；同时还筛选到黄颡鱼、罗非鱼等鱼类性别特异分子标记，建立了全雄和全雌苗种制种技术，培育出全雄黄颡鱼、全雄罗非鱼和全雌牙鲆新品种。作为该项行业专项的标志性成果，陈松林主编出版了我国第一部《鱼类性别控制和细胞工程育种》专著[49]。

鱼类的性别决定具有多样性，包括遗传决定型和遗传—环境决定型。环境因子（主要是温度）影响某些鱼类的性别分化和性腺发育。迄今，已报道的性别决定受温度调控的鱼类有59种，其中绝大多数表现为高温诱导遗传型雌鱼性逆转为生理雄鱼，如尼罗罗非鱼、欧鲈、半滑舌鳎等。2011年，Navarro-Martín等首次发现了DNA甲基化在温度影响欧鲈性别分化调控中起重要作用[50]。Shao等进行了半滑舌鳎全基因组甲基化分析，表明半滑舌鳎性逆转过程中伪雄鱼W染色体上38%的基因被DNA甲基化沉默了。目前，国外有关表观遗传学在鱼类性别分化和调控中的研究还刚刚起步，随着甲基化测序技术的快速发展，鱼类性别决定和分化的表观遗传学调控机制及其在性别育种中的应用潜力将成为鱼类性别控制研究的发展趋势之一。

（六）分子育种技术及良种培育

随着分子生物学技术的发展，动物遗传育种开始走入了分子育种水平。随着分子标记技术不断发展，分子标记技术已在水产动物遗传多样性研究、遗传图谱构建及目标基因定位[43,44]、分子标记辅助选择育种[41]等方面得到了较为广泛的应用，在水产动物目标性状的改良及培育新品种方面发挥着重要作用。

伴随着第二代测序技术的出现，测序的高通量和低成本为水产养殖动物全基因组测序提供了契机，引领了水产动物基因组测序时代的到来。基因组测序技术为水产动物开展基因组水平的研究提供了条件。我国近期完成的牡蛎、半滑舌鳎、鲤鱼、大黄鱼和草鱼全基因组测序和精细图谱为我国开展鱼类分子育种研究提供了丰富的基因资源[5-9]。

全基因组测序产生海量的SNP标记，为利用大样本量开展水产动物全基因组关联分析及全基因组选择育种奠定了基础。全基因组选择就是利用全基因组水平的SNP标记对个体的基因组育种值进行估计，将遗传效应大、基因组育种值高的个体选择出来。具有准确、快速、高效等优点。已成为国际上最有潜力的动物育种技术之一。国内外对于水产动物基因组选择进行了一些理论研究[51-53]。Liu等人开发了250K的鲇鱼SNP标记，推进了全基因组选择在鲇鱼育种中的应用[54]。孙效文团队则在鲤鱼上开发出第一代高通量SNP芯片技术，此外还开展了体重、体长、体厚等经济性状QTL的筛选工作[55]。总之，分子育种技术的快速发展为水产动物良种培育提供了技术支撑。

（七）基因组编辑技术

基因组编辑技术是近几年发展起来的对基因组进行精确修饰的一种先进技术，可以完成基因定点InDel突变、基因定点敲入、多位点同时突变和小片段的缺失等。所用的工具包括锌指核酸酶（zinc-finger nucleases，ZFN）、类转录激活因子效应物核酸酶（transcription activator-like effector nuclease，TALEN）以及 CRISPR/Cas9 系统（CRISPR/Cas9 system）[56]。

随着基因组编辑技术的发展，2012 年以来其在水产领域也得到广泛应用。TALEN 技术是 2010 年 6 月由 Voytas 研究组首次报道其可以切割目标 DNA，随后 TALEN 技术得到科学家的追捧。Ekker 研究组通过 TALEN 产生的 DNA 双链断裂（double-strand break，DSB），精确地把短的单链 DNA（single-strand DNA，ssDNA）（包含 loxP 序列）重组到了斑马鱼的基因组中，为开展基因组编辑工作奠定了技术基础。王德寿研究组通过 TALEN 技术靶向敲除了罗非鱼的 Dmrt1 和 Foxl2 两个与性别分化相关基因，揭示了这两个基因在罗非鱼性别分化过程中的功能[24]。Yoshiaki 等利用 TALEN 技术得到两个斑马鱼的 r-spondin2 突变体，其神经和血管弓和肋骨发育不全，为揭示在骨骼起源中 r-spondin2 的功能奠定了基础。CRISPR/Cas9 系统是一种全新的人工核酸内切酶，其特点是简单、成本低、作用高效。2013 年初，张峰研究组首次报道了通过 CRISPR/Cas9 系统在人类 293T 细胞上对 EMX1 和 PVALB 基因以及小鼠 Nero2A 细胞的 Th 基因进行了基因打靶[57]；同期的 Science 杂志发表了 Mali 研究组在人类 293T 细胞和 K652 细胞上利用 CRISPR/Cas9 实现了基因打靶，这两篇文章的发表奠定了新的基因组编辑技术。同年，Chang 等在 Cell Research 上发表了他们利用斑马鱼作为模式生物研究 CRISPR/Cas9 的成果，表明与 Mali 相同的 gRNA 也可以获得不错的打靶效应。Hwang 等利用 CRISPR/Cas9 系统成功地使斑马鱼胚胎中 fh1、apoea 等基因定点突变；并获得了 drd3、gsk3b 基因位点突变体[58]。Ansai 和 Kinoshita 通过 CRISPR/Cas9 靶向敲除青鳉胚胎的 DJ-1 基因，表明对于青鳉来说，CRISPR/Cas9 是一个高效灵活的基因组编辑工具。

随着越来越多的水产动物的基因组被测序，它们的基因组功能研究会显得日益重要。基因组靶向修饰是基因功能研究和基因组改造的一个重要手段。在水产动物领域，基因组编辑技术还处于研究的初期阶段，但其在基因操作方面已经表现出巨大潜力，将对水产动物基因研究产生深远影响。

（八）水产动物细胞培养

近两年来水产动物细胞培养技术得到了进一步的发展，先后建立了以鱼类为代表的多种组织细胞系，主要集中在亚洲国家，印度的 Abdul Majeed 等人建立了南亚野鲮鱼鳃组织细胞系并用细胞系检测了马拉硫磷的细胞毒性；Swaminathan 等人建立了印度热带观赏鱼 fishesPuntiusfasciatus 和 Pristolepisfasciata 的尾鳍细胞系。新加坡的 Hong 等人在没有饲养层细胞的情况下从斑马鱼胚胎干细胞系中分离出了斑马鱼胚胎细胞系 Z428，Z428 细胞培养 120 代后及在 20 年中经过反复冻存复苏，仍然保持了稳定的生长活性及胚胎干细胞特性，包括干细胞形态，高的碱性磷酸酶活性和自发的分化能力，最重要的是 Z428 具有原肠胚可移植性，移植后能够生成胚胎组织和三胚层的器官系统。国内，Ma 等人建立了杰弗罗大咽齿鱼（*Macropharyngodon geoffroy*）皮肤和鳍细胞系并对其病毒敏感性进行了研究；Sun 等人建立鉴定了海水鱼半滑舌鳎的卵巢细胞系并检测了其性别特异基因的表达情况；Wang 等人建立了锦鲤吻端细胞系并用于病毒检测。

水产无脊椎动物的细胞系虽然一直没有建立，但学者们对无脊椎水产动物的细胞培养仍然在进行不断的探索和尝试。Mercurio 等人进行了食用海胆卵巢组织的原代细胞培养，并对培养基，促贴壁物质和促生长物质进行了筛选。Li 等人为了研究 WSSV 病毒的复制及与宿主细胞的相互作用机制，进行了对虾淋巴细胞原代培养，并通过免疫荧光的方法确定该细胞成功感染了 WSSV[59]。Cai 等对文昌鱼表皮、鳃、肠、精巢和卵巢等组织进行了原代培养，并分析了不同抗生素、不同培养基和添加物对细胞分裂增殖能力的影响。Jayesh 等人研究出一种专门培养虾细胞的培养液 SCCM，使用这种培养基，斑节对虾淋巴和卵巢细胞分别传了 2 代[60]。

总之，随着水产动物细胞培养技术的发展，越来越多的水产动物细胞系将被建立，应用范围也逐渐扩大，将在水产动物免疫学、病毒学、生理学、发育学、分子生物学和细胞毒理学等方面发挥重要的作用。

（九）2012—2014 年本学科获国家科技奖励成果介绍

2012—2014 年我国水产生物技术领域只有 1 项成果获得国家科学技术奖励。中国水产科学研究院黄海水产研究所陈松林研究员主持完成的"海水鲆鲽鱼类基因资源发掘及种质创制技术建立与应用"成果获得 2014 年度国家技术发明奖二等奖。该项目对我国主要鲆鲽鱼类基因资源发掘和种质创制技术进行了系统深入研究，建立了基因资源发掘和高产抗病种质创制的技术体系，在全基因组精细图谱构建、重要性状分子标记和基因筛选、高产、抗病和全雌种质创制方面取得多项原创性成果：

（1）完成了世界上第一例鲽形目鱼类（半滑舌鳎）全基因组精细图谱绘制；解析了半滑舌鳎和牙鲆全基因组结构，创建了基因组精细图谱；发掘出 11 种鲆鲽鱼类多态性微卫星标记 4056 个；构建了国内外密度最高的半滑舌鳎和牙鲆微卫星标记遗传连锁图谱。

（2）发明了半滑舌鳎性别特异微卫星标记及 ZZ 雄、ZW 雌和 WW 超雌鉴定技术；克隆与表征了 Dmrt1 等性别决定相关基因 11 个，首次发现 Dmrt1 为半滑舌鳎 Z 染色体连锁、雄性特异表达和精巢发育必不可少的关键基因；发明了高雌苗种制种技术，将生理雌鱼比例提高了 20% 以上，解决了生理雌鱼比例过低的难题。

（3）克隆与表征了大菱鲆、牙鲆和半滑舌鳎免疫抗病相关基因 31 个，生长相关基因 5 个；发明了抗病相关 MHC 基因标记及其辅助育种方法；发明了牙鲆高产抗病良种选育技术，创制出我国海水鱼类第一个高产抗病优良品种——鲆优 1 号牙鲆，生长提高 30% 左右、成活率提高 20% 以上。

（4）创建了牙鲆卵裂雌核发育诱导、纯系构建方法，创制出牙鲆克隆系；创建了全雌高产牙鲆选育技术，创制出我国海水鱼类第一个全雌高产新品种——北鲆 1 号牙鲆，生长提高 25% 左右。

该项目发表论文 145 篇，其中 SCI 论文 76 篇；获授权发明专利 18 项，获国家水产新品种 2 个。创制的牙鲆"鲆优 1 号"和"北鲆 1 号"新品种以及高雌半滑舌鳎苗种在全国沿海省市推广后产生了 69 亿元的经济效益。发掘的基因组序列资源已在许多科研院所推广应用，产生了良好社会效益。推动了海水鲆鲽鱼类养殖业科技进步和产业发展，具有重大应用价值和广阔推广前景。该项成果的主要完成人为陈松林、刘海金、尤锋、王俊、田永胜和刘寿堂。

三、本学科国内外发展比较

综合以上信息，可以看到近三年来我国在水产生物技术领域的某些方面有了长足的进展，在某些研究方向甚至处于国际领先地位，但作为我国的新兴学科，与国外相比仍有许多薄弱环节，以下将对本学科的国内外发展情况进行比较：

（一）基因组学研究发展迅猛，涌现出一批具有国际知名度的研究团队

如果说 2012 年前基因组学研究离我国水产生物技术领域还很遥远的话，那么 2012 年可以作为我国水产生物技术开启基因组时代的新纪元。以中国科学院张国范团队和中国水产科学研究院陈松林团队召开新闻发布会宣告牡蛎和半滑舌鳎全基因组测序完成为引子，在随后短短两年时间里，菊黄东方鲀、鲤鱼和大黄鱼全基因组相继被解析。以此为基础，各团队展开了物种进化的相关分子机制研究，这些原创性成果分别在 *Nature* 和 *Nature Genetics* 国际顶尖期刊发表，得到国际知名专家的高度评价，各团队也因此引起了广泛的国际关注。

（二）国内加大了分子标记筛选力度和应用规模

微卫星标记作为一类常用的分子标记，近年来其筛选受到国内的重视，以中国水产科学研究院、中国科学院海洋研究所为主，构建出半滑舌鳎、牙鲆、鲤鱼、海湾扇贝等多个高密度微卫星遗传连锁图谱。而随着基因组测序的完成，单核苷酸多态性（SNP）标记以其数量众多，多态性丰富的特点迅速成为了分子标记的新宠，中山大学构建出尼罗罗非鱼 SNP 标记的高密度遗传连锁图谱。这一系列图谱的构建，使我们把握住相应物种基因组学研究的主动权，为群体分析、基因定位等研究提供了基础，也为分子标记辅助育种提供了导向。

（三）水产生物技术领域青年骨干力量仍有不足

在老一辈科学家的关怀下，经过一段时间的积累和努力，近年来水产领域涌现出一批国际知名的中青年专家，可以说初步解决了未来 10～20 年领军人才的问题。然而作为水产领域的第一线工作者，青年科学家将担负起着承前启后的责任。然而就目前情况来看，

水产领域青年科学家的比例不容乐观。这首先是水产生物技术学科性质决定的。作为一个相对年轻的学科，本领域新技术层出不穷，涉及领域也是极为广泛。因此，要在多学科背景下大力引进高水平、具有创新精神和国际视野的年轻科研人员，并培养他们担负起引领未来中国水产发展的重任；其次是尽管博士毕业生逐年增加，而就业机会和待遇并未相应提高。在整体就业形势不容乐观的生物领域，水产生物技术作为一个综合基础研究和产业应用的学科，对青年工作者提出了更高的挑战和要求，因此如何提高相应的就业机会和待遇，尤其是对青年工作者进行稳定而有延续性的资助，将是水产领域能否留住更多人才的关键。

（四）水产生物功能基因组研究相对落后，基因组选择育种尚在起步阶段

在基础研究方面，在完成全基因组测序后，国内研究团队已经意识到功能基因组研究的重要性。然而无论是功能基因开发的规模和数量上，与国外相比还有较大差距。至于基因功能分析方面，国外以模式生物为研究对象的团队，等于集全世界之力进行了长时间的积累，而国内团队由于物种和工作基础方面的限制，在这方面的研究亟待加强。

分子辅助育种和基因组选择育种将是未来极具发展潜力的育种方式，尽管我们奋起直追，在近年进行了多个水产物种的大批量分子标记发掘，高密度遗传连锁图谱构建等工作，但与国外相比仍有很大差距。尤其国外较早开展 SNP 标记研究，现已初见成效，如美国奥本大学 Liu 研究团队开发的 250 k 鲇鱼 SNP 芯片已经得以应用。至于 QTL 的定位，更是有赖于前期研究的积累，这方面我们与国外差距也十分明显。因此，如何利用好手中的基因组资源，迅速开展育种方面的研究，创出有国际影响力的水产良种，将是未来几年我国水产领域科学家的一个主攻方向。

四、发展趋势与展望

水产生物技术是当代水产学科中最活跃的一个领域，能够接纳各领域的最新技术并为其实施提供平台。随着越来越多的物种基因组解析，国际水产生物技术研究将转向功能基因组研究，笔者认为，今后 5 ~ 10 年以下四个方面将是最有可能取得突破的领域，也是我国今后应该进行重点研究的方向。

（一）基因组编辑技术

转基因技术或者基因组编辑是遗传育种中最为直接有效的手段，可以迅速获得理想的遗传性状。随着现阶段基因敲除和敲入（ZFN，TALEN，CRISPR/CAS9）技术的成熟，将为反向遗传学中验证基因功能，合理利用基因提供基础。尽管这些技术在非模式生物中的应用遇到困难，一旦技术瓶颈，建立起基因功能验证和应用平台，将带来育种技术的重大变革，也为社会更好地认识和理解转基因技术提供有力支持。

（二）水产动物分子性控技术

水产动物尤其是养殖鱼类的雌雄差异，使得未来研究中性控技术越来越重要。"十二五"期间由黄海水产研究所主持的公益性行业科研专项"鱼类性别控制及单性苗种培育技术的研究"对我国的主要养殖鱼类进行了性别特异标记筛选、人工雌核发育和性别控制技术等方面的研究，为性别控制提供了宝贵的经验。随着越来越多基因组测序的完成，性别特异分子标记的开发将愈加深入。此外，由于性别决定机制的多样性，环境因子如何影响鱼类性别分化和性腺发育的相关研究也在逐渐展开。而表观遗传学可以将表型和基因型相联系，从机制方面深入解读性别形成，从而为性控技术建立提供方向，也必将成为未来分子性控研究的有力工具。

（三）以基因组为基础的各类相关组学技术

以基因组为基础，进行转录组、蛋白质组、代谢组等组学分析。基因组是静态数据，而转录组、蛋白质组和代谢组反映的是动态数据，可以监测特定器官或组织在某个状态下的所有转录本、蛋白质和代谢产物的变化情况。因此在性状发生的重要时期进行组学研究，将为研究性状相关的分子机制，深入解读基因组提供重要信息。而由此衍生出的甲基化组、磷酸化组、乙酰化组等一系列的组学研究，已广泛应用于植物和高等动物中，并在揭示水产生物相关分子机制方面方兴未艾。随着越来越多的物种完成全基因组测序，各种组学的跟进，将成为大数据时代研究水产生物重要经济性状分子机制的主要手段和途径。

（四）重要水产养殖生物的全基因组选择育种技术

全基因组选择技术的概念早在 2001 年就被提出，它不依赖于某一组分子标记，而是联合分析群体中的所有标记，以进行个体育种值的预测，优势在于更适合于改良多基因控制的数量性状。全基因组选择技术在作物和家畜改良方面已有多个成功应用的先例，如今伴随着越来越多鱼类基因组的破译、海量分子标记的发掘、数量性状座位（QTL）的定位、全基因组关联分析（GWAS）等生物信息学技术的发展，在鱼类中开展全基因组选择技术已成为现实，也必将成为未来鱼类遗传育种的一个热点方向。

—— 参考文献 ——

［1］ B.Star, A.J.Nederbragt, S.Jentoft, et al.The genome sequence of Atlantic cod reveals a unique immune system［J］. Nature, 2011, 477: 207-210.

［2］ F.C.Jones, M.G.Grabherr, Y.F.Chan, et al.The genomic basis of adaptive evolution in threespine sticklebacks［J］. Nature, 2012, 484: 55-61.

［3］ K.Howe, M.D.Clark, C.F.Torroja, et al.The zebrafish reference genome sequence and its relationship to the human genome［J］.Nature，2013，496：498–503.

［4］ C.Berthelot，F.Brunet，D.Chalopin，et al.The rainbow trout genome provides novel insights into evolution after whole–genome duplication in vertebrates［J］.Nature Communications，2014，5：3657.

［5］ G.Zhang，X.Fang，X.Guo，et al.The oyster genome reveals stress adaptation and complexity of shell formation［J］.Nature，2012，490：49–54.

［6］ S.Chen，G.Zhang，C.Shao，et al.Whole–genome sequence of a flatfish provides insights into ZW sex chromosome evolution and adaptation to a benthic lifestyle［J］.Nat Genet，2014，46：253–260.

［7］ P.Xu，X.Zhang，X.Wang，et al.Genome sequence and genetic diversity of the common carp，Cyprinuscarpio［J］.Nat Genet，2014，46：1212–1219.

［8］ C.Wu，D.Zhang，M.Kan，et al.The draft genome of the large yellow croaker reveals well–developed innate immunity［J］.Nat Commun，2014，5：5227.

［9］ Y.Wang，Y.Lu，Y.Zhang，et al.The draft genome of the grass carp（Ctenopharyngodonidellus）provides insights into its evolution and vegetarian adaptation［J］.Nat Genet，2015，47：625–631.

［10］ R.S.Hattori，Y.Murai，M.Oura，et al.A Y–linked anti–Mullerian hormone duplication takes over a critical role in sex determination.Proceedings of the National Academy of Sciences of the United States of America［J］.National Academy of Sciences，United States，2012，109（8）：2955–2959.

［11］ C.Santerre，P.Sourdaine，B.Adeline，et al.Cg–SoxE and Cg–beta–catenin，two new potential actors of the sex–determining pathway in a hermaphrodite lophotrochozoan，the Pacific oyster Crassostreagigas［J］.Comp BiochemPhysiol A MolIntegrPhysiol，2014，167：68–76.

［12］ Z.G.Shen，H.P.Wang.Molecular players involved in temperature–dependent sex determination and sex differentiation in Teleost fish［J］.Genet SelEvol，2014，46.

［13］ Y.Takehana，M.Matsuda，T.Myosho，et al.Co–option of Sox3 as the male–determining factor on the Y chromosome in the fish Oryziasdancena［J］.Nature Communications，2014，5：4157.

［14］ A.Yano，R.Guyomard，B.Nicol，et al.An Immune–Related Gene Evolved into the Master Sex–Determining Gene in Rainbow Trout，Oncorhynchusmykiss［J］.CurrBiol，2012，22：1423–1428.

［15］ T.Kamiya，W.Kai，S.Tasumi，et al.A Trans–Species Missense SNP in Amhr2 Is Associated with Sex Determination in the Tiger Pufferfish，Takifugurubripes（Fugu）［J］.PLoS Genet.2012；8（7）：e1002798.

［16］ Kikuchi，K.，and Hamaguchi，S.Novel sex–determining genes in fish and sex chromosome evolution［J］.DevDynam，2013，242：339–353.

［17］ C.Shao，Q.Li，S.Chen，et al.Epigenetic modification and inheritance in sexual reversal of fish［J］.Genome Research，2014，24：604–615.

［18］ Q.Hu，Y.Zhu，Y.Liu，et al.Cloning and characterization of wnt4a gene and evidence for positive selection in half–smooth tongue sole（Cynoglossussemilaevis）［J］.Scientific Reports，2014，4：7167.

［19］ J.Huang，S.Chen，Y.Liu，et al.Molecular characterization，sexually dimorphic expression，and functional analysis of 3'–untranslated region of vasa gene in half–smooth tongue sole（Cynoglossussemilaevis）［J］.Theriogenology，2014，82：213–224.

［20］ W.J.Liu，L.Y.Zhang，C.W.Shao，et al.Molecular characterization and functional divergence of two Gadd45g homologs in sex determination in half–smooth tongue sole（Cynoglossussemilaevis）［J］.Comparative Biochemistry and Physiology Part B，Biochemistry & Molecular Biology，2014，177–178.

［21］ L.Meng，Y.Zhu，N.Zhang，et al.Cloning and characterization of tesk1，a novel spermatogenesis–related gene，in the tongue sole（Cynoglossussemilaevis）［J］.PloS One，2014，9：e107922.

［22］ X.Y.Li，Z.Li，X.J.Zhang，et al.Expression characterization of testicular DMRT1 in both Sertoli cells and spermatogenic cells of polyploidgibel carp［J］.Gene，2014，548：119–125.

［23］ J.Zhang，C.Shao，L.Zhang，et al.A first generation BAC–based physical map of the half–smooth tongue sole（Cyno–

glossussemilaevis) genome ［J］.BMC Genomics, 2014, 15, 215.

［24］ M.H.Li, H.H.Yang, M.R.Li, et al.Antagonistic Roles of Dmrt1 and Foxl2 in Sex Differentiation via Estrogen Production in Tilapia as Demonstrated by TALENs ［J］.Endocrinology, 2013, 154: 4814-4825.

［25］ N.Wang, X.Wang, C.Yang, et al.Molecular cloning and multifunctional characterization of GRIM-19 (gene associated with retinoid-interferon-induced mortality 19) homologue from turbot (Scophthalmusmaximus) ［J］. Developmental and Comparative Immunology, 2014, 43: 96-105.

［26］ C.G.Yang, S.S.Liu, B.Sun, et al.Iron-metabolic function and potential antibacterial role of Hepcidin and its correlated genes (Ferroportin 1 and Transferrin Receptor) in turbot (Scophthalmusmaximus) ［J］.Fish & Shellfish Immunology, 2013, 34: 744-755.

［27］ Y.Zeng, J.Xiang, Y.Lu, et al.sghC1q, a novel C1q family member from half-smooth tongue sole (Cynoglossussemilaevis): Identification, expression and analysis of antibacterial and antiviral activities ［J］.Developmental and Comparative Immunology, 2015, 48: 151-163.

［28］ G.B.Hu, H.M.Lou, X.Z.Dong, et al.Characteristics of the interferon regulatory factor 5 (IRF5) and its expression in response to LCDV and poly I: C challenges in Japanese flounder, Paralichthysolivaceus ［J］.Developmental and Comparative Immunology, 2012, 38: 377-382.

［29］ Y.Huang, J.M.Tan, Z.Wang, et al.Cloning and characterization of two different L-type lectin genes from the Chinese mitten crab Eriocheirsinensis ［J］.Developmental and Comparative Immunology, 2014, 46: 255-266.

［30］ X.Liao, L.Cheng, P.Xu, et al.Transcriptome analysis of crucian carp (Carassiusauratus), an important aquaculture and hypoxia-tolerant species ［J］.PloS One, 2013, 8: e62308.

［31］ Z.Sha, G.Gong, S.Wang, et al.Identification and characterization of Cynoglossussemilaevis microRNA response to Vibrio anguillarum infection through high-throughput sequencing ［J］.Developmental and Comparative Immunology, 2014, 44: 59-69.

［32］ B.C.Zhang, J.Zhang, L.Sun.In-depth profiling and analysis of host and viral microRNAs in Japanese flounder (Paralichthysolivaceus) infected with megalocytivirus reveal involvement of microRNAs in host-virus interaction in teleost fish ［J］.BMC Genomics, 2014, 15: 878.

［33］ Y.Liu, Y.B.Zhang, T.K.Liu, et al.Lineage-specific expansion of IFIT gene family: an insight into coevolution with IFN gene family ［J］.PloS One, 2013, 8: e66859.

［34］ B.Wang, Y.B.Zhang, T.K.Liu, et al.Fish viperin exerts a conserved antiviral function through RLR-triggered IFN signaling pathway ［J］.Developmental and Comparative Immunology, 2014, 47: 140-149.

［35］ J.Diao, H.B.Ye, X.Q.Yu, et al.Adjuvant and immunostimulatory effects of LPS and beta-glucan on immune response in Japanese flounder, Paralichthysolivaceus ［J］.Veterinary Immunology and Immunopathology, 2013, 156: 167-175.

［36］ S.Liang, H.Wu, B.Liu, et al.Immune response of turbot (Scophthalmusmaximus L.) to a broad spectrum vaccine candidate, recombinant glyceraldehyde-3-phosphate dehydrogenase of Edwardsiellatarda ［J］.Veterinary Immunology and Immunopathology, 2012, 150: 198-205.

［37］ S.G.Wu, B.Li, H.R.Lin, et al.Stimulatory effects of neuropeptide Y on the growth of orange-spotted grouper (Epinepheluscoioides) ［J］.Gen Comp Endocrinol, 2012, 179 (2): 159-166.

［38］ X.Qi, W.Zhou, S.Li, et al.Evidences for the regulation of GnRH and GTH expression by GnIH in the goldfish, Carassiusauratus ［J］.Molecular and Cellular Endocrinology, 2013, 366: 9-20.

［39］ Y.Liu, S.S.Li, X.Qi, et al.A novel neuropeptide in suppressing luteinizing hormone release in goldfish, Carassiusauratus ［J］.Mol Cell Endocrinol, 2013, 374 (1-2): 65-72.

［40］ S.L.Chen, X.S.Ji, C.W.Shao, et al.Induction of mitogynogenetic diploids and identification of WW super-female using sex-specific SSR markers in half-smooth tongue sole (Cynoglossussemilaevis) ［J］.Mar Biotechnol (NY), 2012, 14: 120-128.

［41］L.Wang, C.Fan, Y.Liu, et al.A genome scan for quantitative trait loci associated with Vibrio anguillarum infection resistance in Japanese flounder（Paralichthysolivaceus）by bulked segregant analysis［J］.Mar Biotechnol（NY）, 2014, 16：513-521.

［42］N.R.Campbell, S.E.LaPatra, K.Overturf, et al.Association mapping of disease resistance traits in rainbow trout using restriction site associated DNA sequencing［M］.G3 4, 2014：2473-2481.

［43］W.Song, Y.Li, Y.Zhao, et al.Construction of a high-density microsatellite genetic linkage map and mapping of sexual and growth-related traits in half-smooth tongue sole（Cynoglossussemilaevis）［J］.PloS One, 2012, 7：e52097.

［44］W.Song, R.Pang, Y.Niu, et al.Construction of high-density genetic linkage maps and mapping of growth-related quantitative trail loci in the Japanese flounder（Paralichthysolivaceus）［J］.PloS One, 2012, 7：e50404.

［45］H.Li, X.Liu, G.Zhang, A consensus microsatellite-based linkage map for the hermaphroditic bay scallop（Argopecteniirradians）and its application in size-related QTL analysis［J］.PloS One, 2012, 7：e46926.

［46］R.Guyomard, M.Boussaha, F.Krieg, et al.A synthetic rainbow trout linkage map provides new insights into the salmonid whole genome duplication and the conservation of synteny among teleosts［J］.BMC Genetics, 2012, 13：15.

［47］X.You, L.Shu, S.Li, et al.Construction of high-density genetic linkage maps for orange-spotted grouper Epinepheluscoioides using multiplexed shotgun genotyping［J］.BMC Genetics, 2013, 14：113.

［48］C.Shao, Y.Niu, R.Pasi, et al.Genome-Wide SNP Identification for the Construction of a High-Resolution Genetic Map of Japanese Flounder（Paralichthysolivaceus）Applied to QTL Mapping of Vibrio anguillarum Disease Resistance and Comparative Genomic Analysis［J］.DNA Research.2015, 22（2）：161－170.

［49］陈松林.鱼类性别控制与细胞工程育种［M］.北京：科学出版社, 2013.

［50］L.Navarro-Martin, J.Vinas, L.Ribas, et al.DNA methylation of the gonadal aromatase（cyp19a）promoter is involved in temperature-dependent sex ratio shifts in the European sea bass［J］.Plos Genet, 2011, 7：e1002447.

［51］M.Lillehammer, T.H.Meuwissen, A.K.Sonesson, A low-marker density implementation of genomic selection in aquaculture using within-family genomic breeding values［J］.Genet SelEvol, 2013, 45：39.

［52］K.G.Nirea, A.K.Sonesson, J.A.Woolliams, et al.Strategies for implementing genomic selection in family-based aquaculture breeding schemes：double haploid sib test populations［J］.Genet SelEvol, 2012, 44：30.

［53］J.F.Taylor.Implementation and accuracy of genomic selection［J］.Aquaculture, 2014, 420-421：S8-S14.

［54］S.Liu, L.Sun, Y.Li, et al.Development of the catfish 250K SNP array for genome-wide association studies［J］.BMC Research Notes, 2014, 7：135.

［55］J.Xu, Z.Zhao, X.Zhang, et al.Development and evaluation of the first high-throughput SNP array for common carp（Cyprinuscarpio）［J］.BMC Genomics, 2014, 15：307.

［56］T.Gaj, C.A.Gersbach, C.F.Barbas, et al.ZFN, TALEN, and CRISPR/Cas-based methods for genome engineering［J］.Trends Biotechnol, 2013, 31：397-405.

［57］L.Cong,, F.A.Ran, D.Cox, et al.Multiplex genome engineering using CRISPR/Cas systems［J］.Science, 2013, 339：819-823.

［58］W.Y.Hwang, Y.Fu, D.Reyon, et al.Efficient genome editing in zebrafish using a CRISPR-Cas system［J］.Nature Biotechnology, 2013, 31：227-229.

［59］W.F.Li, V.T.Nguyen, M.Corteel, et al.Characterization of a primary cell culture from lymphoid organ of Litopenaeusvannamei and use for studies on WSSV replication［J］.Aquaculture, 2014, 433：157-163.

［60］P.Jayesh, S.Jose, R.Philip, et al.A novel medium for the development of in vitro cell culture system from Penaeusmonodon［J］.Cytotechnology, 2013, 65：307-322.

撰稿人：陈松林　徐文腾

海水养殖学科发展研究

一、国内海水养殖学科研究进展

2014—2015年，我国海水养殖领域取得了显著进展。在养殖生物的基因组测序和分子标记辅助育种、多营养层次的综合养殖、工厂化循环水和池塘养殖工程技术等方面开展了广泛而深入的研究工作，取得大量成果、论文和专利，技术推广进一步扩大，有力地推动了产业发展。现将主要工作成果介绍如下。

（一）海水养殖动植物遗传育种

1. 基础研究

我国的水生生物基因组测序计划在国际上后来居上，已取得重要进展。

（1）2014年2月，中国水产科学研究院黄海水产研究所率先完成了世界上第一种鲆鲽鱼类（半滑舌鳎）全基因组测序和精细图谱绘制，研究揭示了基于ZW同源基因推测的半滑舌鳎性染色体形成时间约为3000万年前。半滑舌鳎的性染色体和鸟类的性染色体都是ZW系统，它们各自独立的由同一套常染色体进化而来，属于趋同进化现象。半滑舌鳎的Z染色体在其性别决定过程中起着主导作用，而且Z染色体连锁的dmrt1基因同鸟类的性别决定基因（dmrt1）一样，表现出性别决定基因的表达特性。科研人员从基因组和转录组水平出发，发现半滑舌鳎变态发育前后差异表达基因富集于底栖适应性相关的性状上，并筛选到可能与变态发育相关的15个正选择基因。相关研究结果发表在 *Nature Genetics*[9] 上。

（2）2014年12月，浙江海洋学院完成了大黄鱼全基因组测序，该研究成果发表在 *Nature Communications*[19] 杂志上。这是我国公布的第二个海水鱼类的基因组图谱，成功解析了其先天免疫系统基因组特征。大黄鱼基因组预估大小为728Mb，具有19362个蛋白质编码基因。系统发育树表明，大黄鱼在基因组组成、基因结构、序列同源性等方面与三刺鱼最为接近。大黄鱼具有发育良好的先天免疫系统，形成了一套独特的免疫模式，部分基因如 TLRs、ILs 和 TNFs 等在大黄鱼先天性免疫方面起重要作用。

（3）在对虾基因组解析方面，中国科学院海洋研究所采用第二代测序技术，获得了约828Gb 高质量凡纳滨对虾基因组测序数据，覆盖基因组约 318 倍；建立了适合对虾基因组高重复、高杂合特征的基因组组装方法，构建了凡纳滨对虾基因组的初步工作框架图；获得了约 513Gb 高质量中国明对虾基因组测序数据，覆盖基因组约 285 倍，并开展了比较基因组研究[18]。

2. 应用技术

"十二五"是前期技术积累和育种工作成果凸显的五年。仅 2013—2014 这两年中，就有 40 个水产新品种通过了审定，已经由农业部发布公告推广养殖。种质保存技术、育种技术及良种扩繁技术是种业的三大关键技术[3]。作为生物技术的一个重要分支学科，种质保存技术的研究成果较多，有些技术已经应用于重要种质资源的保存与保护中。选育和杂交育种技术是我国研究最多、储备技术最丰富的水产育种技术，包括近年发展起来的性别控制与细胞工程育种；这些技术从个体、细胞到分子水平进行养殖生物遗传物质的定向控制与选择，为我国水产种业的发展奠定了较好的基础。

（1）突破系列关键技术，进一步优化水产动物多性状复合育种技术体系。中国水产科学研究院黄海水产研究所等单位阐明了近亲交配及由此产生的近交衰退是我国水产苗种生产和育种中存在的问题。发明了多性状选择指数、留种和配种方案制定（专利号：ZL201210341613.2）、大规模扩繁（专利号：ZL201210005555.6）和群组育种（专利号：ZL201310032696.1）等多项育种专利技术，建立了以 REML 和 BLUP 法为核心的水产动物多性状遗传评估技术，突破了多个性状复合选择的技术难题，建立了水产动物多性状复合育种技术体系。中国水产科学研究院黄海水产研究所、中国海洋大学等单位研发并建立了适用于虾蟹、鲆鲽鱼类、贝类和棘皮动物等物种的多个育种分析与管理平台软件（软件著作权登记号：2013SR023462；2013SR023458；2013SR123688），网络数据库[3] http://www.aquabreeding.org 存储中国对虾等 10 多个物种数据，最长系谱达 10 代，性能测试数据30 万条以上。上述平台为跨区域、多单位联合育种奠定了技术基础，育种技术及软件应用至 20 个育种项目，直接或间接培育出凡纳滨对虾"壬海 1 号"、日本对虾"闽海 1 号"、斑点叉尾鮰"江丰 1 号"等新品种 10 多个，生长速度、抗病性、抗逆性和养殖存活率等性状得到了显著改良。

（2）建立了高通量 SNP 标记开发和分型技术。中国海洋大学等课题组利用二代测序技术，建立了适合于非模式生物的全基因组 SNP 筛查技术（2b-RAD）及 de novo 分型新算法[17]，可同时对全基因组的 SNP 进行筛查和基因分型，同时标记数目可根据研究需要调整，分型精度高于国际上目前应用的 RAD 技术，分型准确度比其提高 20% 以上，分型成本相当于芯片技术的十分之一。利用高通量 SNP 分型技术，相继构建了半滑舌鳎、大菱鲆、栉孔扇贝、凡纳滨对虾、日本对虾、斑节对虾、中华绒螯蟹等高密度遗传连锁图谱，标记间平均间隔最小达到 0.3cM。

（3）建立并优化全基因组选择育种平台[2]。中国海洋大学等在已有 BLUP 育种系统中加入 GBLUP 运算的模块，能够从基因型数据直接算出基因组相关关系矩阵（G 矩阵）的逆矩阵，并使用 G 矩阵的信息代替系谱信息，调用 DMU 的方差组分估计功能，使系统能够进行 GBLUP 分析，完成系统升级。开发了基于贝叶斯函数的全基因组育种值估计 gsbay（软件著作权登记号：2012SR044220），该新算法软件的计算速度大大高于国际上开发的同类软件，同时，育种值估计准确率高于目前国际上主流应用的 GBLUP 法。进一步整合了 GBLUP、MixP 和 gsbay 等全基因组选择算法，开发了一套贝类全基因组选择育种的新平台，实现快速准确地估计全基因组育种值（GEBV）。

（二）浅海养殖

1. 基础研究

随着人们对海水养殖带来的环境及生态问题的日益关注，一种基于生态系统水平管理的可持续发展的海水养殖模式—多营养层次综合养殖（integrated multi-trophic aquaculture，IMTA）目前正成为国际上学者们大力推行的养殖理念[10]。这种养殖模式的理论基础在于：由不同营养级生物组成的综合养殖系统中，投饵性养殖单元（如鱼、虾类）产生的残饵、粪便、营养盐等有机或无机物质成为其他类型养殖单元（如滤食性贝类、大型藻类、腐食性生物）的食物或营养物质来源，将系统内多余的物质转化到养殖生物体内，达到系统内物质的有效循环利用，在减轻养殖对环境的压力的同时，提高养殖品种的多样性和经济效益，促进养殖产业的可持续发展[13]。诸多研究结果表明，实行 IMTA 是减轻养殖对生态环境压力，保证海水养殖业健康可持续发展的有效途径之一。随着研究的不断深入，学者们发现 IMTA 系统中不同生物功能群之间的互利过程与机理远比想象中的复杂，理论上合理的种类搭配并不一定能够产生 IMTA 的效果。由于不同区域的空间异质性，IMTA 并没有一个"放之四海而皆准"的标准模板，IMTA 土著种类的筛选、养殖周期的匹配、营养物质的粒径及扩散范围、养殖结构的布局、不同营养层次生物间营养物质的捕获、利用效率及配比模式等诸多基础科学问题的解读也逐渐进入了学者们的研究视野。近年来，我国学者在注重 IMTA 产业化的同时，也陆续开展了相关基础理论研究。房景辉等[1]利用室内模拟方法开展了双齿围沙蚕—牙鲆网箱综合养殖模型碳、氮收支的实验研究，结果表明，双齿围沙蚕能够有效利用网箱养殖牙鲆过程中产生的残饵和粪便，减少底质中碳、氮的积累，提高产投比。郑辉等采用室内实验生态学的方法探讨了海湾扇贝（*Argopecten irradians*）和海带（*Laminaria japonica*）最适配比模式的混养实验。结果表明，在养殖系统中引入海带等大型藻类可以显著改善养殖环境，扇贝和大型藻类的适宜比例为 1：1（贝肉湿重：藻类湿重）[5]。

2. 应用技术

Max Troell 等[16]年在 *AQUACULTURE* 杂志发表的题为 *Ecological engineering in aqua-*

culture- Potential for integrated multi-trophic aquaculture（IMTA）in marine offshore systems 的文章中特别指出，中国的 IMTA 模式的产业化程度（以大连獐子岛的海珍品底播增养殖以及荣成桑沟湾的贝藻综合养殖为例）已经走在了世界前列，而加拿大、美国、智利以及欧洲一些国家的 IMTA 示范区建设虽然取得了很好的效果，但目前只是局限于小范围的实验阶段，与产业化尚存在一定的差距。两种典型的 IMTA 模式的实施案例包括：

（1）浅海鲍—参—海带筏式综合养殖模式。鲍和大型藻类是我国浅海筏式养殖的重要种类，鲍的生物沉积以及藻类碎屑沉积到海底，是养殖海区自身污染的主要来源之一。刺参是我国海产经济动物中的珍贵种类之一，属腐食食性，将刺参与鲍、藻类综合养殖，根据鲍、参、藻三者之间的食物关系，利用海带等养殖大型经济藻类作为鲍的优质饵料，鲍养殖过程中产生的残饵、粪便等颗粒态有机物质沉降到底部作为海参的食物来源，鲍、参呼吸、排泄产生的无机氮、磷营养盐及 CO_2 可以提供给大型藻类进行光合作用（图1）。

将刺参与鲍按一定比例混养后，每笼平均经济效益可增加 210 元；每条浮梗挂 20 笼，混养后每条浮梗可增加产值 4200 元；每亩（4 条浮梗）皱纹盘鲍与刺参混养后可增加产值 16800 元。鲍参藻综合养殖方式在增加经济效益的同时，还能够有效的移除海洋中的碳。

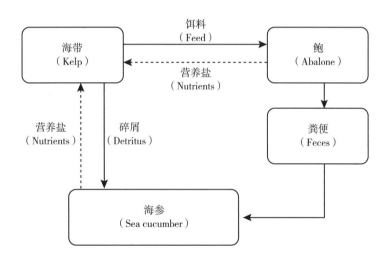

图1　鲍—海参—海带综合养殖系统不同生物功能群互利作用示意图

（2）大叶藻海区底播综合养殖模式。在桑沟湾南部湾口的楮岛海域构建了大叶藻海区底播综合养殖模式。在该系统内，大叶藻可以为海胆和鲍提供食物，同时为其他底栖生物或者游泳生物提供隐蔽场所。海参可以摄食鲍及菲律宾蛤仔的粪便，同时也摄食自然产生的有机沉积物，所有这些动物所产生的氨态氮能够被大叶藻及浮游植物所吸收利用。浮游植物可为菲律宾蛤仔提供食物，很重要的一点是，大叶藻及浮游植物可以为该系统提供溶解氧。20 世纪 80 年代初进行的海岸带调查显示，楮岛海域的大叶藻床面积约 1000 亩。近年来，通过实施大叶藻种苗的移植、大叶藻种子萌发、综合养殖模式构建等大叶藻资源保护与开发策略，有效地养护和修复了近海生态环境。在草场内进行的经济物种如海参、鲍等海珍品的底播增殖及草场周围海域本身产出的菲律宾蛤仔、螺类、海胆、石花菜、紫石房蛤等种类的经济效益近 700 万元／年。

表 1　楮岛大叶藻海区底播增殖效果

种类	年底播量（ind.）	年产量（千克）	单价（元／千克）	合计（万元）
刺参（部分放流）	500000	20000	160	320
鲍（部分放流）	50000	1500	600	90
海胆	自然苗	2500	56	14
菲律宾蛤仔	自然苗	200000	7	140
海螺	自然苗	20000	10	20
石花菜	自然苗	80000	6	48
牡蛎	自然苗	300000	0.5	15
紫石房蛤	自然苗	80000	6	48
合计		704000		695

（三）海水工厂化养殖

1. 基础研究

工厂化养殖是在室内海水池中采用先进的机械和电子设备控制养殖水体的温度、光照、溶解氧、pH 值、投饵量等因素，进行全年高密度、高产量的集约化养殖方式。目前主要有流水养殖和循环水养殖（recirculating aquaculture systems，RAS）2 种主要模式。其中循环水养殖系统是依托现代工业建立起来的集工程化、设施化、规模化、标准化和信息化于一体的现代化养殖生产新模式，具有设施先进、管理高效、环境可控、不受地域空间限制、养殖产量高、可保障产品质量安全和均衡上市等特点，被公认为是现代海水养殖产业的重要发展方向。

我国的海水工厂化养殖起始于 20 世纪 90 年代，随着大菱鲆的引种及"温室大棚 + 深井海水"养殖模式的开发，我国的海水工厂化养殖进入快速发展期。到 2013 年，全国海水工厂化养殖规模达到 2172 万立方米（图 2），养殖总产量达 17.74 万吨（图 3）；山东、福建、辽宁海水工厂化养殖规模居于国内前列（图 4）。现阶段我国工厂化海水养殖品种已涵盖鱼类、贝类、海参、对虾等诸多品种，但规模化养殖品种较少，其中工厂化养殖大菱鲆 7.29 万吨，约占全国海水陆基工厂化养殖总产量的 41%。我国目前应用循环水养殖技术的企业已达 80 多家，养殖水体 70 万立方米，其中，天津、山东等地区海水循环水养殖规模在国内居于领先地位，养殖品种以大菱鲆、半滑舌鳎、石斑鱼、大西洋鲑和河鲀等名贵海水鱼类为主（图 5）。

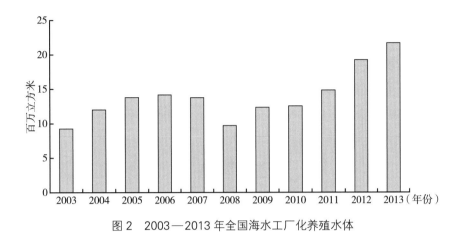

图2　2003—2013 年全国海水工厂化养殖水体

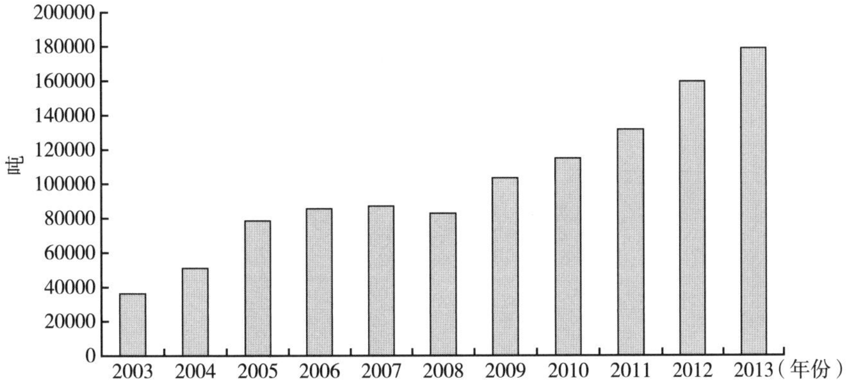

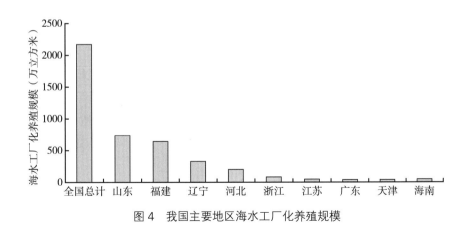

图3　2003—2013 年全国海水工厂化养殖产量

图4　我国主要地区海水工厂化养殖规模

　　近年来，随着海水工厂化养殖规模的不断扩大和养殖种类的不断增加，我国海水工厂化养殖的基础性研究不断深入，应用技术研究不断加强。在基础研究方面，国内相关研究机构重点围绕循环水养殖开展研究，在国家鲆鲽类产业技术体系专项和国家自然科学基金项目的资助下，先后开展了高密度养殖条件下生物应激反应与响应机制、养殖环境生态调控、水处理生物膜技术、循环水恒定养殖条件下对养殖生物的影响、养殖动物行为学与生物学关联性智能识别以及"阳光工厂"等绿色能源高效利用等研究工作，并取得重要进展。成果的推广应用，加速推动了我国工厂化养殖向工业化养殖的转型提升。

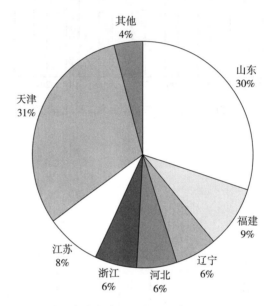

图5　我国海水鱼类工厂化循环水主要养殖区域

2. 应用技术

在应用技术方面，集成水质和环境信息在线监控及网络化管理、精细投喂决策、便携养殖仪表与装置、工厂化养殖 LED 智能照明系统等关键技术，开发出适于集约化养殖模式的物联网集成系统和智能装备；以触摸屏和 MCGS 组态软件技术设计研制出工厂化养殖自动控制系统，可实现系统内所有电气设备的自动化控制；以导轨式投饲系统技术为基础，研发了工厂化养殖多功能自动控制工作平台，构建了国产化、提升型的全封闭式和半封闭式循环水养殖与育苗系统模式，循环水系统日换水率仅为 8%，养殖单产提升到 25 千克 / 平方米以上。相关研究成果先后获 2014 年山东省技术发明奖二等奖和中国水产科学研究院科技进步奖二等奖等。

经过"九五"到"十二五"期间近 10 项国家科技计划项目的支持，我国工厂化循环水养殖技术工艺得到较快发展。在学习和转化国外相关工艺技术的同时，针对养殖及水处理系统技术开展了一系列的技术研发和优化、集成。"十二五"期间，主要创新了养殖外排水资源化、无害化利用技术，工厂化养殖标准化技术，养殖用水预处理技术等。2010 年至今，在固体颗粒物去除技术、有机物去除技术、可溶性有毒有害无机盐去除技术、致病微生物去除技术和温度、盐度、溶氧调节技术等方面也做了大量工作。其中，节能环保型循环水养殖系统是目前国内最新型的循环水养殖系统。该系统由弧形筛、潜水式多向射流气浮泵、三级固定床生物净化池、悬垂式紫外消毒器、臭氧发生器、以工业液氧罐为氧源的气水对流增氧池组成。该系统具有造价低、运行能耗低、功能完善、操作管理简单、运行平稳等显著特点。该系统已经在辽宁、河北、天津、山东、江苏、浙江、海南等省市推广应用，推广面积 17.3 万平方米。

（四）海水池塘养殖

1. 基础研究

在凡纳滨对虾池塘养殖过程中，研制了适合高、中、低盐度的池塘水体和底质改良的生物技术产品 4 种（"利生菌王""强效型利生菌王""海洋红酵母""利生优酸乳"）和理化型环境改良剂产品 7 种（"藻类营养露""藻肥素""利生底改王""钙镁先锋""池底宝""活绿素""绿水灵"），建立了产品的使用方法及配套应用技术。11 种产品已转化应用，在养殖生产中广泛应用示范和辐射推广。筛选了虾池蓝藻溶藻细菌（蜡样芽孢杆菌 CZBC1、嗜麦芽寡养单胞菌 CZRST19）和 2 株解磷细菌（解淀粉芽孢杆菌 HY-3 和 HY-6），摸清了菌株环境适应性、生态效果及生产应用参数，并进行了菌剂研制和池塘养殖应用试验，形成虾池蓝藻溶藻菌制剂、解磷菌制剂以及配套应用技术。利用池塘生态食物链原理筛选出三疣梭子蟹、半滑舌鳎、河豚等作为北方对虾池塘养殖生物防控的主要养殖物种；研究了生物活性饵料藻钩虾在对虾池塘养殖过程中的生态作用，建立了钩虾人工繁殖培育技术；分析了"虾、蟹、贝、鱼"养殖池塘沉积物细菌数量、菌群结构及环境因子的相互作用关系，发现养殖贝类池塘微生物群落多样性高、稳定，可以降低养殖池塘水体氨氮、总氮的含量、增加底泥有机质的含量。建立了对虾生态调控病害的防控技术，通过监测不同池塘养殖系统水质指标、营养盐等关键指标的变化规律；研究了环境因子及有毒藻类主要通过影响对虾的非特异性免疫功能机抗氧化系统影响养殖对虾的抗病力。

生物絮团养殖技术是通过向养殖系统中添加一定量碳源，利用水体中的氮源培养异养有益微生物，以达到改善养殖生态环境，提高饲料蛋白利用率，增强养殖动物免疫力，减少养殖用水量的一项新的养殖技术。

（1）生物絮团的形成条件及絮团组成。生物絮团是由好氧微生物为主体的有机体和无机物，经生物絮凝形成的团聚物。含有异养菌、脱氮细菌、藻类、真菌、原生动物等。国内学者针对对虾养殖系统开展了生物絮团的培养方法、形成条件、形成规律及维持技术相关方面研究，筛选了适合的碳源、确定了适合絮团形成的碳氮比；开展了产絮凝剂细菌的分离鉴定，分析了细菌絮凝剂及生物絮团中生化组成，分析了絮团中蛋白质、糖类等主要物质含量及蛋白中氨基酸组成；利用 DGGE 方法研究了生物絮团对虾养殖系统中的微生物种类组成，为生物絮团技术的推广应用奠定了理论基础。

（2）生物絮团对养殖动物的促进免疫效果。生物絮团中含有大量的微生物多糖、蛋白质、脂肪酸及维生素，可作为养殖动物的饵料为其提供必要的营养要素，利用生物絮团作为对虾饲料添加剂，研究了其增强对虾非特异免疫增强效果，确定了生物絮团具有提高对虾抗菌、溶菌及酚氧化酶活性效果及增强对虾抗细菌病感染力。应用人工培养的生物絮团投喂幼参，发现生物絮团可提高幼参体内消化酶（淀粉酶、蛋白酶）的活性、胃蛋白酶活性及体液中 SOD 活性，证实生物絮团可以提高幼参机体的免疫功能。

（3）生物絮团技术改善水质及预防疾病效果。组成生物絮团的菌群中含有大量的有益菌，包括硝化细菌、反硝化细菌，絮团形成后，可对养殖水体中的氨氮、硝态氮具有良好的去除效果，因此在养殖过程中可减少养殖换水量，降低外界病原进入养殖系统的概率。生物絮团还含有大量的有益菌，可与病原菌竞争空间、底物及营养物质，扰乱病原菌的群体感应，并产生聚 – β – 羟丁酸（PHB）及免疫促进剂等。国内学者针对生物絮团的上述功能，开展了生物对虾养殖过程中氨氮变化规律的研究，确定了絮团养殖对虾中对氨氮、硝基氮的去除效果。检测了生物絮团养殖对虾过程中病原弧菌动态变化，确定了应用生物絮团技术养殖对虾对弧菌病的控制效果。

2. 应用技术

"海水池塘高效清洁养殖技术研究与应用"成果获得了 2012 年国家科技进步奖二等奖。成果系统地创建、优化了海水池塘对虾、刺参、牙鲆和梭子蟹的综合养殖结构，创建了无公害水质调控技术和生态防病技术，研究出 17 种海水养殖动物的"最佳搭配"；创建、优化出 3 个梭子蟹综合养殖模式，其中虾蟹混养使总产量提高 2.4 倍，对投入氮的利用率提高 2.8 倍。创建牙鲆快速养成和清洁养殖模式，牙鲆—缢蛏—海蜇—对虾综合养殖模式的产出投入比达到 2.33，显著减少了氮磷排放。成果在山东、江苏、辽宁、浙江部分地区规模化应用，近三年技术应用面积累计 5.77 万平方米，新增产值 24 亿元。

确定了抗应激维生素（维生素 E，维生素 C）、微生态制剂（噬菌蛭弧菌、粘红酵母）、虾青素、裂壶藻等免疫增强剂在对虾养殖中适宜添加量，分析了其对对虾非特异性免疫酶活、基因表达及感染 WSSV 或病原菌后提高抗病力效果，建立了提高对虾营养免疫病害防控技术。根据不同养殖地区的环境条件，建立了中国对虾养殖为主的"虾蟹贝鱼生态养殖模式""凡纳滨对虾工厂养殖模式"，并颁布了相应的地方标准，在山东海水池塘地区进行了养殖示范 2000 亩（1 亩约为 667 平方米），有效地提高了对虾养殖成活率，取得了较好的经济和社会效益。开展了对虾健康养殖新模式与新技术的研究与示范，包括："凡纳滨对虾—革胡子鲇—鲻鱼网围分隔式混养模式与技术""凡纳滨对虾高密度养殖菌—碳调控技术""有机碳源和人工基质在对虾零换水养殖系统的应用技术""凡纳滨对虾—斑点叉尾鮰高效混养模式与技术""大规格对虾健康养殖技术"等；通过生产示范推广，取得了良好效益。

生物絮团养殖技术在国内对虾工厂化养殖中具有广泛的应用前景，通过向养殖系统中添加碳源、有益菌，调控絮团的形成量，可以实现定向培养絮团中的有益菌，维持对虾养殖系统中水质的良性运转。田间试验显示，应用生物絮团技术进行对虾养殖，可实现单茬养殖亩产量 2000 千克以上，是传统养殖产量的 2 倍多，而养殖用水降低 50% 以上。在室外对虾养殖中也具有较好的应用前景，试验表明，应用该项技术在露天对虾养殖池中，可以提高对虾的存活率30%以上，产量提高40%以上。生物絮团技术在对虾育苗及海参养殖中也具有较大的应用空间，初步试验表明，采用该项技术可以提高对虾育苗的成活率，提高海参的生长速度与成活率。

二、本学科国内外发展状况比较

（一）养殖模式

作为一种健康可持续发展的海水养殖理念，浅海、池塘多营养层次综合养殖（IMTA）模式的研究目前已经在世界多个国家（中国、加拿大、挪威、美国、新西兰等）广泛开展。比较而言，中国在IMTA产业化应用方面领先于世界其他国家，但相应的基础研究较为落后；而相对于单一品种养殖，国际上关于多营养层次综合养殖模式与技术的研究方兴未艾，但产业化规模较小。加拿大科学和工程研究委员会（NSERC）专门成立了一个IMTA研究网络（CIMTAN），有1个省级实验室、6个海洋渔业局分支机构，8所知名大学以及26位专家级科学家参与，充分体现了政府及科研界对IMTA研究的重视程度。挪威从2006年开始也相继设立INTEGRATE（2006—2011年）、EXPLOIT（2012—2015年）等多个专项来推进IMTA的研究。由苏格兰海洋科学协会牵头实施的欧盟第七框架计划"Increasing Industrial Resource Efficiency in European Mariculture"（IDREEM）项目（2012—2016年）联合了来自7个国家15个研究团队来探讨构建IMTA关键技术，扩大IMTA在欧洲的产业化规模，提升欧洲水产养殖业的环境和经济效益。挪威海洋研究所的Henrice博士基于大量的现场调查数据分析了三文鱼网箱养殖过程中产生的溶解态、颗粒态营养盐的垂直分布、水平扩散规律，研究结果为IMTA的空间布局提供了参考。Pérez等（2014）现场研究了大西洋白姑鱼养殖过程中的未食饵料与粪便的沉降速度，结果表明，沉降速度一般随颗粒尺寸增大而增加，沉降速度慢（＜1厘米/秒）的颗粒占采样样本的多数（87.0%），快速沉降的颗粒较少，只占1.1%，研究结果对于构建养殖网箱废物扩散模型提供了基础数据。

（二）养殖品种

新种质是水产养殖业健康可持续发展的遗传基础。截至2014年年底，我国共审定水产养殖新品种156个，涉及我国主要的养殖种类，有力地推动了我国水产养殖产量的持续增加。新品种主要包括引进种、选育种、杂交种、细胞工程种和基因工程种等类别。随着水产育种研究的不断深入，选育种的数量不断增加，引进种和杂交种的数量显著减少。国外选育种工作最为出色的养殖鱼类是大西洋鲑和虹鳟等鲑属鱼类。挪威培育的大西洋鲑良种已成为该国重要的经济支柱之一；美国SIS等公司培育的高产抗逆凡纳滨对虾良种已垄断了国际对虾养殖业；世界渔业中心培育出的GIFT罗非鱼品种，畅销亚洲各国。随着世界范围内捕捞资源的不断衰减，世界渔业产量增长必将依赖于水产养殖的贡献。我国水产养殖产业正处于由数量型向质量型发展过程中，这对良种培育提出更高的要求。未来新品种的育种目标性状，除生长速度、单位产量外，还必须具备抗病性强、逆境耐受性高等适应性特点。此外，随着人民生活水平的提高，良种也应具备优良的品质性状，包括肉质、颜色、品味等。因此，兼具多种优良性状的养殖品种将是未来水产育种的发展趋势。

（三）养殖设施装备

国外在养殖设施、养殖废水回收净化再利用及水质自动化控制技术方面的研究与应用均较国内成熟。近年来，水产养殖装备的改进和综合管理技术的提升成为新的热点。不仅产业化程度较高的工厂化养殖装备和自动化水平在不断提高，传统池塘、网箱等养殖模式也越来越多地纳入了节能减排技术。海水池塘养殖也是我国沿海地区水产养殖业的重要支柱产业之一，2013 年全国海水池塘养殖面积 46.4 万公顷，产量 228.1 万吨[6]。集约化生产方式使得养殖密度和高蛋白饲料的投放明显提高，养殖水体中产生的营养盐和废物也相应增加。利用 IMTA 技术和鱼菜共生技术可以显著改善养殖水质，并以此为基础开发了一系列衍生技术，包括利用闲置的虾池种植作物等[4]，使养殖对虾的发病率降低、增产增效明显。

直排式换水将养殖过程产生的氨氮等营养盐和有机质直接排放到环境中去，耗水量也很大（生产 1 千克对虾耗水约 20 立方米）[12]。通过合理调控池塘的理化环境，可以保持优良藻类占优势，利用虾池浮游微藻的光合作用来帮助改善水质，同时避免。有毒藻类通过影响对虾抗氧化系统降低其免疫力[11]。微生物能将养殖系统内残饵、粪便转化为养殖动物可以重新利用的营养形式，提高饲料营养元素转化率，净化养殖环境[7, 8]。因此，养殖水质生态调控技术是 2015 年国内外应用技术研发的重点。

（四）养殖技术

生物絮团养殖技术研究开始于 1982 年，最初用于罗非鱼养殖，采用该项技术后极大减少了养殖用水。之后以色列学者 Avnimelech 证实应用该项技术养殖罗非鱼可以提高饲料的利用率，至 1990 年美国学者将生物絮团技术用于对虾养殖。目前在美洲中南部地区及东南亚对虾养殖区已经被普遍采用，并产生了良好的经济效益。近年来美国采用零换水生物絮团高密度对虾养殖技术，成功进行了商业化生产。泰国、越南等东南亚国家，应用生物絮团技术防控对虾早期死亡症也取得了良好效果。在进行应用技术开发研究的同时，国外对生物絮团基础研究领域也开展了大量工作，包括生物絮团营养成分与生物利用、生物絮团对虾养殖水体中氨氮、硝基氮的转化利用规律、絮团促进对虾免疫效果及对病原菌抑制等方面进行研究。我国对絮团技术研究开发应用始于 2008 年，由于各国各地在养殖模式、养殖设施、养殖品种、水温条件、地理因素等存在差异，应用技术研究与基础研究有待加强。

三、问题分析与建议

（一）确立种业核心地位，提高良种产业化水平

我国水产种业发展虽取得了长足的进步，目前尚处于起步阶段，总体发展不平衡，仍处于相对粗放的发展状态，与发展现代水产业的要求还有很大的距离。当前我国水产种业主要存在科技创新能力不足、现代化运营模式尚未建立、支持保障体系有待完善等三方面问题。表现为研发机构和研究力量分散、育种创新能力较弱、种质保护开发与良种研发等；技术平台有待提升、种业技术体系不完善、产学研相结合不紧密、市场化背景下水产原种场与良种场的定位有待调整、企业育种能力不足供种保障能力不强、种业产业化水平不高、种业对水产业增产的贡献率低、投入体系不健全、市场准入门槛低和市场监管缺位、良种的知识产权保护缺失等。这些问题不能适应快速发展的现代水产业的要求。存在的这些问题，究其原因，与我国尚未确立水产种业是国家战略性、基础性的核心产业密切相关。建议国家进一步确立种业的核心地位，提高水产良种产业化水平，为水产养殖可持续发展提供基础支撑。

（二）重视产出质量，提倡可持续发展

由于近海渔业资源衰退日益加剧，海洋食物来源将更大比例地诉求于海水养殖。据估计，2020年我国对海洋食物的需求将达到每年4000万吨，从海水养殖获得的产量需求将达到每年2500万吨。《国家中长期科学和技术发展规划纲要》已将"积极发展水产业，保护和合理利用渔业资源"作为建设现代农业的重要内容，明确指出要优先发展海洋生物资源保护和高效利用技术。多年来，我国的海水养殖业在很大程度上是以浪费资源和牺牲环境为代价，在眼前经济利益的驱动下迅速发展起来的，对养殖系统的产出强调有余，而对可持续性和产出质量重视不足。一个产业的持续增长不等于可持续发展，随着人们生态思维和环保意识的增强，基于生态系统理念的可持续海水养殖新生产模式的构建与实施将成为海水养殖产业发展新一轮的驱动力。

（三）促进养殖高效健康发展，技术升级是关键

我国传统的池塘养殖是以开放式水系统、单品种、粗放式养殖模式为主；池塘养殖结构和水域开发利用不合理。目前我国滩涂和港湾养殖面积已达可养殖总面积的79.95%；养殖过程主要是通过提高放养密度和增加商品饲料的投入量来提高养殖产量和效益的。投入的饲料有相当部分不能被养殖生物所摄食而沉积池底，养殖自污染严重；养殖过程缺乏必要的水体净化功能，养殖池塘内部环境的恶化和疾病频繁发生，养殖产品质量下降，严重影响到海水池塘养殖的总体效益。

因此需要针对不同的海水池塘养殖品种，开展海水池塘多营养层次生态健康养殖技术，采用生物防控、环境生态调控、营养增强等技术，有效的提高养殖生物养殖成活率和

饲料利用率；解决疾病难以控制、养殖排放水污染等问题，实现池塘生态健康养殖，保障养殖产品的质量安全。

（四）加快高新技术产业化，推动产业高效发展

工厂化循环水养殖技术和生物絮团养殖技术引入我国时间短，但已经呈现出较大的发展潜力与应用空间，由于国内对该项技术研发相对缓慢，与之配套的养殖设施尚不完善，影响了技术优势的发挥与技术的推广普及。且目前该技术的研究与应用集中在凡纳滨对虾、日本对虾、海参等有限的养殖品种，在鱼类及贝类养殖中的研究与应用尚为空白，需要拓宽技术研究领域。

2015年海水养殖中仍然存在诸多依靠传统技术手段不能解决的问题，如疾病多发、病原复杂、养殖换水量大、排放养殖废水富营养化、饲料利用率低、养殖病害防治依靠药物、某些养殖品种过量依靠地下水等。生物絮团养殖技术可以为解决上述问题提供有效的方法。应加大科技投入及引进国外先进的技术与设施，缩短研发周期，推动新技术的开发与推广。

（五）强化应用研究，提升海水养殖工业化水平

水产养殖业要实现健康可持续发展，大力构建工业化养殖模式是必由之路。近年来在国家政策的积极引导和大力支持下，以循环水养殖模式为代表的现代工厂化养殖已迎来快速发展的机遇期，同时也面临更多的创新挑战和更高要求。围绕海水鱼类工业化养殖模式构建，特提出如下几点建议：

（1）水产养殖业要继续秉持装备工程化、技术现代化、生产工厂化、管理工业化的"四化养殖"发展理念，重点提升和优化工厂化封闭循环水养殖技术。

（2）结合我国国情和产业现状，积极借鉴国外先进经验，走自主创新之路，大力构建适用性强、可靠性高和经济性好的国产化养殖装备。

（3）深入开展应用基础研究，努力构建产前、产中、产后三阶段的标准化技术管理体系，力争实现养殖生产规范化、标准化。

（4）结合我国产业现状，大力构建具有经济适用、管理方便、节水、节地、节能等特性的实用型循环水养殖模式，促进中小企业快速发展，从根本上改变我国传统水产养殖业的面貌。

四、本学科发展趋势与对策

（一）水产种业原始创新能力将不断提高

水产种业的长期、可持续发展有赖于原始创新能力的提高。只有通过研发拥有自主知识产权的育种核心技术，才能推动我国水产种业持续快速发展。在未来一段时间，我国水

产种业技术体系必须打破技术模仿跟踪的惯性，瞄准重要经济性状遗传调控网络解析、组学研究、全基因组选择育种等重大基础理论和前沿技术，构建适合我国国情的水产育种创新技术体系，引领水产种业走上创新驱动、内生增长的良性发展轨道。在原良种保育和保存、优良家系构建和分子标记筛选方面不断深入，高度重视育种材料的储备和新品种持续培育能力建设；更加注重育种基础性工作，包括基础群体的收集、培育、筛选，家系建立，种质鉴定，性状分析和保种等；将新品种培育与优良种源保有能力建设并举，使我国水产种业自生创新能力进入良性发展轨道。建立和完善"遗传育种中心—良种场—苗种场"三位一体，产学研相结合，育繁推一体化的水产种业体系；重视技术创新链和产业链"双向融合"，坚持种业科技创新的目标必须面向市场的战略定位；用市场化和竞争机制引导商业化育种体系运行机制的形成，不断提高龙头企业引领市场、引领发展的能力；建立配套的多元资金保障体系，引导社会多渠道融资；建立和完善商业型育种、技术研发和新品种推广平台，形成良种创制到产业化的畅通渠道。

（二）水产养殖基础理论及应用研究将进一步发展

可持续发展是 21 世纪人类共同关注的主题。近几十年来，海水养殖业受到世界沿海各国的极大重视，成为国际上开发利用海洋生物资源的主流方向。随着全球对水产养殖产品的需求增长和海水养殖业对周围环境影响规模的扩大，开展海水养殖业可持续发展的研究和实践，协调养殖与环境的关系，推动海水养殖产业发展逐步从规模产量型向质量效益型转变，海水养殖研究开发从拓展新种类和增大养殖规模向优良新品种培育和环境友好、生物安全的集约化养殖模式转变是海水养殖产业未来发展的必然趋势。诸多的研究结果表明，IMTA 的实施是实现海水养殖产业可持续发展的一条有效途径，学者们也将实现 IMTA 的产业化作为终极奋斗目标。可以预见，在未来很长一段时间内，IMTA 的基础理论及应用研究仍将是海水养殖学科发展的主旋律。另外，在全球气候变化、海洋酸化等大背景下，海水养殖产业所承载的海洋生物固碳潜力及海洋生物碳汇扩增功能方面的基础理论研究也将逐渐进入学者们的研究视野。

（三）健康、生态、集约、低碳养殖技术是未来发展方向

海水养殖研究将更多关注养殖生物学和生态学基础，以及养殖系统内生源要素的物质循环与能量收支及其生态调控途径，从而不断揭示养殖池塘生态系统生物功能群优化与调控机制，建立海水池塘养殖环境生态调控对策，建立生态养殖模式，加强海水养殖动物营养生理与高效饲料开发。通过基础研究提出海水池塘健康养殖和质量安全控制技术体系，为实施基于"高效、优质、生态、健康、安全"可持续发展的海水池塘多营养层次生态养殖提供技术支撑。工厂化循环水养殖技术、生物絮团技术等是近年来水产养殖技术发展过程中的重要创新，为解决未来水产养殖工业化发展中的水质控制、病害防治、环境污染等关键问题提供了有效的技术措施与研究方向。经过不断的成熟与完善，这些技术将作为未

来工业化养殖发展过程中的重要的技术环节，用于解决养殖中的饵料利用率低、养殖废水排放污染环境、养殖动物病害等突出问题。

（四）扎实推进基础和应用基础研究，为产业发展提供后劲

建议大力发展海水养殖基础研究。针对主要水产养殖生物生殖、生长、抗病等性状，发掘和利用具有重要育种价值的功能基因和分子标记，构建优良品种高密度遗传连锁图谱，揭示功能基因的分子作用机制；重点开展水生生物分子设计育种和细胞工程育种等前沿育种技术，发展和综合运用多性状复合选育、分子标记辅助选育及性别控制等技术，加快优质、抗逆、高产品种的分子设计，创新人工选育理论与方法。针对养殖模式优化和节能减排问题，应进一步研究养殖系统内部的物质和能量输运，解析多元养殖系统中不同生物之间的互利与承接关系，以此为基础进一步优化养殖模式、提高养殖效率。近期的首要工作是稳定海水养殖良种的遗传性状和生产性能，研发产业配套的信息化、机械化和节能降耗技术，进一步提高海水养殖的经济效益和生态效益。

—— 参考文献 ——

［1］房景辉，张继红，吴文广，等.双齿围沙蚕—牙鲆网箱综合养殖模型碳、氮收支的实验研究［J］.中国水产科学，2014（2）：390-397.

［2］苏海林.贝类全基因组选择技术建立及其在扇贝育种中的应用［D］.青岛：中国海洋大学，2013：136.

［3］唐启升，方建光，张继红，等.多重压力胁迫下近海生态系统与多营养层次综合养殖［J］.渔业科学进展，2013，34（1）：1-11.

［4］王建中，徐军.冬季虾塘大蒜开发利用技术试验［J］.现代农业科技，2014，21：73-75.

［5］郑辉，崔力拓，潘娟.海带在贝藻混养生态系统中的生态效应模拟研究［J］.渔业现代化，2014，41（3）：26-29.

［6］农业部渔业渔政管理局.中国渔业统计年鉴（2014）［M］.北京：中国农业出版社，2014.

［7］Y.Avnimelech，G.Ritvo.Shrimp and fish pond soils：processes and management［J］.Aquaculture，2003，220：549-567.

［8］Y.C.Cao，G.L.Wen，Z.J.Li，et al.Effects of dominant microalgae species and bacterial quantity on shrimp production in the final culture season［J］.Journal of Applied Phycology，2014，26（4）：1749-1757.

［9］S.Chen，G.Zhang，C.Shao，et al.Whole-genome sequence of a flatfish provides insights into ZW sex chromosome evolution and adaptation to a benthic lifestyle［J］.Nature Genetics，2014，46：253-260.

［10］T.Chopin，A.H.Buschmann，C.Halling，et al.Integrating seaweeds into marine aquaculture systems：a key to-wards sustainability［J］.Journal of Phycology，2001，37：975-986.

［11］Z.G.Liang，J.Li，J.T.Li，et al.Toxic dinoflagellate Alexandriumtamarense induces oxidative stress and apoptosis in hepatopancreas of shrimp（*Fenneropenaeus chinensis*）［J］.Journal of Ocean University of China，2014，13（6）：1005-1011.

［12］D.Miller，K.Semmens.Waste Management in Aquaculture［J］.College of Agriculture，Forestry，and Consumer Sciences West Virginia Universiy Morgantown，2002.

［13］ A .Neori, T .Chopin, M.Troell, et al.Ntegrated aquaculture: rationale, evolution and state of the art emphasizing seaweed biofiltration in modern mariculture ［J］.Aquaculture, 2004, 231: 361-391.

［14］ Ó.P é rez, E .Almansa, R .Riera, et al.Food and faeces settling velocities of meagre (*Argyrosomus regius*) and its application for modelling waste dispersion from sea cage aquaculture ［J］.Aquaculture, 2014, S420-S421: 171-179.

［15］ Special Issue "BEYOND MONOCULTURE" in Aquaculture Europe ［M］.Spain: Donostia-San Sebastian, 2014.

［16］ M .Troell, A .Joyce, T .Chopin, et al.Ecological engineering in aquaculture – potential for integrated multi-trophic aquaculture (IMTA) in marine offshore systems ［J］.Aquaculture , 2009, 297: 1-9.

［17］ S.Wang, E.Meyer, J.K., Mckay, et al.2b-RAD: a simple and flexible method for genome-wide genotyping ［J］. Nature Methods, 2012, 9 (8): 808-810.

［18］ J.Wei, X.Zhang, Y.Yu, et al.Comparative Transcriptomic Characterization of the Early Development in Pacific White Shrimp Litopenaeus vannamei ［J］.PloS ONE, 2014, 9: e106201.

［19］ C.W.Wu, D.Zhang, M.Kan, et al.The draft genome of the large yellow croaker reveals well-developed innate immunity ［J］.Nature Communications, 2014: 5227.

［20］ Y.Yu, J.Wei, X.Zhang, et al.SNP Discovery in the Transcriptome of White Pacific Shrimp Litopenaeus vannamei by Next Generation Sequencing ［J］.PloS ONE, 2014, 9: e87218.

撰稿人：王清印　刘　慧　李　健　关长涛　孟宪红
蒋增杰　王秀华　栾　生　陈　萍

淡水养殖学科发展研究

一、引言

我国是世界第一淡水水产养殖大国，占世界水产养殖产量的 70% 以上，约 1/3 的动物蛋白来自水产品。据农业部统计，2014 年全国水产品总产量 6461 万吨，其中养殖产量 4748 万吨，占总产量的 73.6%；淡水养殖产量 2936 万吨，占总产量的 45.4%[1]。水产养殖业的重要支撑，对保障食物安全发挥着重要作用。随着人口的增长、社会的进步和人民生活水平的提高，食品与膳食结构不断变化，动物源食品需求呈刚性增长，动物蛋白逐步成为居民蛋白摄入的重要来源，蛋白质供给也越来越成为粮食安全的重要内容。

我国内陆水域众多，总面积为 2.6 亿亩，2014 年用于养殖的面积 9121 万亩，其中池塘约 3930 万亩，水库 2940 万亩，湖泊 1530 万亩，稻田 2280 万亩，此外还有大量宜渔的低洼盐碱荒地[1]。丰富的水生生物资源为在不同生态类型、不同气候条件和不同水质特点的地区开展水产养殖提供了便利条件。淡水养殖产业链涉及良种选育、苗种繁育、饲料营养、养殖技术、流通运输、水产品加工等环节，兼基础研究和应用研究于一体的系统化体系，尤其是现代种业技术体系研究，是增强科技创新与应用能力，努力构建资源节约、环境友好、质量安全的可持续发展的基础[2]。最近两年来，我国淡水养殖领域取得了显著进展，在淡水养殖生物的遗传育种、养殖与工程设施技术、池塘养殖和工厂化模式等方面开展了广泛而深入的研究工作，有力地推动了淡水养殖产业发展。现将主要工作成果介绍如下。

二、淡水养殖学科 2014—2015 年的最新研究进展

（一）淡水养殖生物遗传育种与苗种

1. 大宗淡水鱼类苗种与遗传育种

"四大家鱼"人工繁殖技术的突破，开启了我国水产苗种产业的历史，至今也就 50 多

年，历史虽短，但在水产养殖业发展强劲需求拉动下，其发展的速度很快。2012年，我国年产淡水鱼苗0.8万亿尾，淡水虾蟹良种苗约400亿尾[3]。2014年我国水产苗种产值596.87亿元，实现增加值309.78亿元，增长了9.2%，为我国淡水水产养殖产业发展提供了物质保证[1]。在国家"十二五"科技计划，尤其是国家大宗淡水鱼类产业技术体系的支持下，草、青、鲢、鳙、鲤、鲫、鲂等大宗淡水鱼类育种取得了一批具有良好发展前景的重要成果，近几年来我国在海水、淡水新品种培育方面已取得了显著进展[4]。至2014年底，有156个经全国水产原良种审定委员会认定的良种，并实现苗种扩繁和商业化运行，将成果迅速转化为生产力（图1）。如中国科学院水生生物研究所研制出"中科3号"银鲫[5]，中国水产科学研究院长江水产研究所培育出长丰鲢，无锡淡水渔业研究中心培育出福瑞鲤等。湖南师范大学利用雄性改良四倍体鲫鲤与雌性二倍体高背型红鲫交配得到不育三倍体"湘云鲫2号"，具有生长快、肉质好的特点[6]。中国水产科学研究院黑龙江水产研究所等单位培育出易捕鲤、津新鲤2号、津新乌鲫等水产优良新品种[4]。为克服四大家鱼育种周期较长的困难，上海海洋大学收集了长江、珠江和黑龙江等3个水系不同地理群体草鱼亲本，建立了长江水系和黑龙江水系选育基础群体，获得了长江水系草鱼群体选育F_2代，建立抗病力强的家系3个，家系选育工作进展顺利[7-9]；此外通过分离长江水系生长优良草鱼自发和人工ENU化学诱变突变体F_2代，有望缩短品种培育周期，提前获得优良草鱼品种[10-12]。

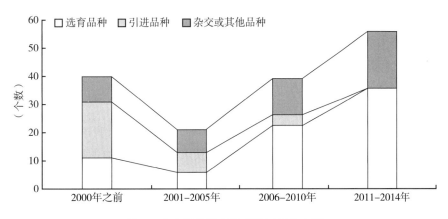

图1 水产新品种研发成果时间分布图

近年来，随着测序技术的发展和测序成本的降低，发达国家已经开展了罗非鱼、虹鳟、大西洋鲑、斑点叉尾鮰、南美白对虾和太平洋牡蛎中进行了全基因组测序。我国在淡、海水水产动物开展了全基因组测序，目前淡水鲤、草鱼的基因组测序和装配工作已经完成，鲫、团头鲂等的基因组计划也正在进行中[13-14]。全基因组序列的获得可为全基因组选择育种的进行提供重要的基础，在水产动物中进行全基因组选择育种已经具备了一定的条件[15]。总体而言，我国大宗淡水养殖鱼类在全基因组育种、分子设计育种和基因组诱变育种理论与技术方面，已处于国际先进水平，相关技术突破后可大幅缩短育种年限，具有良好的产业化前景[16]。

2. 淡水名特优水生动物苗种与遗传育种

在淡水名特优鱼类中，近年来培育的新品种有大口黑鲈"优鲈1号"、黄颡鱼"全雄1号"、杂交鳢"杭鳢1号"、杂交鲌"先锋1号"、吉富罗非鱼"中威1号"、乌斑杂交鳢、吉奥罗非鱼、杂交翘嘴鲂、秋浦杂交斑鳜、斑点叉尾鮰"江丰1号"、翘嘴鲌"华康1号"等以生长性状为主的水产新品种[4]。另外，还对长江、珠江、黑龙江和鸭绿江流域众多水库和湖泊进行了系统的资源收集与育种工作，选育的翘嘴鲌、斑鳜的杂交种后代在人工饲料利用方面表现出显著的杂交优势，为开展大规模鳜鱼人工饲料工业化养殖打下了坚实的基础。杂交鳢新品种"乌斑杂交鳢"，是以乌鳢为母本、斑鳢为父本的杂交品种，解决了亲本间性腺发育不同步、繁殖温度不一致、配对困难等难题，从而使"乌斑杂交鳢"苗种生产达到了规模化水平且在生长速度、抗寒、抗病等重要生产性状上，均有大幅提高。虹鳟良种选育目前已经通过育种值计算通过初步筛选优势组合，控制近亲交配系数，虹鳟世代三家系等，成功地培育出3个生长速度快的优良品系。

龟鳖大鲵系统的育种技术研究主要采用传统群体选育技术，2015年围绕种质资源，亲本培育、繁殖、苗种培育等方面取得了一系列的进展，在家系选育、分子辅助育种、性别控制育种等方面的工作也逐渐开展。

3. 淡水虾蟹贝类苗种与遗传育种

淡水虾类培育出杂交青虾"太湖1号"和罗氏沼虾"南太湖2号"等两个新品种，蟹类育种虽然起步较晚，但发展速度很快。目前培育出"长江1号""长江2号"和"光合1号"3个中华绒螯蟹新品种，具有生长速度快、成活率高的特点[4]。开展了中华绒螯蟹、罗氏沼虾基因组学研究，构建了中华绒螯蟹、罗氏沼虾基因组文库，目前已经完成了中华绒螯蟹高密度连锁图谱和全基因组测序及组装工作。

我国淡水贝类育种始于多倍体研究和杂交育种，近几年来，我国科技工作者对三角帆蚌和池蝶蚌开展了选育技术研究。目前应用于淡水珍珠贝选育的主要技术是人工选择和家系选育，2013年，从大量的三角帆蚌后代中选择出了紫色壳幼蚌，并发现与紫色珍珠的形成具有较强的关联度。另外，为了避免重蹈三角帆蚌种质退化的现象发生，研究人员采用BLUP原理，构建了大量三角帆蚌家系，并严格隔离，分别养殖于多个地区，使它们的后代适应不同环境，并严格避免近亲繁殖，提高遗传多样性，从而有利于选育的进行，2014年培育出三角帆蚌"申紫1号"等新品种。

（二）养殖与工程设施技术

2013年以来，我国渔业行业坚持以科学可持续化养殖为方向，逐渐形成符合现代渔业建设要求的养殖生产设施技术、生态化养殖模式、节水减排模式技术与水质调控技术等，对池塘养殖生产方式转变起到积极的领导作用。养殖技术及方式方面：淡水渔业研究中心牵头研发的团头鲂清洁高效养殖技术通过了农业部鉴定；苏州吴江的"低碳高效池塘循环流水养鱼"项目通过验收,该项目可有效提高鱼类排泄物的再利用;浙江通过设施渔业和生态渔业有机耦合创建高效循环养殖技术;苏州大学研究池塘单体生态低碳高效养殖模式取得成效;重庆市"鱼菜共生"生态养殖技术试验成功;微孔增氧技术和稻田综合种养技术得到了推广应用。养殖工程设施方面,渔业机械仪器研究所重点发展绿色能源,先后研发了太阳能投饲机、太阳能涌浪机、太阳能底质改良机等,其中太阳能底质改良机可有效地调控池塘底泥,并通过农业部鉴定,在全国进行了推广应用,示范效果良好;研发的精准投喂系统、数字化管理系统和水产物联网系统在全国进行了推广应用;江苏扬州市建成国内最大的渔光互补项目,年均发电量 3000 万千瓦时。近年来,我国"稻—渔"耦合养殖快速发展,稻田养殖技术也得到了较大的提高,2015 年"稻—渔"耦合养殖正在向着集约化、规模化、专业化和产业化的方向发展[17]。

(三)池塘养殖模式

养殖生产主要是池塘养殖、湖泊养殖和网箱养殖。淡水养殖鱼类在我国水产养殖的地位极其重要,不仅在保障市场供应、解决吃鱼难、促进农村产业结构调整、增加农民收入、提高农产品出口竞争力、优化国民膳食结构和保障食物安全等方面做出了重要贡献。我国淡水水产种业经过 30 多年的市场导向下,根据不同的资源优势和区位特点,目前优势产品区域布局逐渐形成。比如,沿海一些省市已经成为出口水产品生产基地,中部以大宗淡水鱼类类为主,西部一些地区主要开展冷水鱼和特色水产养殖。

我国农业产业结构面临调整与升级,淡水养殖在其中将发挥重要作用。优质淡水鱼类养殖业的经济效益高,目前,已成为农民致富增收的重要途径,其发展带动了水产苗种、饲料、渔药、养殖设施设备和水产品加工、储运物流等相关产业的发展,不仅形成了完整的产业链,还创造了大量的就业机会随着需求增加和加工技术提高,加工产业发展前景好,可促进消费市场的扩大,一些加工的淡水优质鱼类产品还是我国重要的出口商品之一。集约化水产养殖系统技术包含养殖的信息化、精细化、集约化。通过最新的物联网等技术,实现精确测量、实时监控、智能化分析及控制,从而达到集约化、无人化、精确智能的科学养殖。我们国家池塘养殖的集约化、工程化水平较高,但现有的小规模、大分散的池塘特点决定了现有的养殖条件与集约化养殖设施的实施有较大的距离。养殖户普遍使用投饲机、增氧机、水泵、网箱、温室等,在投喂、设施等环节的精准化程度低,在养殖机械化、电子化、自动化装置方面比较落后,劳动强度较大,生产方式仍旧较为落后,不具备废水处理、循环利用、水质监测等功能。

如何实现传统的养殖模式转向节地、节水、节能、节人力和环保的集约化生产模式,是我国实现现代水产养殖业的重要内容之一。通威集团与上海海洋大学合作发展了池塘底排污系统,2015 年已在全国多地开展了示范。通威集团等单位正在开发智能渔业以及"互联网+"技术。今后,通过物联网等技术,实现精确测量、实时监控、智能化分析及控制,从而实现池塘养殖集约化、智能化,将是池塘养殖的重要发展方向。

（四）工厂化循环水养殖模式

工厂化循环水养殖模式建立在生物学、环境科学、机电工程、信息科学、建筑科学等多学科发展的基础上发展起来的一种高度集约化的水产养殖模式。我国在淡水养殖动物工厂化育苗方面处在世界前列，实现了养殖鱼类、淡水虾蟹蚌等淡水养殖对象的工厂化繁苗，苗种生产基本满足养殖需要。国外工厂化循环水养殖技术比较发达的国家有北美的加拿大、美国，欧洲的法国、德国、丹麦、西班牙以及日本和以色列等国家。国内循环水养殖模式已在高档鱼类如半滑舌鳎、大菱鲆、石斑鱼、红鳍东方鲀、虹鳟等品种上有很好的应用。除了鱼类之外，已经越来越多地将此种养殖模式应用于虾类、刺参、贝类等品种。总体上，我国在海水鱼类鲆鲽类工厂化养殖方面取得了较好的示范与应用，但与发达国家相比差距还很大，淡水鱼类工厂化循环水养殖更少处于起步阶段[18]。

在工厂化循环水养殖研究方面，近年来取得了较好的成果。如华中农业大学研究团队开展种植水生蔬菜预净化鳜鱼养殖水已取得良好效果，可大大降低工厂化养殖鳜鱼的净水成本，研究建立"基于太阳能与种养结合的鳜鱼人工饲料可控养殖新技术体系"将可有效解决常规鳜鱼人工饲料工厂化养殖电力供应与水处理成本过高问题，以及受电力成本制约而水温不可控、水质控制不严导致疾病常发等养殖体系问题。上海海洋大学承担的上海市科委攻关项目"鳗鲡新品种的开发鳗鲡新品种及其规模化养殖关键技术的开发与示范"，正在开发罗非鱼和花鳗工厂化养殖系统。

2015年，我国循环水设施设备已全部实现国产化，但设备稳定性和智能化水平尚须提升。此外，在节水节能技术、养殖标准和设备工艺环节等方面还有待进一步提高。在养殖技术方面的研究深度不足，积累的基础工作少，尚不能对规模化循环水养殖提供足够的技术支撑。另外，我国的水产养殖业在指导其工业化发展的思想理念，支持其工业化的科技创新能力、基础设施、制度的有效供给、标准化生产以及专业化分工与协作等方面还存在不足，需要予以推进和完善。淡水名特优鱼类肉质好，养殖经济效益高，非常适合工厂化和集约化养殖，有望培育成新兴产业，有效解决我国水产品的需求与水产养殖水质性缺水的局面。

（五）研究平台建设情况、重要研究团队等的进展

在学科建设方面，我国逐步建立了以科研院所和高等院校为主体，包括中国水产科学研究院下属各水产研究所、中国科学院水生生物研究所、上海海洋大学、华中农业大学、湖南师范大学、西南大学、湖南农业大学等，另有各省市的研究所如浙江省淡水水产研究所、江苏省淡水水产研究所、湖南省水产研究所、湖北水产研究所、北京市水产研究所、浙江省水产引种育种中心、杭州市农业科学研究院水产研究所等组成的从事淡水育种技术创新的群体。在我国，以科研事业机构为主导推动的淡水养殖动物是主流。截至2014年共有水产养殖品种156个，其中淡水养殖动物新品种近90个，超过81%的淡水养殖动物

新品种都是由科研机构和水产院校研制而成，为我国淡水养殖产业做出了巨大的贡献[4]。

近年来，企业为主导推动的淡水养殖动物成果转化也开始成为淡水养殖业重要的增长方向，通威股份、海大集团等饲料业领头羊纷纷涉足淡水养殖产业，以龙头企业为主导推动的淡水养殖动物种业发展已取得了重要进展。有利于从育种研发、繁育制种、饲料、养殖、营销管理和推广服务一整套功能完整、衔接紧密、运转高效的产业链条，通过这个产业链才能将潜在的科技创新理念转化为现实的商业市场价值。水产类企业培育良种 29 个，占 18.6%[4]。另外，企业研发对淡水珍珠贝产业起到很大的推动作用，如湖南今珠生物科技有限公司研发生产出：活性珍珠粉、珍珠钙 DE、珍珠活性粉胶囊，活性珍珠润肤水、今珠茶等 20 余种珍珠饮品和保健品，提高了珍珠综合加工利用率，成效显著，带动了珍珠产业的健康发展。

浙江龚老汉控股集团有限公司完成的"中华鳖良种选育及推广"项目获得 2012 年国家科学技术进步奖二等奖（首次颁给渔民科学家）。龚老汉控股集团有限公司前身是 1995 年农民企业家龚金泉创立了杭州金达龚老汉特种水产有限公司，该公司积极依托浙江省水产技术推广总站等科研院所，大力开展中华鳖良种选育及其产业化推广应用，以良种选育为突破口，成功选育出"龚老汉"牌中华鳖良种，建立了中华鳖良种选育方法及操作规程，显著提高了中华鳖良种生产能力。公司每年都派出技术人员对养殖场（户）进行免费养殖技术培训和技术指导，并通过上门服务、网络、电话、信函等方式辅导并处理养殖过程中出现的病害等技术问题。在"龚老汉"中华鳖健康养殖技术模式的影响下，许多养殖户走上了自繁自育和仿生态养殖中华鳖（日本品系）的致富之路。武汉百瑞生物技术有限公司建立了适合于黄颡鱼"全雄 1 号"商业化推广的"种源可控、分级生产，加盟商管理"的市场推广模式。这种模式的实施，使产业上能够得到真正优质的苗种。2012 年，黄颡鱼"全雄 1 号"夏花培育存活率由普通黄颡鱼的 20% 左右提高到 50% 以上，而养殖户的效益提升了 50% 以上。这种结合黄颡鱼苗生物学特点，实行苗种分级生产管理，连锁加盟经营的新品种推广模式，能够兼顾育种单位、苗种企业和养殖户的利益，实现利润在各流通环节的合理分配，形成稳定的营销渠道，促进产业良性循环，可持续发展。

三、淡水养殖学科国内外研究进展比较

（一）国内淡水养殖

1. 发展规模、养殖种类

我国是世界第一水产养殖大国，占世界水产养殖产量的 70% 以上，约 1/3 的动物蛋白来自于水产品。据农业部统计，2014 年全国水产品总产量 6461 万吨，其中养殖产量 4748 万吨，占总产量的 73.6%；淡水养殖产量 2936 万吨，占总产量的 61.8%[1]。据统计，目前我国已经报道的水产生物有几千种，其中可以养殖的水产种类有 170 多种，主要养殖经济品种 40 多种，主要包括"四大家鱼"、鲤、鲫、鲂、鳜、罗非鱼、鳗鲡、鲷、乌鳢、

鲈、鲇、黄颡鱼、牙鲆、石斑鱼、鲴、大黄鱼、鲑鳟鱼、大菱鲆、鲟鱼、鲍、对虾、小龙虾（克氏原螯虾）、扇贝、牡蛎、蛤、珍珠贝、鲍鱼、海带、紫菜、裙带菜、海参、海胆、中华鳖等。这些都是目前我国水产新品种研发的主要对象[4]。

大宗淡水鱼类是我国淡水水产养殖的主导品种。2013年产量达1880.96万吨，占全国水产品总产量的30.5%，占全国淡海水养殖产量的41.4%，占全国淡水养殖产量的67.1%。其中，草鱼最高，产量达506.99万吨，鲢鱼位居第二，产量达385.09万吨；鲤、鳙、鲫、鲂位居第三到第七[1]。淡水名特优鱼类是指除大宗淡水鱼类和罗非鱼之外的名优养殖鱼类，包括鲈、鳢、鳜、黄颡鱼、鲴、鲟等，其产量占淡水养殖总产量的20%左右，其共同特点是肉质好，营养价值高，大多无肌间刺，适合冷（冻）藏和加工，如鲟鱼子酱（Caviar）由鲟鱼卵腌渍而成，素有"黑色黄金"之称，为"世界三大美食"之一，是国际上经久不衰的名贵高档食品。

近年来，全国龟鳖养殖产量每年都在增长，占全国淡水养殖比例逐年增加，2012年全国龟鳖养殖产量分别为32824吨和331424吨，占全国淡水养殖产量的0.12%和1.25%[19]。大鲵（俗称娃娃鱼）是农业产业化和特色农业重点开发品种，据农业部2014年全国大鲵养殖情况的调查统计显示，2015年全国驯养繁殖的大鲵存量约1249万尾，商品大鲵年生产能力约1万吨。

淡水虾蟹类近年来发展也非常迅速，2015年养殖的品种主要有河蟹、青虾、罗氏沼虾、克氏原螯虾，南美白对虾（海虾淡养）等，养殖地区涵盖除西藏以外的全国各省（直辖市、自治区），2012年总产量为234.3万吨，年养殖产值近千亿[19]。自20世纪70年代三角帆蚌人工繁殖成功后，我国的淡水珍珠养殖发展迅速，珍珠产业得到较大的发展，淡水珍珠产量不断提高，中间虽有波折，但产量始自2000年起始终占全世界珍珠总产量的90%以上，居世界第一位。目前全国的珍珠产业链的从业人员近30万人，包括繁殖、养殖、生产、加工、储运物流和贸易等环节，产值约280亿~300亿元，出口贸易约3.2亿美元左右，已成为我国淡水养殖业一个重要支撑的组成部分。

2. 产业布局、经营方式

水产养殖业从农村的副业成长为农村经济的支柱产业，淡水鱼类养殖业的发展带动了水产苗种、饲料、渔药、养殖设施设备和水产品加工、储运物流等相关产业的发展，不仅形成了完整的产业链，促进了农业产业结构的调整，还转移了大量富余劳动力，相关产业的从业人员已达千万人，增加了农业效益和渔民收入。2014年，我国渔业经济总产值20858.95亿元，实现增加值9718.45亿元，占我国国民经济总产值的3.4%。其中，淡水捕捞产值428.51亿元，实现增加值254.49亿元；淡水养殖产值5072.58亿元，实现增加值2801.66亿元。渔业从业人口2035.04万人，约占全国人口总数的1.5%，全国渔民人均纯收入14426.26元，比2013年增长10.64%（农业部渔业局，2015）。水产品连续10多年居大宗农产品出口首位，2012年出口额189.83亿美元，2013年出口额202.63亿美元，2014年出口额216.98亿美元，占农产品出口额比重30%以上[1]。据《中国渔业统计年鉴》报道，从 2011—2014 年的 4 年间，鲈、鳢、鳜、黄颡鱼和鲴五种名特优鱼类的养殖总产量年均增长达 7.5%，上升趋势明显，产业发展快速。2013 年冷水性经济鱼类鲑鱼和鲟鱼年产量 6 万吨（据 2013 年"冷水性鱼类养殖产业化研究与示范"项目统计），总产值超过 30 亿元，名优鱼类养殖呈现区域化和集中化的发展趋势，在淡水养殖业产值较大的广东、江苏、湖北、安徽、江西等省份的地区经济发展中起重要支撑作用。

我国淡水水产产业经过 30 多年的市场导向下，根据不同的资源优势和区位特点，优势产品区域布局逐渐形成。比如，沿海一些省市已经成为出口水产品产业生产基地，中部以大宗淡水鱼类为主，西部一些地区主要开展冷水鱼和特色水产养殖。当前，我国淡水养殖总规模较大，但淡水水产苗种场较分散，产业集中度不高，无序竞争较严重，淡水水产良种覆盖率不高（< 30%），苗种质量不稳定，部分淡水养殖动物如育珠蚌等种类较为单一，种质质量退化严重，遗传育种成果进展缓慢，盈利能力不足，需多苗种场需要依靠政府资金的补贴才能维持[20-23]。

（二）国外淡水养殖进展

据联合国粮农组织最新统计[24, 25]，中国以外的世界各国淡水水产养殖产量占 30%。国外淡水养殖发展最快的是印度，在运河两岸以池塘混养印度产的四种鲤科鱼类，并获得高产，淡水养殖技术提升较快。

但是在现当代，国外在淡水养殖方面，一方面利用其工业高度发展的优势，重视集约化、工厂化、机械化养殖，大力发展生态养殖模式，建立水产可持续发展的技术保障。另一方面国外非常注重先进科学技术特别是现代化的制种选育技术，培育优良品种。鱼类药物的研究仍然集中在抗生素的药物代谢动力学及渔药的安全性评价和药物残留，在杀虫药物方面，开始关注抗药性产生的分子机制和抗药性检测。由于仔稚鱼的存活和营养是世界性的难题，因此仔稚鱼和亲本的营养需求以及仔稚鱼人工饵料和活饵方面的研究仍然是关注热点，主要包括活饵的人工强化和仔稚鱼的人工饲料开发等。随着消费者对水产品质量的要求越来越高，养殖鱼类的品质方面的研究逐渐增多，主要研究了替代蛋白源和替代脂肪源对水产品的脂肪酸组成、肉品质参数和营养价值等的影响。

1. 遗传育种与苗种工程进展

斑点叉尾鲴是美国最重要的商业化养殖鱼类，在 2012 年产量达 39.4 万吨（FAO），美国学者对斑点叉尾鲴开展了种间杂交育种（斑点叉尾鲴♀ × 蓝叉尾鲴♂），获得了生长率、存活率、出肉率和起捕率俱佳的杂交种，并对杂交种的生长性能、耐低氧性能以及抗病能力的分子机理进行了深入的研究；美国奥本大学 Liu 研究团队选用 54342 个 SNP 标记构建了斑点叉尾鲴高密度遗传连锁图谱，开发的 250k 斑点叉尾鲴SNP 芯片已经得以应用[25]。挪威从 1972 年以来一直坚持对鲑鳟鱼进行良种选育，选育指标包括生长速度、性成熟年龄、抗病毒病和抗细菌病能力、肉色和肌肉中脂肪含量等，已培育出了一大批鲑鳟鱼类的优良品种，目前挪威的鲑鳟鱼育种基地和项目已在全球部署，初步出现一个即将垄断国际鲑鳟鱼良种供应的大型跨国种业。至 2025 年，挪威水产养殖业从业人员将达到 56000 名，创造 620 亿克朗收入。世界鱼类中心与挪威、菲律宾有关研究机构协作实施罗非鱼遗传改良计划（GIFT 计划），在完成 6 代选育后取得了生长速度比基础群提高 85% 的成果，在多个国家养殖进行遗传和经济性状评估后广泛推广。GIFT 项目树立了一个多方合作进行水生生物遗传改良的典范。在育种过程中，准确查找问题精密设计项目实施方案，进行多代选育，养殖业户参与品种评价，广泛宣传等是该项目成功的经验。目前，全球能进行选育并提供性状稳定的种虾的公司不超过 10 家，主要分布在美国、东南亚。

美国迈阿密南美白对虾育种基地（SIS）是美国的一家公司，其种虾进入中国市场已 5 年多，是中国最大的种虾供应公司，市场份额占 90% 以上，几乎垄断中国种虾供应市场。据了解，2007 年，SIS 种虾与其他种虾公司售价相差不大，都是 20 多美元 / 对，但近几年连续大幅上涨，到 2012 年左右已经涨至 100 美元 / 对。国外龟鳖产业发展普遍较小。东南亚和南美国家地处热带，龟类物种丰富，但主要还是捕捉野生龟鳖进行贩卖，少数龟类繁育场主要是采集野生龟类的卵进行人工孵化，并对孵出龟鳖苗进行养殖，还不能进行大规模全人工繁育与养殖，其市场除面向国内食用外，主要是销往中国（包括香港和台湾地区）。美国对龟鳖进行商业化开发主要是面向宠物市场，主要种类有红耳彩龟、黄耳彩龟、鳄龟、橙腹伪龟、佛罗里达鳖等，向龟类爱好者提供健康的宠物龟，近年来才逐渐向食用龟转变。日本是中华鳖养殖的先驱，第一个中华鳖养殖场建于 1866 年的深川市，于 1904 年已具备 8.2 万的产卵量。1990 年代泰国中华鳖的幼鳖年孵化量已达 600 万。美国的龟鳖养殖业始于 1900 年代初的马里兰州和北卡罗来纳州，主要为食用。自 20 世纪 60 年代以来，俄克拉荷马州和路易斯安那州出现了很多龟鳖养殖场。据报道，在 2004 年路易斯安那州就颁布了 72 个龟鳖养殖场许可证。据统计，2002—2005 年三年期间，美国龟鳖养殖业的累计出口量为 3180 万只，其中 97% 为养殖生产的，47% 的出口到中国内地，20% 的出口到中国台湾，11% 出口到墨西哥。

2. 养殖与工程设施技术

寻找可持续发展的养殖与工程设施技术已成为国际社会普遍关注的问题。构建生态和谐、可持续发展的产业技术体系，保障大宗淡水鱼养殖产业的可持续产出和提高养殖质量是产业发展的必然选择。国际社会更加重视养殖技术、养殖方式和养殖工程设施技术与设备的研究与应用。养殖技术方面，如德国研发出一种开创性的可持续水产养殖方式，养殖废水经过滤产生的废料成为农作物肥料；欧盟研究探索在水产养殖业中开发可再生能源；日本推出高端新技术可实现海鱼与淡水鱼"同居"；美国 Origin Oil 公司的 SOS 技术可减低养殖水体中的毒性水平，适用于采用藻类为饲料的养殖鱼类。养殖工程设施方面，国际上主要以健康养殖和减少环境污染为目的，研究各种养殖设施，实现对养殖对象和环境的监测及养殖资源的节约化利用。如法国 Soleil 公司将养鱼场与光伏发电整合；苏格兰开发波浪能为养殖场提供动力；巴西开发水产养殖监控技术并通过卫星传送数据，它不仅能监测环境数据，而且还能将监测数据通过卫星进行传送。

四、本学科发展趋势及展望

2015 年，我国渔业科技进步贡献率已超过 50%，渔业科技综合实力在国际上总体处于中上水平，尽管有些领域落后于发达国家，但在水产养殖业科研方面处于世界先进水平。在现有技术的支持下，截至 2014 年，我国淡水养殖良种覆盖率超过 30%。技术创新是种业发展的命脉，目前，我国分设在高等院校、科研院所和良种场等机构的各类水产育种研发团队 20 多个，主要研发人员 500 多人，为我国水产养殖业的快速发展提供了良好的人力资源。种业位于农业产业链的最上游，种业科技则是现代农业科技体系中的龙头，目前农业产业中高科技种业技术与产品的竞争将成为主导。综观当今国内外水产遗传育种技术和方法，在改良水产动物的遗传性状、培育遗传性状稳定的优良品种的复杂过程中，灵活运用多学科知识和多种现代科学技术，深入研究分子设计育种的理论和方法，加快尝试和发展遗传操纵关键技术，并将其应用于水产遗传育种，积极开展重要养殖生物基因组学研究，将是今后淡水养殖新品种培育技术进一步发展和品种持续改良的必然趋势[26, 27]。在我国现代水产种业"育—繁—推"的构架中，现代养殖设施装备也必不可少，繁育环境的工程化构建、繁育条件的精准化调控、繁育过程的数字化监控、繁育产品的物联网追溯、繁育生产的标准化建设等也急需科研和技术力量的投入[20-22]。随着各级财政不断加大对包括渔业在内的农业科研投入，科技体制不断完善，符合现代农业发展要求的产业技术体系逐步建立，相信科技进步对淡水养殖动物种业发展的重大支撑作用将会继续得到发挥。

（一）战略需求

水产品已成为重要的食物来源，约占国民动物蛋白供给的三分之一。2013 年末，中国大陆总人口 136072 万人，城镇常住人口 73111 万人。2013 年城镇化率为 53.73%，比 2008 年提高 8.03 个百分点。随着城市化的发展，城镇人口比重加大，对水产品消费需求必将较大幅度增长。2030 年，我国人口总量将达到 16 亿，比现在增加 3 亿人。如按全国人均水产品占有量为 50 千克计，将需新增水产品产量 1500 万吨；总产量需将达到 8000 万吨，而 2014 年全国水产品总产量 6461 万吨。因此，到 2030 年水产品总产量需要再增加约 2000 万吨，只有通过发展水产养殖实现。据联合国粮农组织（FAO）预测，未来二三十年全球水产品消费量将继续保持增长态势，日益扩大的新增市场份额主要靠进口水产品来弥补，这为我国水产品出口提供了广阔的空间。因此，进一步发展水产养殖业，生产更多更好的优质蛋白，满足国家人口增长和社会发展的新需求，保障食物安全，已经是毋庸置疑的选择。同时，大宗淡水养殖鱼类中滤食性、草食性鱼类的养殖量占养殖总量超过 60%，在其生长和养殖过程中，不仅大量使用了碳，同时也大量使用氮、磷等营养物质，实际产生了减缓水域生态系统富营养化进程的重要作用。另外，淡水珍珠贝的适应性广，对水体环境的要求较高，主要以浮游生物为食，是水体环境改善的重要调节生物类群[26]。

（二）重点发展方向

1. 提升淡水养殖生物优良苗种生产水平

瞄准大宗淡水养殖鱼类中存在良种覆盖率不高，品种种质退化，病害频发等主要问题，以产业发展和市场需求为导向，围绕主养品种，以重要养殖品种全基因组和重要经济性状功能的解析等为原动力，以育种技术创新和新品种培育为抓手，构建现代育种重大共性关键技术体系，在保持高产稳产的前提下，培育出优质、抗逆、生态、安全等的新品种。针对淡水虾蟹类养殖业现状和良种选育过程中遇到的技术难题，优化现有育种技术，重点研究性状测试技术和统计分析方法，培育生长速度快、品质优良、抗逆及抗病性能等优良性状的新品种。广泛收集全国各地龟鳖大鲵类的活体资源，建成龟鳖大鲵活体资源库；评估各种群的遗传背景，测试各项经济指标，建成龟鳖大鲵种质信息数据库，利用上游原良种场提供的优良品种亲本，进行大规模优良品种繁育。开展三角帆蚌和池蝶蚌保种工作，为淡水珍珠蚌种业将来种质可持续性开发和应用奠定基础，建立三角帆蚌和池蝶蚌核心种群和家系，针对三角帆蚌开展不同地理种群的群体间杂交育种，对后代进行生长、抗病和育珠对比实验，筛选出杂交优势好的配对组合，对杂交后代性状提纯和亲本配套系的建立培育出新的良种品系。围绕主要养殖鱼类，开展对苗种繁育技术水平和竞争力整体提升具有显著促进作用的关键技术、共性技术和集成配套技术的研发，主要是：亲鱼筛选和培育、人工诱导产卵繁殖、苗种高效培育等。

2. 发展集约化淡水池塘养殖系统

从我国水产养殖业健康、稳定和可持续发展的根本需求和长远利益出发，以提高水产养殖产品的质量和取得社会、经济效益双丰收为目标，按照"健康、高效、安全、生态、节水、节地、节能、减排"的要求，进行产业关键技术研究与集成，以淡水池塘养殖为重点，围绕淡水养殖生物健康养殖技术的整体性提升，运用工程学、生态学、生物学等方法，开展关键技术突破和集成研究，形成可控的人工生态系统。开发高效环保饲料是目前降低农业面源污染的一个关键环节。通过原位修复技术使养殖生物在良性的生态环境中生长发育，最大限度减少池塘养殖对外环境的影响，实现池塘养殖可持续发展。构建水产养殖病害预警体系，增强综合防控能力。开展药代动力学和新渔药研究，消除质量安全的隐患。开发用于鱼类抗应激的添加剂，提高鱼体抗病能力。建立全新池塘养殖管理体系，保障水产品质量安全。针对南方、北方和中部不同地域气候环境条件，建立不同类型池塘养殖水生态工程化控制设施系统模式。开展池塘养殖水生态工程化控制系统关键设备研究。开展水生态工程化控制设施系统集成与示范研究。目前，全国稻田面积2962.7万公顷以上，宜渔面积可达300万公顷，推广"稻—渔"耦合种养殖生产模式，发展空间极其广阔。

3. 探索工厂化养殖模式

工厂化水产养殖是渔业生产新的经营方式，具有占地面积小、生产集中、产量高、效益好等优点，是发展现代渔业生产的现实选择。目前，我国海水工业化循环水养殖面积超过

140 万平方米，养殖企业达 110 余家，海水循环水约占我国工厂化养殖生产总水体（2013 年水体 2172 万平方米）的 6%，山东、天津、辽宁等省市的工业化循环水养殖企业的数量、规模居国内前列。淡水水产养殖业在工厂化发展的思想理念、工业化的科技创新能力、基础设施、制度的有效供给、标准化生产以及专业化分工与协作等方面还存在诸多不足，需要予以推进和完善。到 2020 年，我国淡水工业化循环水养殖水处理系统的稳定性、可靠性能得到加强，设施设备实现产业化生产，并部分达到国外领先和先进水平；工业化循环水养殖系统精准管理技术标准、生产体系基本建立；工业化循环水养殖系统的生产应用范围不断扩大，突破 500 万平方米；循环水育苗系统在生产中得到推广应用；工业化循环水养殖系统的推广应用不再依靠政府和科技人员的推动，而成为养殖企业自发的需求。

五、针对该产业发展的政策建议

（一）加强科技攻关，大力发展安全高效的池塘生态和工厂化养殖模式

推进产业化进程中注重本地资源、物种多样性和生态环境的保护，避免无节制开发和浪费，走可持续发展的健康养殖之路。尽快制定或完善淡水养殖产业技术标准，引入食品安全和生态安全评价，制定种苗市场的准入和退出制度，完善市场监管体系和信贷保险等保障体系建设；加大公共财政对淡水养殖种业的扶持政策力度，对公益性种业实施良种补贴政策、对商业化种业实施税负减免政策；发展集约化水产养殖系统技术，包含养殖的信息化、精细化、集约化。通过最新的物联网等技术，实现精确测量、实时监控、智能化分析及控制，从而达到集约化、无人化、精确智能的科学养殖。

（二）加强科技创新体系建设，改变研发基础薄弱的局面

要加快建立以重点水产科研院所和大学为主体的知识创新体系。加强水产领域的国家实验室、育种中心、工程中心和重点实验室建设，加快改善科研设施和条件。依托技术创新引导工程以及农业科技计划和工程，促进产学研相结合，组建国家重点实验室工程类、行业工程技术研究中心或技术创新中心，建立以水产品加工流通企业等产业主体为主的技术创新体系。鼓励水产技术推广人员以技术、资金入股从事经营性服务，领办、联办各类专业协会、服务实体、渔业科技示范园区，组建股份制的渔业科技企业、渔业中介服务组织等。

（三）加快公益性育种中心、水产原良种体系建设

我国淡水水产种业目前基本形成了由水产遗传育种中心、原种场、良种场等组成的全国水产原良种繁育体系框架[2, 20]。目前在大宗淡水鱼类、名特优鱼类和淡水虾蟹类方面建设鲢、草鱼、鲫、鲂、罗氏沼虾、河蟹等多个国家级遗传育种中心，良种体系（国家级遗传育种中心—国家级原良种场—地方原良种场和繁殖场—养殖企业或养殖户组成）相对完善，但苗种养殖装备的产业水平整体上处于设施化生产的初始阶段，养殖设施与装备有

待加强。国家级的良种场存在重硬件轻育种、低水平、资金不到位的问题，各省市地区良种场繁育场和推广站等不管从数量上还是技术水平或者生产能力上都与现代化淡水种业有一定的距离。在淡水现代化种业之路中，多级公益性的良种体系建设能需加强。

（四）推进企业为主体的多元化种业新机制，推进知识产权保护和商业化运作

现代水产种业是以现代设施装备为基础，以现代科学与育种技术为支撑，采用现代的生产管理、经营管理和示范推广模式，实现"产学研—育繁推"一体化的水产种苗生产产业。目前主导的种业发展模式主要有以企业主导的发展模式（国家扶持、企业主导、充分竞争、效益优先），如黄颡鱼"全雄1号"种业体系、"中华鳖良种选育及推广"项目等；政府（含高等院校、科研院所）主导的发展模式（政府主导、保障供给、公益优先、长期扶持），如直接关系到水产品保障供给能力的青、草、鲢、鳙、鲤、鲫等；另有多方协作的发展模式（政府牵头、各方参与、互利共赢、合作发展）。

扶持企业壮大是强大国家种业的必由之路，必须坚持和巩固企业的主体地位，创建民族品牌，建立并发挥行业协会的引导作用，营造种业企业发展的良好环境，开展种苗和养殖的市场信息化平台建设，强化行业管理标准化，培育出了一批具有一定的科研能力、有标准化和规模化生产能力及商业化育繁推的龙头企业。此外，要大力培育多元化的渔业社会化服务组织，支持渔民专业合作社、渔业技术协会、渔业龙头企业及科研院校等提供各种形式的服务，形成公益性服务和经营性服务相结合的格局。提升企业自主创新能力，造就一批技术水平高、生产管理完善、质量检验严格的养殖鱼类苗种繁育龙头企业，形成集"种业—养殖—加工—物流营销—餐桌安全—产业经济与文化（品牌建设）"的中国特色的企业，达到高收入、高产出、高效益的养殖鱼类苗种规模化繁育的现代产业体系。

── 参考文献 ──

［1］农业部渔业渔政管理局.2014年全国渔业经济统计公报［J］.中国水产，2015（6）.

［2］张振东.国家级水产原良种场发展概况与建议［J］.中国水产，2015（7）：32-34.

［3］桂建芳，张显良，刘英杰.淡水养殖动物种业科技创新发展战略研究［M］.贾敬敦，等.动物种业科技创新战略研究报告［M］.北京：科学出版社，2015：251-297.

［4］张振东.我国水产新品种研发基本情况与展望［J］.中国水产，2015（10）：5-7.

［5］J.F.Gui，L .Zhou.Genetic basis and breeding application of clonal diversity and dual reproduction modes in polyploid *Carassius auratus gibelio*（review）［J］.Science China Life Sciences ，2010，53（4）：409-415.

［6］梁向阳，刘少军，王静，等.湘云鲫2号肌肉营养成分和氨基酸组成分析［J］.湖南师范大学自然科学学报，2011，34（1）：71-74.

［7］N.P .Pandit，Y.B.Shen，X.Y .Xu，et al.Differential expression of interleukin-12 p35 and p40 subunits in response to *Aeromonas hydrophila* and Aquareovirus infection in grass carp，*Ctenopharyngodon idella*［J］.Genetics and Molecular Research，2015，14：1169-1183.

［8］N.P.Pandit，Y.B.Shen，Y .Chen，et al.Molecular characterization，expression，and immunological response analysis of the TWEAK and APRIL genes in grass carp, *Ctenopharyngodon idella*〔J〕.Genetics and Molecular Research，2014，13：10105－10120.

〔9〕 X.Y.Xu，Y.B.Shen，J.J .Fu，et al.Determination of reference microRNAs for relative quantification in grass carp（*Ctenopharyngodon idella*）〔J〕.Fish Shellfish Immunol，2014，36：374－382.

〔10〕 J.H.Xia，F .Liu，Z.Y.Zhu et al.A consensus linkage map of the grass carp（*Ctenopharyngodon idella*）based on microsatellites and SNPs〔J〕.BMC Genomics，2010，11：135.

〔11〕 X .Jiang，C .Sun，Q .Zhang，et al.ENU－induced mutagenesis in grass carp（*Ctenopharyngodon idellus*）by treating mature sperm〔J〕.PLoS ONE，2011，6（10）：e26475.

〔12〕 G .Zheng，C .Sun，J.Pu，et al.Two myostatin genes exhibit divergent and conserved functions in grass carp（*Ctenopharyngodon idellus*）〔J〕.General and Comparative Endocrinology，2015，214：68－76.

〔13〕 X .Jiang，C .Sun，Q .Zhang，et al.ENU－induced mutagenesis in grass carp（*Ctenopharyngodon idellus*）by treating mature sperm〔J〕.PLoS ONE，2011，6（10）：e26475.

〔14〕 G .Zheng，C .Sun，J.Pu，et al..Two myostatin genes exhibit divergent and conserved functions in grass carp（*Ctenopharyngodon idellus*）〔J〕.General and Comparative Endocrinology，2015，214：68－76.

〔15〕 P.Xu，X .Zhang，X .Wang，et al.Genome sequence and genetic diversity of the common carp，*Cyprinus carpio*〔J〕.Nat Genet，2014，46：1212－1219.

〔16〕 Y.P.Wang，Y.Lu，Y.Zhang，et al.The draft genome of the grass carp（*Ctenopharyngodon idellus*）provides genomic insight into its evolution and vegetarian diet adaptation〔J〕.Nat Genet，2015，47：625－631.

〔17〕 J.Odegard，T.Moen，N.Santi，et al.Genomic prediction in an admixed population of Atlantic salmon（*Salmo salar*）〔J〕.Frontiers in Genetics，2014，402：1－8.

〔18〕 J.F .Gui，Z .Y.Zhu.Molecular basis and genetic improvement of economically important traits in aquaculture animals（review）〔J〕.Chinese Science Bulletin，2012，57：1751－1760.

〔19〕沈雪达，苟伟明.我国稻田养殖发展与前景探讨〔J〕.中国渔业经济，2013，2（31）：151－156.

〔20〕王峰，雷霁霖，高淳仁，等.国内外工厂化循环水养殖研究进展〔J〕.中国水产科学，2013，20（5）：1100－1111.

〔21〕农业部渔业渔政管理局.2013年全国渔业经济统计公报〔J〕.中国水产，2014（7）.

〔22〕邓伟，李巍，张振东，等.中国现代水产种业建设的思考〔J〕.中国渔业经济，2013，2（31）：5－12.

〔23〕戈贤平，缪凌鸿.我国大宗淡水鱼产业发展现状与体系研究进展〔J〕.中国渔业质量与标准，2011，1（3）：22－31.

〔24〕李明爽，林连升，赵蕾.我国水产种业发展现状，趋势与对策探析〔J〕.中国渔业经济，2013，31（2）：139－145.

〔25〕王书，高磊.我国水产种业发展的几点思考〔J〕.广东农业科学，2012，39（15）：153－155.

〔26〕Food and Agricultural Organization.The State of World Fisheries and Aquaculture 2012〔C〕.Rio de Janeiro：Food and Agricultural Organization，2012.

〔27〕Food and Agricultural Organization.The State of World Fisheries and Aquaculture 2014〔C〕.Rome：Food and Agricultural Organization，2014.

〔28〕Y.Li，S.Liu，Z.Qin，et al.Construction of a high－density，high－resolution genetic map and its integration with BAC－based physical map in channel catfish〔J〕.DNA Research，2015，22：39－52.

〔29〕唐启升，丁晓明，刘世禄，等.我国水产养殖业绿色、可持续发展战略与任务〔J〕.中国渔业经济，2013，2（32）：6－14.

〔30〕孙效文，鲁翠云，贾智英，等.水产动物分子育种研究进展〔J〕.中国水产科学，2009，16（6）：981－990.

撰稿人：李家乐　邹曙明　邱高峰　刘其根　谭洪新　黄旭雄

水产动物疾病学科发展研究

一、引言

水产养殖动物疾病研究在水产科学研究和服务水产养殖健康可持续发展方面占有重要地位。近两年来，我国水产养殖动物疾病学科的研究水平得到了进一步提高，在基础研究方面，对一些重要病原的致病机理的研究取得了可喜的成绩，研究工作在国内外的影响不断提高；在服务水产养殖病害防治方面，则在疫苗和健康养殖管理方面也取得了良好的成绩。在学科水平不断提高，以及水产病害防治效果不断增强的同时，水产动物疾病研究的队伍也不断壮大，在高校、一些专业的国家和省级研究机构中，水产病害方面的研究队伍都有发展壮大的趋势，不断推动着我国水产疾病学科的发展。

二、寄生虫病研究进展

寄生虫病方面的研究主要集中在粘孢子虫、小瓜虫、刺激隐核虫、单殖吸虫等引起的病害方面，推动了对寄生虫发病规律的认识和病害防治水平的提高。此外，鱼类寄生虫的区系研究也在一些地区得以持续开展，不断填补着我国动物区系的一些空白。

（一）粘孢子虫与粘孢子虫病研究

对粘孢子虫的研究，主要集中在我国淡水养殖重要品种异育银鲫（*Carassiusauratusgibelio*）的寄生粘孢子虫的种类组成与流行病学、粘孢子虫的生活史、粘孢子虫的危害机制与粘孢子虫病的控制等方面，更有学者完成了粘孢子虫的基因组测序工作。中国科学院水生生物研究所的科研人员通过广泛的调查，发现感染异育银鲫的粘孢子虫有 40 余种，而近些年来常见的异育银鲫粘孢子虫主要包括武汉单极虫（*Thelohanellus wuhanensis*）、汪氏单极虫（*T.wangi*）、龟甲单极虫（*T.testudineus*）瓶囊碘泡虫（*Myxobolus ampullicapsulatus*）、洪湖碘泡虫（*M.honghuensis*）、吴李碘泡虫（*M.wulii*）、塔形碘泡虫（*M.pyramidis*）、饼形碘泡虫（*M.artus*）、丑陋圆形碘泡虫（*M.turpisrotundus*）、住心碘泡虫（*M.hearti*）、倪李碘泡虫（*M.nielii*）、银鲫碘泡虫（*M.gibelioi*）、多涅茨尾孢虫（*Henneguyadoneci*）、滴状尾孢虫（*H.globulata*）等[1]。其中，武汉单极虫、汪氏单极虫、洪湖碘泡虫分别是引起异育银鲫寸片"肤孢子虫病""鳃孢子虫病"的病原与"喉孢子虫病"的病原，这三种疾病是当前危害异育银鲫养殖的最主要的粘孢子虫病，而其他粘孢子虫对宿主在病理上以及引起的死亡程度上的影响，都相对较低。

华中农业大学和中国科学院水生生物研究所的科研人员在引起异育银鲫寸片"肤孢子虫病"的病原——武汉单极虫的流行病学、生活史以及防治方面取得显著的成绩。武汉单极虫的孢子由一层膜包裹，寄生于宿主皮肤的真皮层，造成表皮细胞的坏死、脱落，真皮层有大量黑色素细胞聚集造成包囊表面呈现黑斑。同时，武汉单极虫的孢囊膜侵入到鱼体组织中去，推测这可能是武汉单极虫获取营养物质的途径[2]。通过对病原、鱼、水样、底泥寡毛类环节动物的调查研究，掌握了武汉单极虫全生活史阶段在底泥寡毛类、水体及宿主鱼中的时空分布规律，4月初（水温为15℃）池塘水体中便可检出放射孢子虫；放射孢子虫在鱼苗从孵化下塘培育寸片鱼种一周内就可侵染宿主，最短半月就可在宿主皮肤上形成肉眼可见的胞囊，说明武汉单极虫在宿主体内的孢子发生期较其他粘孢子虫的短。其生活史需要经历苏氏尾鳃蚓（*Branchiura sowerbyi*）体内发生的雷氏放射孢子虫（*Raabeia* sp.）阶段[3]。同时，筛选到杀灭水体放射孢子虫的药物，并建立了生态调控措施以消减水体中感染期放射孢子虫的丰度，从而降低武汉单极虫的感染率。

中国农业科学院饲料研究所的研究人员联合国内相关机构的科研人员完成了吉陶单极虫（*T.kitauei*）基因组序列草图，其基因组大小为188.5Mb，注释了16638个蛋白编码基因[4]。发现大量的多细胞生物的生命活动过程基因以及多细胞后生动物信号通路基因，支持吉陶单极虫是一种多细胞的后生动物；发现吉陶单极虫具有强大的消化蛋白和内吞脂肪的能力，其能量主要是通过有氧代谢的方式获得，具有新颖的几丁质合成基因及合成（代谢）途径；筛选到一批已报道药靶的同系物，其中许多与蛋白酶、低密度脂蛋白受体、几丁质合成途径相关酶及其他寄生虫较成熟药靶相关[5]。本研究为吉陶单极虫及其他粘孢子虫的研究提供了大量有价值的数据，为防治吉陶单极虫及其他粘孢子虫病奠定了基础。

此外，中国科学院水生生物研究所、中国水产科学研究院淡水渔业研究中心、华中农业大学的学者还开展了比较系统的水体中放射孢子虫的鉴定及对应的粘体动物的鉴定等涉及粘孢子虫生活史方面的研究[6]，这对揭示粘体动物的生活史以及对粘体动物病害的有效防控具有重要的理论意义。亦有学者开展了海水养殖鱼类的寄生粘孢子虫的工作，发现一些种类是重要养殖鱼类的病原。

（二）多子小瓜虫病与刺激隐核虫病研究

多子小瓜虫（*Ichthyophthirius multifiliis*）病，又称白点病，是淡水鱼类常见的寄生虫疾病，感染初期不易发现，临床上出现小白点时已是中度或重度感染，易引起暴发性死亡。小瓜虫病的防治是水产业持续健康发展的严重障碍，也是水产科技工作者有待攻克的科学难关。近年来，上海海洋大学、暨南大学和西北农业科技大学的学者在多子小瓜虫病的防治方面做出了有益的尝试，虽然取得了一定的成效，但离实际应用尚有相当长的距离。利用化学药品，包括福尔马林、硫酸锌、硫酸铜与硫酸亚铁合剂、生姜和辣椒合剂等，开展了对小瓜虫病的防治效果试验。利用植物补骨脂（*Psoralea corylifolia*）和五倍子（*Gallachinensis*）开展了有效成分的提取和杀虫试验，发现对感染性幼虫和成虫均有一定的杀灭作用，显示出利用中草药防治多子小瓜虫病的前景。吉林省水产科学研究院的科研人员利用小瓜虫异动抗原基因，构建表达质粒，并以此作为核酸疫苗，获得了较好的对小瓜虫病的免疫保护效果，为小瓜虫病疫苗的研发奠定了基础[7]。

对海水养殖鱼类刺激隐核虫（*Cryptocaryon irritans*）的研究呈现可喜的发展态势，中山大学的科研人员在这方面取到了带头和引领作用。他们在利用鱼体的生理指标和养殖水体水质指标实现对刺激隐核虫病的预警、利用质谱技术鉴定刺激隐核虫生活史不同阶段的蛋白组成并筛选可能的疫苗候选抗原、鉴定对刺激隐核虫有天然抗性的黄斑篮子鱼（*Siganus oramin*）的抗刺激隐核虫的有效分子及其作用机制研究，以及宿主对刺激隐核虫感染的免疫反应等研究方面都取得良好的进展[8]。福建农林大学、福建省农业科学院和宁波大学的科研人员尝试在分子水平开展刺激隐核虫的株系变异以及快速诊断方面的工作。

（三）其他寄生虫病与寄生虫多样性研究

指环虫是严重危害水产养殖的寄生虫，寄生在鱼的鳃瓣上，当指环虫密度高时会严重影响鱼体与外界氧气和离子交换，进而导致鱼体死亡，也可能导致继发性感染，给养殖生产造成毁灭性的打击。除了尝试利用杀虫药物防治指环虫病外，西北农林科技大学与中国科学院水生生物研究所的科研人员尝试利用中药资源开展杀灭指环虫药物的筛选工作。以牵牛子为天然植物药，通过甲醇粗提，然后再依次用石油醚、氯仿、乙酸乙酯、甲醇、水分别进行固液萃取，发现甲醇萃取部分对指环虫具有很好的杀灭活性。通过对甲醇萃取部分采用硅胶柱层析、C18层析柱、凝胶层析分离方法跟踪活性化合物，从牵牛子中分离得到5个化合物，分别为：咖啡酸甲酯、棕榈酸、β-谷甾醇、pharnilatin A和12-羟基松香酸。狼毒大戟的石油醚、正丁醇、水、乙酸乙酯提取物中，其乙酸乙酯提取物均能有效杀灭坏鳃指环虫，而其他提取物对坏鳃指环虫成虫没有明显效果[9]。这些研究，为开发利用中草药资源在水产动物病害中的防治提供了有益的尝试。

寄生虫区系方面的研究主要体现在两个方面：一是针对某一个或者一类寄主或者寄生虫开展的区系方面的工作；另一类则是针对特定的地理区域或者水系开展的鱼类寄生虫区

系研究。前一类的研究主要有，宁夏大学学者完成的金鱼的三代虫种类多样性的研究，发现了我国的一些新纪录种，如 *Gyrodactylusgurleyi* 和 *G.longoacuminatus* [10]，重庆师范大学学者开展的南海鱼类的寄生车轮虫调查，河北师范大学的学者开展的海洋鱼类寄生旋尾虫和异尖线虫的系统发育和中山大学学者开展的有关海洋鱼类单殖吸虫的系统发育方面的工作。另一方面，新疆农业大学、中国科学院水生生物研究所、湖南文理学院以及中国水产科学研究院淡水渔业研究中心的学者分别开展了新疆、湖北、湖南、江苏等地一些水体的鱼类寄生虫多样性调查，描述了一些寄生虫的新纪录，甚至新种。这些研究不断丰富和完善着的我国的动物区系。

三、细菌性疾病的研究进展

长期以来，细菌性疾病是我国水产养殖的重要危害。尽管在细菌病的防治特别是免疫防治方面尚没有取得明显的进展，但是，在病原菌的鉴定与检测、致病机理、弱毒株构建、保护性抗原筛选、鱼类肠道微生物等方面取得了良好的进展，所涉及的养殖动物则包括无脊椎动物和脊椎动物，脊椎动物中包括了蛙、鱼类和鳖等，鱼类更是包括了冷水鱼、温水鱼和热带鱼，研究工作不断满足水产业发展的需求。

（一）爱德华氏菌病

长期以来，我国流行的爱德华氏菌被认为是迟缓爱德华氏菌（*Edwardsiella tarda*）和鲇爱德华氏菌（*E.ictaluri*）。近年来，在多重系统进化分析和基因组测序的基础上，国外学者和华东理工大学的学者将迟缓爱德华氏菌重新划分为三个种：鳗爱德华氏菌（*E.anguillarum*）、杀鱼爱德华氏菌（*E.piscicida*）以及迟缓爱德华氏菌[11]。鳗爱德华氏菌和杀鱼爱德华氏菌感染鱼类宿主。鳗爱德华氏菌基因组编码 3 套Ⅵ型分泌系统以及 2 套Ⅲ型分泌系统，其易感宿主为鳗鲡；杀鱼爱德华氏菌基因组仅编码一套Ⅵ型和一套Ⅲ型分泌系统，其易感宿主为海水养殖鱼类。由于这一新的分类系统还没有被广泛接受和采纳，本文继续使用迟缓爱德华氏菌和鲇爱德华氏菌。

我国学者在迟缓爱德华氏菌致病机理研究方面取得了重要进展。迟缓爱德华氏菌 TX01 的 2 种溶菌酶抑制剂 ivy 和 mliC 被发现，并被证明是其重要毒力因子[12, 13]。重组溶菌酶抑制剂 rMliC 能抑制溶菌酶对革兰氏阳性细菌的裂解，并能在体内促进迟缓爱德华氏菌在组织中的扩撒。毒力岛Ⅲ型分泌系统是迟缓爱德华氏菌最重要的毒力因子之一。EseG 和 EseJ 被鉴定为Ⅲ型分泌系统的效应分子蛋白，EseG 的过表达可解聚宿主的微管蛋白，而迟缓爱德华氏菌借助 EseJ 得以在宿主体内繁殖[14, 15]。宿主巨噬细胞通过识别Ⅲ型分泌系统"偶然"运送的鞭毛蛋白激活程序性细胞死亡，从而释放胞内细菌以及炎症因子 IL-1β，引起炎症反应，清除体内细菌；而迟缓爱德华氏菌通过下调鞭毛的表达来逃避宿主的先天性免疫反应[16]。

我国学者在预防迟缓爱德华氏菌感染的疫苗和免疫增强剂方面的研究亦取得进展。迟缓爱德华氏菌的 6 个外膜蛋白被发现在其与鱼类或人类细胞相互作用时被上调表达，其中 OmpA 和 ETAE_0245 被发现在小鼠体内能够诱导杀菌抗体的产生[17]。脂多糖和 β-葡聚糖作为疫苗免疫刺激剂使用可显著增强牙鲆的免疫应答水平，提升迟缓爱德华氏菌甘油醛-3-磷酸脱氢酶这一亚单位疫苗的免疫效果[18]。黄海所的研究人员发现迟缓爱德华氏菌弱毒疫苗 LSE40ΔaroAΔesrB、LSE40ΔaroAΔesaC、LSE40ΔaroAΔevpH 能对牙鲆提供较好的免疫保护[19]。

此外，中山大学的科研人员在迟缓爱德华氏菌抗生素抗性机理的研究方面取得重要进展。迟缓爱德华氏菌结合氨苄抗性的蛋白被发现为 ETAE_0175 and ETAE_3367，且后者与三羧酸循环以及糖酵解途径密切相关；通过气相色谱—质谱法，发现果糖的丰度在迟缓爱德华氏菌卡那抗性菌株中被抑制，而将卡那抗性菌株与果糖共抚育使得菌体对卡那抗性敏感，果糖能激活 TCA 循环以产生 NADH，而 NADH 产生的质子动力势能提高抗生素的摄取[20]。这一研究成果对鱼类防病养殖中饲料配伍提供重要指导。

引起爱德华氏菌病的另一种病原为鲇爱德华氏菌，亦有学者称之为鲴爱德华氏菌，是否是随着斑点叉尾鲴（*Ictalurus punctatus*）的引进而被传入我国的，目前尚没有定论。然而，一个事实是，在斑点叉尾鲴引进之前或者大规模养殖之前，我国是没有这一病原菌的报道的。随着鲇形目鱼类养殖地域和种类的增加，鲇爱德华氏菌的危害程度和被报道的频率也不断增加。近年来不断兴起的黄颡鱼（*Pelteobagrus fulvidraco*）和长吻鮠（*Leiocassis longirostris*）的养殖常常受到鲇爱德华氏菌的严重影响，该病原在湖北、江西、广东、四川以及东北等区域都有报道。江西农业大学和大连海洋大学的学者分别建立了基于 16SrRNA 和胶体金免疫层析试纸条的鲇爱德华氏菌的检测方法，中国科学院水生生物研究所的学者则检测了黄颡鱼养殖周期中鲇爱德华氏菌的数量变动规律，发现鲇爱德华氏菌感染在整个养殖周期都存在。大连海洋大学的学者对鲇爱德华氏菌的Ⅵ型分泌系统进行了研究，阐明了溶血素共调节蛋白的作用并构建了缺失突变株。鲇爱德华氏菌在我国的分布、危害程度、致病机理、防治措施等有待进一步的研究。

（二）气单胞菌病

气单胞菌是影响我国水产养殖业养殖种类比较多，危害比较严重一类病原。近年来，报道的气单胞菌属的种类包括嗜水气单胞菌（*Aeromonas hydrophila*）、维氏气单胞菌（*A.veronii*）、杀鲑气单胞菌（*A.salmonicida*）、豚鼠气单胞菌（*A.caviae*）、温和气单胞菌（*A.sobria*）等，感染的养殖对象包括大鲵、温水和冷水鱼类、中华鳖等。然而，研究工作大多集中在嗜水气单胞菌。

长期以来，嗜水气单胞菌一直都是我国水产养殖业的重要病害，作为淡水鱼类爆发性败血症的病原，在一些大型水体和养殖池塘常有发生，而且其感染对象更是包括大鲵、中华鳖以及一些冷水鱼类，危害面和危害程度似乎有扩大的趋势。然而，近期的研究工作主要集中在诊断方法与鉴定、毒力基因分析与分型、感染机制、外膜蛋白的致病性与保护性抗原的筛选、菌苗的应用等方面。贵州省水产技术推广站、中国水产科学研究院珠江水产研究所、广西大学、福州市海洋与渔业技术中心的科研人员利用一些毒力基因和16SrDNA和脉冲场凝胶电泳（pulsed field gel electrophoresis，PFGE）对嗜水气单胞菌进行了分型。然而，我国水产养殖区流行或者分布的嗜水气单胞菌的类型组成目前尚不得而知。

集美大学的学者采用间接 ELISA 技术研究嗜水气单胞菌黏附鳗鲡表皮黏液的黏附特性，并采用转座突变技术研究了嗜水气单胞菌黏附的分子机制，发现嗜水气单胞菌鞭毛蛋白基因 FlgC、FlgN 及 CobQ/CobB/MinD/ParA 蛋白家族基因突变后该菌的黏附能力均显著降低，说明嗜水气单胞菌黏附的分子机制可能与这些基因密切相关，推动了嗜水气单胞菌感染机制的认识[21, 22]。珠江水产研究所、华中农业大学、上海海洋大学的学者分别研究了嗜水气单胞菌外膜蛋白 A（outer membrane protein A，OmpA）和 OmpTS，以及气溶素蛋白的免疫保护作用，对推动嗜水气单胞菌基因工程疫苗的研制起到了积极的作用[23]。为了寻求有效的免疫保护措施，华中农业大学和中国水产科学研究院长江水产研究所的科研人员分别在免疫增强剂和灭活疫苗方面，发现甘露寡糖可以有效增加草鱼对嗜水气单胞菌感染的抵抗力，灭活的嗜水气单胞菌对大鲵具有良好的保护效果。

此外，在维氏气单胞菌的组织定位和动态分布，以及一些其他种类的气单胞菌的分离鉴定、药敏试验等方面都取得了积极的进展，包括圆口铜鱼的杀鲑气单胞菌（A.salmonicida）、患肝胆综合征草鱼中分离到的维氏气单胞菌、南方鲇的豚鼠气单胞、斑点叉尾鮰的源温和气单胞菌、温和气单胞菌和维氏气单胞菌（A.veronii）复合感染引起的中华鳖软甲病等。

（三）弧菌病

如同淡水养殖中气单胞菌属的种类，弧菌属的种类也很多，这几年开展研究比较集中的种类包括，鳗弧菌（Vibrio anguillarum）、溶藻弧菌（V.alginolyticus）、哈维氏弧菌（V.harveyi）、创伤弧菌（V.vulnificus）等，对鳗弧菌和溶藻弧菌的研究则比较深入。

鳗弧菌是水产养殖病害中常见的细菌病原，可感染鱼、虾、贝等多种水产动物，引起出血性败血症而导致养殖动物死亡，对养殖业造成重大经济损失。近年来，对鳗弧菌的研究主要聚焦其 VI 型分泌系统以及引起的免疫反应研究。中国水产科学研究院黄海水产研究所的研究人员发现鳗弧菌 M3 的 T6SS 基因簇由 15 个基因组成，在 T6SS 上游有一个弱启动子，形成一个操纵子结构。在此基础上，建立了多个 T6SS 基因的缺失突变株，发现在限铁条件下其生长、运动力以及菌膜形成都明显减弱。利用转录组测序，他们还揭示了对数生长中后期鳗弧菌基因表达情况，检测到 3159 个表达基因，主要是参与细菌代谢的，一些毒力相关基因中，如溶血素基因和 5 金属蛋白酶基因也在转录组中检测到表达。为研究鳗弧菌的致病过程以及宿主产生的免疫反应，中国水产科学研究院黄海水产研究所和厦门大学的学者还开展了鳗弧菌感染后半滑舌鳎 microRNA 的检测以及转录组分析，通过生物信息学分析鉴定得到半滑舌鳎 452 种 miRNAs，其中有 24 种新 miRNAs，22746

条高质量 unigenes 以及 978 个差异表达基因，为进一步研究鳗弧菌引起的宿主免疫反应奠定了基础[24]。北京市水产科学研究所的学者从鳗弧菌提取到一新质粒，命名为 pJV，为构建适合弧菌科的新的载体奠定了基础。

溶藻弧菌在海洋中有相对比较广的分布。在我国，溶藻弧菌的报道主要集中在华南沿海和海南，作为重要的病原菌，可感染对虾、软体动物和多种鱼类，是我国海水养殖的重要危害。针对比较广的分布，中国科学院南海海洋研究所、海南大学的学者对一些海区的溶藻弧菌进行了调查，研究了它们的生理生化差异，但是更详细的分子水平的差异还有待阐明。近年来，对溶藻弧菌的一些重要生理功能基因的鉴定，以及对一些毒力因子的致病性的研究成为热点，这方面的工作主要由广东海洋大学、海南大学和中国科学院南海海洋研究所的学者完成。通过插入突变，构建了一系列基因的突变株，包括与运动、鞭毛和生物膜形成以及毒力相关的基因，并进一步评价了这些突变株的感染力。此外，对溶藻弧菌的一些代谢相关的基因也进行了比较系统的研究，如对碳源的利用和对铁摄取系统蛋白的研究等。

哈维氏弧菌和创伤弧菌是另外两种危害比较严重的弧菌。中国水产科学研究院南海水产研究所的研究人员利用多位点序列分析（multilocus sequence analysis）多株哈维弧菌进行遗传变异分析，发现不同来源的哈维弧菌具有较高的遗传相似度。中国水产科学研究院珠江水产研究所的科研人员利用重组的哈维弧菌外膜蛋白 Ompk，制备亚单位疫苗，获得了对石斑鱼良好的保护效果。此外，海南大学的学者在广东、广西和海南沿海的养殖养殖鱼类中开展的大范围的细菌性病原流行病学调查，共从病鱼体内分离获得弧菌 63 株，其中 45 株为哈维氏弧菌，标明哈维氏弧菌引发的流行病已成为当前华南地区海水鱼的主要细菌性疾病。福建省农业科学院提取纯化了创伤弧菌的荚膜多糖（capsular polysaccha-ride），并对其成分、分子量、毒力和免疫原性进行了分析，发现其具有一定的免疫原性。运用抑制差减杂交技术，鉴定创伤弧菌感染宿主后的免疫相关基因，为揭示鱼类宿主的免疫应答规律奠定了基础。青岛农业大学的科研人员通过生物信息学的方法分析了创伤弧菌的脂蛋白的基因组成，为进一步研究脂蛋白在创伤弧菌致病过程中的作用奠定了基础。

此外，广东海洋大学的研究人员开展了溶藻弧菌、哈氏弧菌、副溶血弧菌三种弧菌的交叉保护性抗原的鉴定以及保护性效果评价工作。利用石斑鱼抗溶藻弧菌的抗血清对溶藻弧菌、哈氏弧菌、副溶血弧菌的全细菌蛋白进行免疫蛋白质组学研究，分别筛选得到 56、58、48 种交叉抗原，在此基础上发现了 6 个交叉抗原，分别为外膜蛋白 W、ABC 转运结合蛋白、二氢硫辛酰胺脱氢酶、磷酸烯醇式丙酮酸羧激酶、琥珀酸脱氢酶、延伸因子，利用这些蛋白免疫鱼体获得了对哈维氏弧菌、溶藻弧菌、副溶血弧菌的良好保护效果。

（四）链球菌病

无乳链球菌（*Streptococcus agalactiae*）是近年来危害罗非鱼养殖业的重大病原菌，也成为水产科技工作者面临的挑战。近年来，开展的研究主要包括快速诊断、流行病学调查、致病机理、保护抗原筛选等。广东省农业科学院、福建省淡水水产研究所的科研工作者，建立了基于基因的检测方法；中山大学的学者在广东开展了罗非鱼无乳链球菌病的流行病学调查，发现分离到的无乳链球菌均为单一的血清型，他们还利用免疫双向电泳的方法鉴定了一批免疫原，有望开展保护性抗原的筛选工作，发展基因工程疫苗。特别值得指出的是广东省农业科学院的学者发展了适合于无乳链球菌的基因缺失突变技术，并成功地研究了密度感应系统的关键酶编码基因的功能，有望实现对无乳链球菌毒力基因进一步研究，并在此基础上对该细菌进行改造。

（五）柱状黄杆菌病

柱状黄杆菌（*Flavobacterium columnare*）是引起淡水鱼类柱形病的病原，在我国亦称烂鳃病。目前，我国有关柱状黄杆菌的研究主要集中在中国科学院水生生物研究所。已成功构建遗传操作系统[25]，主要开展了硫酸软骨素酶、几丁质酶和胶原酶的研究工作，发现柱状黄杆菌分别具有 2 个硫酸软骨素酶和 2 个几丁质酶基因，有 4 个胶原酶基因，对这些基因进行了逐一敲出，在此基础上研究了突变株的生长特性、感染力以及致病性等特点。利用免疫双向电泳技术，鉴定了一系列的免疫原性蛋白，并在此基础上开展免疫保护效果的研究[26]。

（六）香鱼假单胞菌病

香鱼假单胞菌（*Pseudomonas plecoglossicida*）主要感染大黄鱼，以肝脏、肾脏和脾脏出现大量白色结节为主要症状，发病死亡率高，是我国大黄鱼养殖的重要疾病。宁波大学在这方面开展了大量的工作，对香鱼假单胞菌病开展了区域性的流行病学调查，建立了基于环介导等温扩增技术（loop-mediated isothermal amplification）快速诊断技术，可以准确检测大黄鱼内脏白点病的病原。通过对网箱养殖大黄鱼发病情况的监测数据和采样点海洋环境因子的测定数据，应用灰色系统理论探索了网箱养殖大黄鱼细菌性疾病的发生发展规律及其与环境因子的关系；建立了灰色预报模型，预报网箱养殖大黄鱼细菌性疾病的发生时间和发病率，预测结果与实际情况基本一致。然而，对这一病原的其他方面尚有待进一步地研究。

（七）其他细菌引起的疾病

近年来，还从一些生产养殖的种类和观赏养殖种类中，分离到以前较少甚至是没有报道的病原。如，从乌鳢患有体表充血溃疡，腹部膨大腹水，脾、肾、肝等内脏有大量白色结节的个体中分离的诺卡氏菌科的种类、从斜带髭鲷（*Hapalogenysnitens*）幼鱼死亡病例进行病原学方面的检验，分离鉴定到鱼肠道弧菌（*Vibrio ichthyoenteri*）。发现鲁氏耶尔森氏菌（*Yersinia ruckeri*）是西伯利亚鲟的生殖孔周边溃烂，脾脏发黑，性腺有点状出血，继而发生严重溃烂的病原。有学者更是从草鱼腹水中分离出的一株致病菌，经鉴定为肺炎克雷伯菌（*Klebsiella pneumoniae*）。面对种类繁多的养殖对象，以及不同的地理区域和养殖环境，我国水产科技工作者尚需要集中精力对某一种或者某一类开展系统而长期的研究，以求攻克难关，在疾病的预防上取得成功。

四、病毒病研究进展

水产动物的病毒病的发生常给养殖生产带来巨大的经济损失。近年来，随着分子生物研究手段的不断发展，对我国水产动物病毒的种类组成有了更清楚的认识，对它们的感染机制和致病机理的研究也不断深入。在病毒病的防治方面，从疫苗接种的免疫防治和养殖系统的管理两方面都取得了显著的成绩。

（一）草鱼出血病

草鱼出血病由草鱼出血病病毒（grass carp reovirus，GCRV）引起，是我国报道的第一例鱼类病毒。自 20 世纪 70 年代末发现以来，一直都是我国水产养殖的重要病害，其危害的对象是我国单一种类养殖产量最高的草鱼。近年来，在草鱼出血病方面的研究进展主要体现在三个方面：①对我国养殖的草鱼出血病病毒的检测和三种不同基因组的草鱼出血病毒的发现；②对病毒的入侵、组装以及感染机制的研究；③利用病毒的衣壳蛋白或者毒株发展的疫苗研究和应用。

由外国公司（genesig®）根据 GCRV 的 VP2 开发的特异性的引物探针试剂盒可以有效检测 GCRV，其精确度可在 100 拷贝以内。目前，关于 GCRV 分成三种不同基因型（genotype）的问题，已获得了广泛的共识。其中一些病毒株的相似性只有不到 20%，表明这三种类型的病毒株有较大的遗传变异，而且毒株的存在并没有明显的地理分布的特点，这都给我国主要养殖对象草鱼出血病的防治带来了极大的挑战和障碍。

随着对 GCRV-873 株病毒三维结构的解析以及对病毒感染入侵细胞时 VP5 的启动作用的认识，近来许多研究集中在病毒转录复制和病毒包涵体形成的机制，以及病毒介导的细胞融合等方面。同时，近年来还揭示了病毒入侵感染宿主细胞的受体分子。这些研究对于认识病毒的感染机制具有重要的意义。利用 VP6 和 VP7 两个衣壳蛋白，开展了重组蛋白的免疫保护研究，发现它们具有一定的保护效果[27-29]；此外，在土法疫苗的基础上，灭活疫苗的研制近来重新受到了重视，也重新回到了生产实践，相信这样的疫苗将在生产实践中具有良好的应用前景。然而，上述研究都有必要充分考虑三种类型的病毒。

目前，国内有多个研究机构的学者在开展草鱼出血病方面的研究，包括中国科学院水生生物研究所、武汉病毒研究所、中国水产科学研究院珠江水产研究所和长江水产研究所，以及华中农业大学和上海海洋大学。

（二）鲤疱疹病毒病

鲤疱疹病毒 2 型（cyprinid herpesvirus 2，CyHV-2），也称为金鱼造血器官坏死病病毒（goldfish haematopoietic necrosis virus），是一种感染金鱼（*Carassiusauratus*）、鲫（*Carassiusauratus*）及其变种的高致病性双链 DNA 病毒。鲤疱疹病毒 3 型（cyprinid herpesvirus 3，CyHV-3）又称锦鲤疱疹病毒（koi herpesvirus）则可造成鲤鱼和锦鲤大规模发病死亡。CyHV-2 是近年来在我国长江中下游地区引起鲫，特别是异育银鲫养殖的重要病原，病鱼的主要症状为体表、鳃和内部器官出血，病毒感染常引起大量死亡，给养殖生产带来巨大的损失。目前，对 CyHV-2 的研究主要集中在诊断、鱼体感染后的病理变化等方面。流行病学调查显示，这种病毒的危害虽主要在长江流域的鲫鱼养殖区，但该病毒在我国北方地区也有比较广泛的分布，在自然水体的鲫鱼也有该病毒的检出。对于鲤疱疹病毒 2 型病毒病，目前尚无有效的防治对策。这方面的工作主要在华中农业大学、长江水产研究所和上海海洋大学展开。中山大学的学者对所分离到的三株 CyHV-3 病毒进行了全基因组测序和系统的蛋白组学鉴定，在病毒的免疫逃避基因、病毒感染细胞后的 miRNA 等方面有一些有趣的发现[30]。

（三）虹彩病毒病

虹彩病毒隶属于虹彩病毒科，包含 5 个属，即蛙病毒属（*Ranavirus*）、淋巴囊肿病毒属（*Lymphocystivirus*）、肿大细胞病毒属（*Megalocytivirus*）、虹彩病毒属（*Iridovirus*）和绿虹彩病毒属（*Chloriridovirus*），它们中的很多种类不仅是鱼类的病原，也是两栖类和爬行类动物的病原。

近年来在我国研究比较多，而且比较深入的鳜（*Sinipercachuatsi*）传染性脾肾坏死病毒（infectious spleen and kidney necrosis virus，ISKNV）病，是一种肿大细胞病。中山大学的研究人员研究了这种病毒多个分子的致病机理，通过改造该病毒，发展了免疫防治方法[31]。同时，他们从我国北方养殖的鳜类中鉴定一种新的肿大细胞病毒，并通过灭活疫苗的方法，建立了这种病毒的免疫防治方法。

中国科学院南海海洋研究所的研究人员对属于蛙病毒属的石斑鱼虹彩病毒（singapore grouper iridovirus，SGIV）进行了持续研究。近期，他们应用单颗粒成像与示踪技术并结合分子生物学手段，实时追踪了单个 SGIV 的病毒粒子进入石斑鱼宿主细胞的精细动态过程，观察到病毒是借助细胞表面的丝状伪足进入细胞，同时发现病毒在细胞内运动需要依赖微丝和微管，他们在病毒的复制的机理方面也取得了良好的进展，发现病毒的一条 miRNA 可以抑制病毒引起的细胞凋亡[32]。

中国科学院水生生物研究所、中国水产科学研究院长江水产研究所和中山大学的学者还开展了大鲵的虹彩病毒病的研究，目前基因组已经被测序[33]，引起的宿主的免疫反应也从转录组的角度进行了探讨，但是防治问题尚有待攻克。

当然，还有更多的研究者投入到了细胞系的建立和其他虹彩病毒的分离工作，如从多种养殖鱼类中分离到的弹状病毒和神经坏死病毒，已经报道的虹彩病毒种类繁多，学者们面临的问题也同样堆积如上。

（四）其他病毒病

特别值得指出的是对虾白斑综合征病毒病的研究，近来的研究多集中在对虾的免疫系统和对虾白斑综合征病毒的分子与宿主的相关作用，浙江大学的学者在病毒的 miRNA 促进病毒的感染方面有了全新的发现，相信这些研究将会有助于对对虾病毒病发生的认识[34]。中山大学的学者在对虾养殖系统的生态管理方面引入了一些新的理念，通过在养殖系统放养一定数量的鱼类，可以有效控制或者减少对虾病害的防治，保证对虾养殖生产的顺利进行。此外，有学者报道了在对虾中分离的肝胰腺细小病毒（hepatopancreatic par-vovirus）。

随着冷水鱼类养殖在我国的发展，一些原本在我国没有报道的疾病，如传染性胰腺坏死病毒（infectious hematopoietic necrosis virus）引起的虹鳟疾病，东北农业大学的学者在病原的分离鉴定和检测以及免疫防治方面都取得成功[35, 36]。

尽管水产疾病的科学研究取得了一些进展，但尚不能满足水产养殖业持续健康发展的需求，特别是面对我国这样一个地理区域和养殖环境多样化，而养殖种类又十分丰富的水产养殖大国，水产科技工作者面临的挑战巨大，需要付出坚持不懈的努力，才有可能对水产业有些许贡献。

── 参考文献 ──

［1］章晋勇，习丙文，袁圣，等.异育银鲫粘孢子虫及粘孢子虫病［C］.中国水产学会鱼病专业委员会 2013 年学术研讨会，2013.

［2］柳阳，黄明军，贾洛，等.武汉单极虫对异育银鲫的病理损伤及其超微结构研究［C］.中国水产学会鱼病专业委员会 2013 年学术研讨会，2013.

［3］章晋勇，汪建国.武汉单极虫生活史及流行病学研究［C］.中国水产学会鱼病专业委员会 2013 年学术研讨会，2013.

［4］Y .Yang，J.Xiong，Z.Zhou，et al.The genome of the myxosporean *Thelohanellus kitauei* shows adaptations to nutri-ent acquisition within its fish host［J］.Genome Biology and Evolution，2014，6（12）：3182–3198.

［5］杨雅麟，熊杰，周志刚，等.吉陶单极虫（*Thelohanellus kitauei*）基因组信息揭示了其强大的寄主（鲤鱼）营养剥夺能力［C］.中国水产学会鱼病专业委员会 2013 年学术研讨会，2013.

［6］翟艳花，周莉，桂建芳.一种雷氏放射孢子虫的鉴定及其特征描述［J］.水生生物学报，2013，37：132-138.

［7］闫春梅，郑伟，张雅斌，等.小瓜虫抑动蛋白基因核酸疫苗制备［J］.中国兽医学报，2014，34：1940-1944.

［8］Y.Z .Mai，Y.W.Li，R.J.Li，et al.Proteomic analysis of differentially expressed proteins in the marine fish parasitic ciliate *Cryptocaryon irritans*［J］.Vet Parasitol，2015，211：1–11.

［9］郝冰.牵牛子杀灭鱼类指环虫活性成分的研究［D］.西北农林科技大学，2012.

［10］李冉冉.金鱼寄生三代虫的形态学及分子鉴定［D］.宁夏大学，2013.

［11］S .Shao，Q .Lai，Q .Liu，et al.Phylogenomics characterization of a highly virulent *Edwardsiella strain* ET080813T encoding two distinct T3SS and three T6SS gene clusters: Propose a novel species as *Edwardsiella anguillarum* sp.nov［J］.Systematic Applied Microbiology, 2015, 38（1）: 36–47.

［12］ M.F.Li, C .Wang, L.Sun.*Edwardsiella tarda* MliC, a lysozyme inhibitor that participates in pathogenesis in a manner that parallels Ivy［J］.Infection and Immunity.2015, 83（2）: 583–590.

［13］ C.Wang, Y.H.Hu, B.G.Sun, et al.*Edwardsiella tarda* Ivy, a lysozyme inhibitor that blocks the lytic effect of lysozyme and facilitates host infection in a manner that is dependent on the conserved cysteine residue［J］.Infection and Immunity, 2013, 81（10）: 3527–3533.

［14］ H.X.Xie, J.F.Lu, Y.Zhou, et al.Identification and functional characterization of the novel *Edwardsiella tarda* effector EseJ［J］.Infection and Immunity, 2015, 83（4）: 1650–1660.

［15］ H.X.Xie, H.B.Yu, J.Zheng, et al.EseG, an effector of the type III secretion system of *Edwardsiella tarda* triggers microtubule destabilization［J］.Infection and Immunity, 2010, 78（12）: 5011–5021.

［16］ H.X.Xie, J.F.Lu, N .Rolhion, et al.*Edwardsiella tarda*–induced cytotoxicity depends on its type three secretion system and flagellin［J］.Infection and Immunity, 2014, 82（8）: 3436–3445.

［17］ C .Wang, Y.Liu, H.Li, et al.Identification of plasma–responsive outer membrane proteins and their vaccine potential in *Edwardsiella tarda*using proteomic approach［J］.Journal of Proteomics, 2012, 75（4）: 1263–1275.

［18］ J .Diao, H.B .Ye, X.Q.Yu, et al.Adjuvant and immunostimulatory effects of LPS and β –glucan on immune response in Japanese flounder, Paralichthys olivaceus［J］.2013, 156（3–4）: 167–175.

［19］ J.Li, Z .Mo, G .Li, et al.Generation and evaluation of virulence attenuated mutants of *Edwardsiella tarda* as vaccine candidates to combat edwardsiellosis in flounder（*Paralichthys olivaceus*）［J］.Fish and Shellfish Immunology, 2015, 43（1）: 175–180.

［20］ Y.B.Su, B .Peng, Y .Han, et al.Fructose restores susceptibility of multidrug–resistant *Edwardsiella tarda* to kanamycin［J］.Journal of Proteome Research, 2015, 14（3）: 1612–1620.

［21］ X.Jiang, Y.X .Qin, G.F.Lin, et al.FlgN plays important roles in the adhesion of *Aeromonas hydrophila* to host mucus［J］.Genetics and Molecular Research, 2015, 14（2）: 6376–6386.

［22］ Y .Qin, G .Lin, W .Chen, et al.Flagellar motility contributes to the invasion and survival of *Aeromonashydrophila* in *Anguilla japonica* macrophages［J］.Fish and Shellfish Immunology, 2014, 39（2）: 273–279.

［23］ S .Gao, N .Zhao, S .Amer, et al.Protective efficacy of PLGA microspheres loaded with divalent DNA vaccine encoding the *ompA* gene of *Aeromonas veronii* and the *hly* gene of *Aeromonas hydrophila* in mice［J］.Vaccine, 2013, 31（48）: 5754–5759.

［24］ X .Zhang, S .Wang, S .Chen, et al.Transcriptome analysis revealed changes of multiple genes involved in immunity in *Cynoglossus semilaevis* during *Vibrioanguillarum* infection［J］.Fish and Shellfish Immunology, 2015, 43（1）: 209–218.

［25］ N.Li, T .Qin, X.L.Zhang, et al.Development and use of a gene deletion strategy to examine the two chondroitin lyases in virulence of *Flavobacterium columnare*［J］.Applied and Environmental Microbiology, 2015, 81（21）: 7394–7402.

［26］ Z.X.Liu, G.Y.Liu, N .Li, et al.Identification of immunogenic proteins of *Flavobacterium columnare* by two-dimensional electrophoresis immunoblotting with antibacterial sera from grass carp, *Ctenopharyngodon idella*（Valenciennes）［J］.Journal of Fish Diseases, 2012, 35: 255–263.

［27］ 徐诗英 .草鱼呼肠孤病毒外衣壳蛋白 VP7 核酸疫苗的研究［D］.南京师范大学, 2012.

［28］ 刘林, 徐诗英, 李婧慧, 等 .草鱼出血病病毒 VP6 蛋白的原核表达、纯化及免疫效果［J］.水产学报, 2012, 36（3）: 429–435.

［29］ S.Luo, L .Yan, X .Zhang, et al.Yeast surface display of capsid protein VP7 of grass carp reovirus: fundamental investigation for the development of vaccine against hemorrhagic disease［J/OL］.Journal of microbiology and bio-technology, 2015.doi: 10.4014/jmb.1505.05041.

［30］ W .Li, X.Lee, S .Weng, et al.Whole-genome sequence of a novel Chinese cyprinid herpesvirus 3 isolate reveals the existence of a distinct European genotype in East Asia［J］.Veterinary Microbiology, 2015, 175（2-4）: 185-194.

［31］ C .Dong, X .Xiong, Y .Luo, et al.Efficacy of a formalin-killed cell vaccine against infectious spleen and kidney necrosis virus（ISKNV）and immunoproteomic analysis of its major immunogenic proteins［J］.Veterinary Microbiology, 2013, 162（2-4）: 419-428.

［32］ C .Guo, Y .Yan, H.Cui, et al.miR-homoHSV of Singapore grouper iridovirus（SGIV）inhibits expression of the SGIV pro-apoptotic factor LITAF and attenuates cell death［J］.PLoS ONE, 2013, 8（12）: e83027.

［33］ Z .Chen, J .Gui, X .Gao, et al.Genome architecture changes and major gene variations of *Andrias davidianus ranavirus*（ADRV）［J］.Veterinary Research, 2013, 44: 101.

［34］ Y .He, K .Yang, X .Zhang.Viral microRNAs targeting virus genes promote virus infection in shrimp in vivo［J］.Journal of Virology, 2014, 88（2）: 1104-1112.

［35］ 吉尚雷 . 一株传染性造血器官坏死病病毒分离鉴定、全基因组测序分析及糖蛋白原核表达［D］. 吉林农业大学, 2014.

［36］ 张英 . 传染性胰腺坏死病毒 VP2-VP3 虹鳟肠道乳杆菌表达系统的免疫学评价［D］. 东北农业大学, 2014.

撰稿人：聂　品　谢海侠　昌鸣先

水产动物营养与饲料学科发展研究

一、近年来我国水产动物营养与饲料研究进展

近两年，我国处于"十二五"规划的关键时期，亦是承上启下的重要历史转折期。在此期间，我国水产动物营养与饲料研究蓬勃发展，这为我国水产饲料产业乃至养殖产业快速平稳的发展提供了助力。在此期间研究经费相对充足，各项工作均有条不紊地进行。分别在水产动物营养需要量数据库的构建、饲料原料生物利用率、蛋白质营养和替代、脂肪营养和替代、糖类、维生素和矿物质营养、添加剂开发、仔稚鱼与亲本营养、食品安全与水产品品质以及高效环保饲料开发进行了大量研究，取得了一系列重要的研究成果，以上成果为推动我国水产饲料产业，以及我国水产养殖业的健康可持续发展做出了巨大贡献。

（一）构建主要水产养殖种类营养需要以及饲料原料利用率数据库

营养需要参数是水产养殖动物饲料配方的基础，也是该研究领域的基石。近两年，集中了全国水产营养饲料研究和开发的主要技术力量，继续完善我国主要水产养殖品种营养素的需要量。研究对象广泛，涉及大黄鱼、花鲈、军曹鱼、石斑鱼、黑鲷、皱纹盘鲍、凡纳滨对虾、草鱼、鲫鱼、团头鲂、罗非鱼、黄颡鱼及中华绒螯蟹等。研究内容主要包括蛋白质、脂肪、必需氨基酸、必需脂肪酸、维生素（A、D、E、C、肌醇、叶酸、生物素、胆碱等），以及主要矿物元素（Ca、P、Fe、Cu、Zn、Se 等）等 38 种营养素。此外，比较研究了我国主要水产养殖品种不同生长阶段的营养素需要量。通过近几年大量的研究工作，基本构建了我国主要养殖品种不同生长阶段 38 种营养素需要量参数的数据库平台，为精准饲料配方设计提供理论基石，为我国水产饲料业乃至水产养殖业健康持续发展奠定坚实的基础。

构建水产养殖代表种类（大黄鱼、花鲈、军曹鱼、石斑鱼、团头鲂、草鱼、鲫鱼、罗

非鱼、凡纳滨对虾和中华绒螯蟹)对常用饲料原料利用率数据库;比较不同实验方法对消化率结果的影响,使消化率数据更加准确、可靠;根据养殖种类食性差异,对20种以上的常规原料(动物性蛋白源:鱼粉、肉粉、肉骨粉、鸡肉粉、血粉、羽毛粉和虾粉等;植物性蛋白源:大豆及其副产物、菜粕、棉粕、花生粕、酵母、酒糟、玉米蛋白粉等)进行评估,经过多年的努力,我国已经基本构建了水产养殖代表种对主要饲料原料生物利用率数据库,为开发营养均衡的人工配合饲料提供了参考和依据。

(二)蛋白质营养及蛋白源替代研究

蛋白质是鱼类最重要的营养素之一,是生物体的重要组成部分,也是生命功能实现的重要物质基础。水产动物对蛋白质的需要量受到其种类大小、饲料蛋白源的营养价值以及环境等多方面的影响。蛋白质不仅参与体内组织的构成,也是酶和激素的重要组成成分,同时也是饲料成本中花费最大的部分。因此饲料蛋白质营养及替代研究一直是水产动物营养的研究热点所在。

1. 蛋白质需要量研究

近两年,我国水产动物营养科研人员研究了多种水产养殖动物的蛋白质需要量,主要包括:长吻鮠幼鱼45%[38]、异育银鲫幼鱼35.1% ~ 37.2%[42]、岩原鲤幼鱼38.9% ~ 40.3%[62]、镜鲤34%[45]、翘嘴鲌45%[65]、尼罗罗非鱼25%[80]、草鱼26.5%[51]、黄河鲇42.5%[64]、团头鲂30%[49]、奥尼罗非鱼24.8%[50]、中华鳖43%[90]、斑节对虾39.7%[83]、刺参32%[75]和方格星虫稚虫46.5%[85]等。这些研究数据的发表为相关养殖品种高效配合饲料的配制提供了数据支持和理论参考。

2. 氨基酸营养研究

氨基酸是构成蛋白质的基本单位,赋予蛋白质特定的分子结构形态,使蛋白质分子具有生化活性。鱼类在不同生长阶段必需氨基酸组成模式不同,因此必需氨基酸需要量也不尽相同[16]。其中,大黄鱼仔稚鱼阶段的最佳氨基酸模式为白鱼粉的氨基酸模式[4]。确定了大鳞鲃的各种氨基酸、吉富罗非鱼亮氨酸和异亮氨酸、鲈鱼幼鱼苏氨酸、胭脂鱼幼鱼赖氨酸和蛋氨酸、团头鲂精氨酸和蛋氨酸的需要量、克氏原螯虾蛋氨酸、凡纳滨对虾幼虾蛋氨酸[24, 54, 92, 46, 78, 18, 19, 11]。

研究越来越关注于氨基酸代谢调控以及对机体生长以及免疫的影响及其作用机制。研究表明饲料中一定含量的谷氨酰胺和牛磺酸能够提高鱼体的免疫力[57, 33]。

3. 蛋白源替代研究

随着水产养殖业的发展,对鱼粉的需要量越来越大。然而,近些年鱼粉产量逐年下降,因此植物蛋白替代鱼粉的研究越来越受到重视。与鱼粉等动物蛋白源相比,植物蛋白具有产量稳定、可持续和价格低廉等优点。然而,植物蛋白存在氨基酸不平衡、抗营养因子和适口性比较差等缺点,限制了其广泛的应用。

豆粕、棉粕、玉米蛋白粉以及小麦蛋白粉等植物蛋白源已经广泛应用在水产养殖当中。但由于适口性差、氨基酸不平衡以及含有抗营养因子等原因，仍需不断的开发新型蛋白源。近年来，豆粕等植物蛋白源在鱼类中的替代水平仍在不断探索。研究发现齐口裂腹鱼饲料中豆粕替代鱼粉蛋白的适宜比例应为 34.25% ~ 45.46%[76]。草鱼摄食菜籽粕替代 32% 鱼粉时不影响生长和免疫指标[21]。日本沼虾[43]、军曹鱼[91]和黄颡鱼[93]饲料中的玉米蛋白粉可以部分替代鱼粉，但而玉米蛋白粉的比例不超过 20% 时。同时，新型蛋白源（鱼肉水解蛋白、蝇蛆粉以及蚕蛹粉等）、复合蛋白源（植物复合蛋白以及动物复合蛋白）以及新的技术手段（酶解技术以及发酵技术）等亦在不断的开发来满足水产养殖业的发展。已有研究表明，蝇蛆粉可以替代不超过 60% 的鱼粉不影响凡纳滨对虾的生长[37]，然而替代鱼粉比例超过 20% 时会显著影响黄颡鱼幼鱼的生长性能[73]；蚕蛹替代 50% 鱼粉可提高吉富罗非鱼的生长性能（王淑雯等，2015 年发现）。类似的是，脱脂蚕蛹可替代建鲤饲料中 50% 以下的鱼粉[84]；动物复合蛋白源（肉骨粉、血粉、鸡肉粉以及蛹肽蛋白）可以替代大菱鲆 30% 的鱼粉。植物复合蛋白源（花生粕：玉米蛋白粉：豆粕：谷朊粉）以及 10% 的蚕蛹（蚕粉）蛋白可以替代大菱鲆 40% 的鱼粉对生长不会产生显著影响（魏艳洁等，2015 年发现）；通过酶解技术所制得的水解鱼蛋白在高水平植物蛋白的饲料可以起到与鱼粉相似的生长效果，促进大菱鲆幼鱼的生长（卫育良等，2014 年发现）。此外，采用微生物富集法，通过选择性培养基成功筛选出能同时降低植酸和单宁等抗营养因子的高效菌株，进行了豆粕和菜籽粕等复合发酵，使植物蛋白替代鱼粉比例从 20% 提高到 50%（苗又青等，2010 年发现）。新型复合蛋白源的开发以及复合蛋白源与新技术手段的应用为鱼粉替代提供了新的思路。

此外，近年来还研究了不同蛋白源对养殖动物蛋白质代谢、氨基酸转运和消化酶活力等相关基因表达的影响，从而提高水产养殖动物对替代蛋白源的利用率，为开发新型蛋白源提供了有力的理论依据。

（三）脂肪营养及脂肪源替代研究

1. 脂肪需要量的研究

脂类对于维持鱼体的正常生理功能及生长发育具有重要作用，脂类主要包括脂肪、磷脂、糖脂及胆固醇等物质。脂肪是鱼体重要的能量来源，可以起到节约蛋白质的作用，还能为其提供生长所必需的脂肪酸，参与鱼体生理功能的调节。同时，还可以作为脂溶性维生素的载体为机体运输必需的维生素。

近两年我国水产动物研究人员补充完善了我国主要养殖品种的脂肪需要量。主要包括，鳡（7.71%；赵巧娥 等，2012 年发现）、梭鱼（9.30% ~ 9.64%；张春暖等，2012 年发现）、吉富罗非鱼（6.19，石桂城等，2012 年发现）、尼罗罗非鱼（8.30% ~ 9.75%；涂玮等，2012 年发现）、奥尼罗非鱼（7.6% ~ 10.7%；韩春艳等，2013 年发现）、红鳍东方鲀（8.93%；孙阳等，2013 年发现）、锦鲤（10.52%；梁拥军等，2012 年发现）、黑尾近红鲌（7.57% ~ 8.49%；李伟东等，2014 年发现）等。除了脂肪需求量的单因素研究以外，双因素的实验（蛋白水平和脂肪水平）也展开相应的研究（Xu 等，2013、2014 年发现）。在研究需求量的同时，脂肪水平对养殖对象免疫力以及脂代谢的影响也得到了广泛的关注（Leng 等，2012 年发现；Jin 等，2013 年发现）。

2. 脂肪酸营养研究

脂肪酸的含量以及种类对养殖生物的生长、存活以及免疫力等均有显著的影响。近两年的研究不仅仅是局限于必需脂肪酸的研究，还对某些非必需脂肪酸（如共轭亚油酸）进行研究。Ma 等 2013 年研究发现饲料中 n-3 长链多不饱和脂肪酸可以显著影响黑鲷的生长以及脂肪酸组成，并发现其最适需求量为 0.94%。Xu 等 2014 年发现 DHA/EPA 可以显著影响花鲈的生长、免疫以及抗应激能力。Tian 等 2014 年发现 ARA 可以显著改善饲料摄食率并对脂肪代谢以及免疫性能显著影响。Tan 等 2013 年研究发现共轭亚油酸可以提高鱼体的生长性能、降低脂肪沉积并提高 CPTI 的表达量来促进氧化（Tan 等，2013 年发现）。

3. 脂肪源替代研究

鱼油替代仍是研究的一个重要方向。植物油由于来源稳定，价格低廉，脂肪酸比例较为得当等原因得到关注，成为替代鱼油的一个重要选择。潘瑜等 2014 年发现以亚麻油替代 25% 鱼油时鲤鱼的生长效果最好，而完全替代鱼油会阻碍鲤鱼的生长，并危及肝胰脏的健康。在大菱鲆的研究中发现，大菱鲆饲料中亚麻籽油以及豆油替代水平应低于 66.7%，且大菱鲆饲料中 n-3 长链多不饱和脂肪酸含量需大于 0.8%[15]。彭祥和等 2014 年则发现以亚麻籽油替代 50% 鱼油时罗非鱼的生长效果最好，而完全替代鱼油会阻碍罗非鱼的生长、但亚麻籽油高水平替代鱼油会促进罗非鱼肌肉中 DHA 的合成能力。半滑舌鳎饵料中棕榈油替代鱼油的水平在 32% ~ 60% 的范围内较为适宜（程民杰等，2014 年发现）。现在的研究不仅仅局限于适宜的替代水平的探索，还对替代后脂肪代谢的分子机制进行深入的探究。

如在大菱鲆的研究中发现，过高的豆油替代会引发脂肪沉积，这与脂肪合成相关酶（FAS 等）表达的升高以及脂肪氧化相关酶（CPTI）表达量的降低有关。鱼油替代后对脂代谢机制的研究有助于阐明替代水平低下的原因，进而实现鱼油的高效利用。

此外，脂类物质如磷脂和胆固醇等对生长、脂肪沉积以及免疫力的研究也不断展开[2][3]。

（四）糖类营养研究

近两年我国水产动物糖类营养研究大多关注饲料中糖对于养殖品种生长性能的影响，包括：糖水平［点篮子鱼：15% ~ 25%[53]；吉富罗非鱼：29.10% ~ 35.00%（蒋利和等，2013 年发现）；克氏原螯虾：20.3%（Xiao 等，2014 年发现）］、最适糖脂比（瓦氏黄颡鱼是 4.06[86]；胭脂鱼是 4.65[87]）、最适糖源（吉富罗非鱼：蔗糖糖蜜[74]）的数据。另外，研究还对摄入的糖对鱼体免疫、肠道健康等方面的影响进行了一定的论述。对于养殖糖代谢机理的研究目前主要集中在不同糖添加梯度、不同糖源及不同糖脂比对于糖代谢过程中的关键酶的活性及 mRNA 表达含量的影响[86, 32, 74, 74, 87]。另外，不同环境条件[17]对鱼类糖代谢的影响也做了相关研究。

（五）维生素营养研究

维生素由于在鱼类的生长繁殖、免疫、抗氧化和其他应激等方面的有益作用而得到了广泛的研究。目前为止，水产动物对多种维生素（维生素 A、维生素 C、维生素 D 和维生素 E 等）的需求量及其生理功能已经确定并被广泛研究。研究表明，饲料中添加适宜含量维生素 C 和维生素 E 均能够显著促进鱼虾的生长，提高了繁殖，免疫及抗应激、氧化能力，并提高了相关基因的表达[14, 22, 77, 12]，同时维生素对脂类代谢调控和清除鱼类体内氧自由基也发挥着重要的作用[34]。维生素与维生素或与其他物质如大黄素，Se 等的交互作用对水产动物的生长繁殖和抗氧化的影响及饲料加工工艺对维生素在饲料中的作用的发挥也得到了研究[14, 58, 67]。

（六）矿物质营养研究

矿物质是构成鱼体组成的重要物质，其主要生物功能包括：参与骨骼形成，电子传递，维持鱼体渗透压、调节机体酸碱平衡以及保证机体正常代谢。矿物质无法自身合成，是鱼类的必需营养素。其主要包括主要元素 Ca、P、Mg、K、S 和微量元素 Fe、Mn、Cu、Co、Se、I、Al 和 F。研究发现，适宜的矿物元素添加量可以提高水产养殖动物存活率、增重率、饲料效率、抗氧化水平和免疫能力，而过少、过多或不合适的比例皆会产生不利影响。

11.5 ~ 11.9 毫克 / 千克（硫酸铜）和 8.2 ~ 8.3 毫克 / 千克（蛋氨酸铜）最有益于军曹鱼的生长（乔永刚等，2013 年发现），184.85 ~ 190.39 毫克 / 千克饲料锌含量，团头鲂具有最大特定生长率，并可以促进其脊椎骨生长[55]，饲料中适量添加硒能促进中华绒螯蟹幼蟹的生长，提高饲料蛋白质效率和抗氧化能力[68]，在饲料总磷水平为 9 ~ 10 克 / 千克时，吉富罗非鱼饲料中钙磷比的适宜水平为 1∶1.1 ~ 1∶1.5[81]。

（七）饲料添加剂的开发

集约化和工厂化水产养殖业的发展使得对水产动物饲料添加剂的研究也日益深入，这其中既包括可提供水产动物营养的营养性添加剂例如中草药、益生菌、酶制剂、维生素、矿物质、氨基酸等，也包括用以促进生长发育改善饲料结构、保持饲料质量、帮助消化吸收、防病抗病的非营养性添加剂，如黏合剂、促生长剂、诱食剂、着色剂等。

中草药由于具有免疫调节、抑菌、抗病毒、清除自由基等生理功能，在水产养殖起到增强免疫、抵抗感染、增加产量、促进增殖、提高产量、改善饲料品质等作用。近些年研究发现，地黄可以显著促进鲤鱼生长和提高其抗病力；黄芪多糖添加量为 0.15% 时，能够极显著提高鲫鱼的生长性能，降低病死率，增强机体免疫性能。饲料中添加 0.5% ~ 1%

的茯苓、白芍、鱼腥草及大黄配制的复方药用植物，可以增加摄食量、提高消化率和调控内分泌激素水平，改善施氏鲟的生长性能、降低血脂含量、减缓应激和提高非特异性免疫的作用[61, 69, 88]。

益生菌又称益生素、生菌剂、活菌素等，是根据微生态学原理而制成的含有大量有益菌的活菌制剂，它可在动物消化道内竞争性抑制有害菌生长，形成优势菌群优化肠道菌群结构，或者通过增强非特异性免疫功能来预防疾病，从而对动物的生理和健康产生积极的影响。有研究表明：在含有 5% 鱼粉饲料中添加 0.5% ~ 1% 酵母免疫多糖能显著改善草鱼幼鱼的生长性能，在不含鱼粉饲料中添加 1‰ ~ 5 ‰时能使草鱼幼鱼达到最佳生长性能。饲料中添加枯草芽孢杆菌可以改善草鱼肠道菌群，提高草鱼部分免疫功能，进而促进草鱼生长，同时能减少水体中氨氮的含量。此外大黄鱼饲料添加枯草芽孢杆菌可以显著提高机体免疫能力[72]。

诱食剂又称引诱剂、食欲增进剂或适口性添加剂，属非营养性饲料添加剂，具有改善饲料适口性，增强动物食欲，提高动物采食量、摄食速度，促进水产动物对饲料的消化吸收及其生长，提高饲料转化率，减轻水质污染和降低成本的作用。诱食剂种类较多，常见的有诱食剂氨基酸及其混合物、甜菜碱、含硫有机物、动植物及其提取物、中草药和核苷酸。研究发现，添加 0.3% 的甜菜碱对异育银鲫、奥尼罗非鱼均具有极显著的诱食效果。此外。添加不同中草药对鲫鱼有促进生长的作用。同时，6 种中草药诱食剂对黄金鲫进行诱食效果研究发现增重率、特定生长率和饲料效率有提高[40]。

（八）幼体和亲本营养研究

1. 幼体营养研究和微颗粒饲料开发

近两年主要研究了淡水仔稚鱼（匙吻鲟和泥鳅等）与海水仔稚鱼（点带石斑鱼）发育过程中消化酶（胰蛋白酶、酸性蛋白酶、淀粉酶和脂肪酶）及碱性磷酸酶活力的变化[47, 89]。在大黄鱼仔稚鱼的研究中发现脂肪酶基因在仔稚鱼阶段即有表达。研究了不同驯化方式，不同饵料（微颗粒饲料或桡足类）对仔稚鱼生长和存活的影响[48, 82]。进一步研究了仔稚鱼对不同营养素的需求参数，如磷脂、n-3 长链多不饱和脂肪酸以及花生四烯酸（ARA）[4, 32, 41]。

比较研究了大黄鱼仔稚鱼对蛋白质、多肽和氨基酸代谢差异，发现揭示了氨基酸和小肽类物质引起的肠道小肽转运载体 PepT1 及缩胆囊素 CCK 表达上调是其比蛋白质更有利于仔稚鱼生长、发育的原因。同时还探究了脂肪水平以及脂肪酸种类（DHA、EPA 以及 ARA）对海水鱼仔稚鱼（斜带石斑鱼以及半滑舌鳎等）消化酶活力以及脂肪代谢的影响，发现适宜的脂肪水平以及脂肪酸合理可以显著提高仔稚鱼的生长性能并促进其消化系统的发育。

2. 亲本营养研究

亲本的营养是影响其繁殖力的重要因素，进而影响到苗种的质量。这两年的研究包括：营养强化和控光控温对大菱鲆亲鱼性腺发育及卵子质量的影响，表明控光控温和营养强化能在一定程度上缩短性腺发育时间和产卵期；经营养强化后亲鱼产卵量、上浮卵量、上浮率及受精卵活率、孵化率均有显著提高[52]；饲料中添加高剂量（0.525%）的维生素C更有利于促进半滑舌鳎亲鱼性激素的合成，改善亲鱼的繁殖性能，提高精卵质量，促进受精卵孵化，减少仔鱼畸形。这些研究为深入研究亲本营养，开发高效亲本饲料奠定了坚实基础。

（九）营养、环境因子与水产品品质调控

近年来，随着生活水平的日益提高，人们逐渐关注水产品品质。而有关营养、环境因子与品质关系的研究也日益增多。已有的研究表明，饲料中添加虾青素和叶黄素能够显著影响大黄鱼体色[31]。饲料脂肪水平不仅影响大黄鱼幼鱼生长，而且能够影响大黄鱼类胡萝卜素以及皮肤色素的沉积，进而影响大黄鱼体色[31]。黄颡鱼可以有效利用玉米蛋白粉中的色素，提高鱼体黄色色泽深度；随着玉米蛋白粉使用量的增加，总类胡萝卜素、叶黄素在黄颡鱼皮肤中的沉积量逐渐增大[93]。此外，研究发现豆粕替代膨化饲料中50%的鱼粉对建鲤肌肉的组织特性、质构特性、颜色、化学性状均无不良影响。

（十）分子和组学技术为水产动物营养研究提供助力

1900年迄今，营养学的研究已经历了三个发展阶段。第一个阶段人们主要的研究对象是营养素、维生素和矿物元素的代谢途径与作用；第二个阶段主要研究营养素在体内代谢、生理功能及对组织细胞的影响；第三个阶段从人类基因组草图和基因组序列图的绘制到基因组测序完成，营养科学也由营养素对单个基因表达及作用的分析开始向基因组及表达产物在代谢调节中的作用研究，即营养基因组研究方向发展。目前水产动物营养研究虽然滞后于人类或哺乳动物营养研究，但随着相关技术的日益成熟、成本的逐年降低，分子手段和组学技术也越来越多地被运用到水产动物营养的研究中来。2012—2014年，水产动物营养学的研究已深入到营养代谢和基因表达水平。鉴于营养物质在水产动物体内的代谢路径尚未完全弄清楚，有关其转运、中间代谢、代谢途径、基因表达等研究相继开展。

我国水产动物营养研究人员不仅运用分子克隆和基因表达技术对蛋白质、脂肪和糖类等营养元素代谢通路上也进行了较为广泛的研究。而且运用转录组、蛋白组和代谢组学进行水产动物营养、代谢与免疫的研究，使代谢和免疫通路更加清晰明了，从整个机体活细胞的水平来阐释营养素的作用机制。如运用转录组技术研究了摄食含不同蛋白/糖类比例饲料，罗非鱼相关代谢基因的变化[25]；运用代谢组技术研究了乙酰葡糖胺对罗非鱼免疫系统的影响（Chen等，2014年发现）。这些研究为解释饲料营养元素在水产养殖动物中的作用机制提供了理论依据，对后续深入研究提供了参考，极大地促进了水产动物营养研究的系统化和深入化。

（十一）高效环保渔用饲料研究开发与《水产饲料生产良好操作规范》实施

无公害饲料生产的思路和技术成功地引入我国的水产饲料生产，通过对有毒有害物质的研究可以保证产品本身无公害，通过无公害饲料配方的研制，达到养殖对水体低污染，对环境无公害的目的。

采用研究与生产相结合的方法，通过在水产饲料企业的生产实践，全面分析水产饲料生产流程中影响饲料质量安全的各种因素，从而建立了从生产建筑设施、原料采购、生产过程、销售系统和人员管理及终端用户的可追溯信息管理系统等方面的质量保证技术体系。同时，通过良好生产规范（GMP）在企业的示范和对全国几家大的水产饲料企业相关技术品质管理人员对 GMP 的认知及实施的书面调查研究所反映出来的问题，结合中国水产行业现状，加以修改补充，并在全国水产行业加以推广。

（十二）国内外学术交流进一步得到加强

2013 年在中国水产动物营养与饲料专业委员会的主持下，"第九届世界华人鱼虾营养学术研讨会"在福建厦门顺利召开，本次大会共有来自国内外的 1000 余位学者和企业界代表参与，参会代表以及摘要数量和水平均创历届之最，本届会议以"低碳、高效、合作、创新"为主题，并设立"企业技术合作与共赢论坛"，国内外著名饲料企业负责人、知名研发项目管理专家、论坛主持人和知名学者就企业技术创新过程中遇到的难题和热点问题展开讨论。

2014 年第十六届国际鱼类营养与饲料研讨大会（International Symposium Fish Nutrition and Feeding，ISFNF）在澳大利亚港口城市凯恩斯市隆重举行，来自世界各地的 300 多位专家学者以"水产营养科技进步，鼓励水产养殖创新发展"为主题，开展了广泛的学术交流。其中中国大陆代表共计 30 余人参加此次大会，中国学者在会上作了精彩报告，并与各国学者进行了热烈讨论。为世界水产动物营养学研究与饲料发展提出了自己的建议，为世界水产养殖业的进一步发展贡献了自己的力量。

（十三）主要科技成果

1. 发表论文

据不完全统计，2012—2014 年国内外杂志上发表的与水产动物营养相关的论文超过500 篇，其中国内核心期刊 300 余篇，SCI 收录 200 余篇，SCI 的数量及比例相比往年均有较大的提高，表明我国水产动物营养研究的水平得到了提高并成功和国际前沿研究接轨。文章涉及的主要内容有基础营养素（蛋白质、氨基酸、脂肪、脂肪酸、碳水化合物、维生素、矿物质）的需要量、水产饲料蛋白源的选择利用（蛋白源消化率和鱼粉替代）、饲料添加剂（微生态制剂、酶制剂、寡糖类免疫增强剂、功能性添加剂等）、营养素的代谢机理、营养与免疫及营养素的分子生物学调控机制等。且研究对象主要集中在大黄鱼、牙鲆、对虾等我国主要的养殖品种上，有利于研究成果的转化和推广，对水产行业的发展具有巨大的潜在推动作用。

2. 成果和人才培养

近两年水产营养与饲料科技硕果累累。"国家鲆鲽类产业技术体系——鲆鲽营养与饲料岗位""国家科技支撑计划：养殖新对象健康苗种扩繁关键技术研究""农业部公益性农业行业专项：水产养殖动物营养需求与高效配合饲料开发"等项目进展顺利，所取得的科研成果部分已经转化到生产中，并实现产业化。

近两年还培养了硕士60名，博士30名。近两年获奖以及人才培养情况表明水产动物营养研究进入快速发展阶段。近几年，水产动物营养与饲料方向培养的硕士和博士研究生数量较往年有较大上升，已毕业研究生大量进入高等院校和水产饲料企业，对水产动物营养研究的可持续发展起到重大的推动作用。

3. 水产动物营养研究与饲料开发获国家资助情况

水产动物营养与饲料研究在近两年内主要得到了国家重点基础研究发展计划（"973"计划）、国家自然科学基金、国家科技支撑项目以及行业专项的资助，且资助力度较以往有较大提高。其中包括国家重点基础研究发展计划（"973"计划）：养殖鱼类蛋白质高效利用的调控机制；农业部公益性行业（农业）科研专项：替代渔用饲料中鱼粉的新蛋白源开发利用技术研究与示范；国家公益性行业（农业）专项项目：水产养殖动物营养需求与高效配合饲料开发；国家自然科学基金委员会在2012年资助的"大黄鱼仔稚鱼磷脂营养代谢研究"以及"鱼类牛磺酸合成能力的调控机制"；2013年资助的"不同食性热带海洋鱼类葡萄糖耐量及外周糖代谢调控与利用机制研究""大黄鱼糖营养代谢调控与利用的生理与分子机制"以及"水产动物蛋白质营养感知机理"；2014年资助的"基于代谢组学方法研究牛磺酸调控肉食性鱼类生长性能的作用机制"以及"大黄鱼脂肪沉积及其调控机制的研究"等课题。

二、国内外水产动物营养与饲料研究比较

近年来，由于国家产业政策正确引导、科研经费的大力支持和产业的巨大需求，我国水产动物营养研究与水产饲料工业的高速发展，无论是研究水平还是饲料产品品质在某些领域都达到了国际领先水平。然而我国水产养殖模式与发达国家存在差距，且研究起步较晚，基础相对薄弱，我国在该领域研究的系统性、深度、行业运行与监管及观念等方面仍与国外先进水平存在一定差距。

（一）养殖品种繁多、研究的系统性和深度不足

我国水产养殖品种众多，主要养殖品种达50多个。养殖对象涉及脊椎动物中的鱼类、两栖类和爬行类，无脊椎动物中的虾类、蟹类和软体动物。主要包括淡水养殖的草鱼、鲫

鱼、罗非鱼、河蟹、牛蛙、林蛙、中华鳖、巴西龟等，海水养殖的大黄鱼、鲈鱼、真鲷、黑鲷、军曹鱼、石斑鱼、对虾、鲍鱼、东风螺、扇贝等。而欧美等发达国家养殖品种相对单一，如挪威一直以大西洋鲑作为主要养殖品种，养殖产量达到水产总产量的 80% 以上。

欧美国家能够在单一的养殖品种上进行细致而系统的研究，从而确保了在该研究领域的优势地位。尤其是挪威在大西洋鲑，欧美国家在虹鳟、鲇鱼上的研究系统而深入，引领世界鱼类营养研究的发展。从大量营养素到微量营养素，再到替代蛋白源、替代脂肪源、营养与品质关系、营养免疫学、外源酶和促生长添加剂等均有系统的研究。并且针对仔稚鱼、幼鱼、成鱼、亲鱼等不同生长阶段，均有营养学的深入研究。这些研究成果为精确设计饲料配方奠定了理论基础。另外发达国家还对蛋白、脂肪和糖类等营养素的中间代谢过程进行了深入研究，不仅从生理生化水平，而且从分子水平探明相关营养素的代谢机制。

在我国，养殖品种的多样化是一把双刃剑：一方面，我国能够针对不同种类水产养殖品种进行广泛的研究；但另一方面分散了科研实力，阻碍了某一个品种深入而系统的研究开发。近 5 年，我国选取主要水产养殖品种，在不同生长阶段进行了主要营养素需要量的评估。但在幼鱼开口饲料、亲鱼高效人工配合饲料方面的研究相对不足，这大大限制了水产养殖效益的提高。近年来，分子营养学研究也在国内发展迅速，但是该领域的相关研究仍缺乏针对性和系统性，这也是水产动物分子营养学一个普遍存在的问题。因此，选取我国主要水产养殖品种，集中科研力量进行攻关，并进行水产养殖品种的结构调整势在必行。

（二）饲料加工工艺研究有待进一步提高

我国科技人员在消化吸收国外先进技术的基础上，迅速完成了从无到有的水产饲料设备研发。我国已经建成水产饲料加工成套设备制造的工业体系，不仅能基本满足国内水产饲料生产的需要，而且也外销国际市场，饲料产品品质也得到不断提升。但目前我国水产饲料生产设备其质量和规模较发达国家相对落后，自主创新能力仍有不足。尤其是水产饲料膨化设备生产性能相对国际最高水平仍有差距，许多饲料企业仍然依靠从国外引进相关设备，从而使生产成本显著上升。而一些小型企业则由于资金有限，无法从国外进口相关设备，因此，所生产的产品质量较低，市场竞争力弱，从而逐渐被淘汰。

（三）养殖模式、高效环保配合饲料研发有待升级

近年来，我国大力推进水产养殖模式升级，但在部分地区水产养殖生产仍较为粗放，单位水体产量低、高效环保配合饲料普及率低。据统计，我国水产养殖每年直接用于投喂的鲜杂鱼 400 万～500 万吨，另有 3000 万吨直接以饲料原料的方式投喂，这种养殖模式不仅是对有限资源的巨大浪费，更是环境污染、病害发生和影响可持续发展的重要因素。另一方面，目前饲料配方普遍存在过高蛋白和矿物盐的倾向，这也进一步加剧了富营养化水体氮、磷等的产生。从国家层面，水产饲料和养殖水环境的监管和相关法律法规的制定相对滞后，且相关法规并未得到彻底执行。这均导致了水产动物营养研究注重养殖动物生

长，而忽视环保的要求，不利于行业的可持续发展。

而欧美等水产养殖水平较为先进的国家，主要以集约化的工厂化养殖为主，配合饲料的普及率相当高，避免了在国内水产业中出现的因直接投喂闲杂鱼和饲料原料而带来的资源和环境问题。并且欧美等水产养殖技术水平较高的国家，针对饲料安全、污水处理均出台了严苛的法律和法规。如在养殖和饲料生产中执行严格的《危害分析和关键控制点》（hazard analysis and critical control point，HACCP）。每年都根据实际情况修订有关养殖用水、养殖废水中的氨氮（NH）、悬浮性固体物质及总磷的排放的立法规定。环保执法部门会根据"排污者付费"（polluterpays）原则对排污量超标的企业进行高额的罚款。因此，这些国家饲料企业与科研方向也不仅关注于水产饲料高效性，而且更倾向于环保饲料的研发。

（四）水产品安全和质量的营养调控研究不足

近年来，随着我国经济进入新常态，水产养殖业也由片面追求养殖产量，转而关注质量与安全的问题，这也引起越来越多的研究者的关注。西方发达国家的水产养殖早在20多年前就开始研究养殖产品的调控问题了，而在我国相关研究还明显滞后，科研投入明显不足。我国科学家发现用人工饲料饲养的大黄鱼比用野杂鱼饲养的大黄鱼更接近野生大黄鱼，这说明完全可以采用人工配合饲料对养殖产品进行品质调控，但调控机理仍需进一步探明。利用植物蛋白源、脂肪源替代鱼粉和鱼油是解决我国鱼粉资源短缺的有效方式，但伴随而来水产养殖产品的风味、营养价值的变化这一新问题又摆在科学家面前，而我国在此方面研究还未深入和系统化。

水产品安全受环境污染、污染迁移、食物链（包括饲料原料）富集、或是在养殖管理过程中的化学消毒、病害防治等影响。把好原料质量关，实现无公害饲料生产，从饲料安全角度来保证水产品安全是关键的重要一环。在我国大型水产饲料企业已经开始建立从生产建筑设施、原料采购、生产过程、销售系统和人员管理及终端用户的可追溯信息管理系统等方面的 GMP 体系。但在个别区域仍存在相关法律和规范得不到有效执行、激素和抗生素滥用、药物残留，原料掺假等不良行为。不但影响了产品出口，束缚了行业发展，而且对资源和环境造成了严重的损害。而欧美等发达国家已经建立了从鱼卵孵化到餐桌的生产全程可追溯系统，在科研上更是大力投入。例如在欧盟的第六研究框架计划（sixth research framework programme）的优先主题之一就是投入 7.51 亿欧元的食品质量与安全研究计划，其中专门设置了水产品质量与安全项目（seafoodplus），进而保证产品质量和安全。

三、我国水产动物营养与饲料发展趋势与展望

长期以来，我国渔业经济发展过多地依靠扩大规模和增加投入，这种粗放型经济增长方式与资源和环境的矛盾越来越尖锐，已经成为制约水产养殖业健康可持续发展的瓶颈。

集约化水产养殖是我国水产养殖业持续发展的出路，因此，水产动物营养与饲料须服务于集约化水产养殖，以集约化水产养殖对水产动物营养与饲料的需要为发展方向。

（一）完善和修订主要水产养殖种类基础营养参数

确定水产动物在各种养殖环境、生理状态和发育阶段对营养素精准的需要量和配比是集约化水产养殖的基础。经过近 30 年的努力，我国主要代表种类的"营养需要参数与饲料原料生物利用率数据库"已初步构建。我们应在已有研究的基础上，继续对我国代表种的营养需要，尤其是微量营养素的需要量进行系统研究，同时，对不同发育阶段（如亲鱼和仔稚鱼阶段）的营养需要进行研究，以掌握代表种不同发育阶段精准营养需要参数。同时，继续对我国主要代表种配方中常用的饲料原料进行消化率数据的测定，尤其是要进一步完善我国主要原料必需氨基酸消化率数据的测定，以完善我国主要代表种类"营养需要参数与饲料原料生物利用率数据库"公益性平台，为我国水产饲料的配制提供充足的理论依据。此外，我国起步晚，投入少，早年的研究数据比较粗糙，需要进一步重复研究、确认或修订，使配方更加科学合理，以适应现代化水产养殖。

（二）营养代谢及调控机理研究

随着分子技术在水产动物营养研究的广泛应用，为营养素在水产动物体内的吸收、转运和代谢机制的研究提供了便利。我们应该加大投入，把基因组学和生物信息学等现代生物技术应用到水产动物营养学研究中，积极开展营养基因组学研究，研究营养物质在基因学范畴对细胞、组织、器官或生物体的转录组、蛋白质组和代谢组的影响，探索并阐明水生动物营养学的重要前沿科学问题。同时，通过营养和分子生物学手段对水产动物生长代谢进行调控，解决当前水产养殖业所面临问题。例如水产动物普遍对蛋白质需求量高，而对糖类的利用率则相对低下，有关该方面的研究已有相关的报道，但真正的机制如何，到底受哪些功能基因调控尚未完全弄清楚。水产动物对脂类的研究相对较为深入，然而不同种类的代谢路径、必需脂肪酸的种类均存在较大差异。如淡水鱼能够通过去饱和和碳链延长酶合成 EPA 和 DHA，而海水鱼则缺乏该能力，深入的机制有待进一步研究。一些功能性的营养物质（如牛磺酸、核苷酸等）是通过何种分子途径来发挥其生物学效应的，这些问题还有待进一步探讨。弄清这些问题也是解决目前水产动物营养与饲料行业问题的基础。

今后，我们应利用基因操作、敲除和过表达等现代分子生物学手段，从斑马鱼辐射主要代表种，对营养物质在水产动物机体内的代谢及调控机制进行系统研究，进一步弄清楚营养素在水产动物主要代表种吸收、转运和代谢的分子调控机制。为全方位开发精准营养调控技术，为我国健康、高效、优质、安全和持续发展的水产养殖做出应有的贡献，实现我国水产动物营养研究与饲料工业的跨越式发展。

（三）开发新型蛋白源、脂肪源和添加剂

提高非鱼粉蛋白源等廉价蛋白源的利用率，减少鱼粉在配方中的使用量是当务之急。当前，一方面我们应该集成降低或剔除抗营养因子技术、氨基酸平衡技术、无机盐平衡技术、生长因子（如牛磺酸、核苷酸、胆固醇）平衡技术、促摄食物质开发等各项技术，缩小非鱼粉蛋白源和鱼粉之间营养差异，开发超低鱼粉饲料，减少鱼粉使用量；另一方面，我们也应注重开发新型蛋白源，如低分子水解蛋白、豌豆分离蛋白等，拓宽水产饲料蛋白来源。类似地，要摆脱水产动物饲料对鱼油原料的依赖，首先要深入开展水生动物脂肪代谢与调控机理研究。在弄清楚水产动物脂肪（酸）代谢和调控机制的基础上，一方面通过转基因等现代生物学技术对水产动物脂肪（酸）代谢进行修饰，促进水产动物必需脂肪酸合成，降低水产动物对鱼油依赖。另一方面，应加大替代性脂肪源研究和开发。非鱼油脂肪源为何无法替代鱼油，其对水产动物代谢的深层次影响及机制目前知之甚少，因此，非鱼油脂肪源对水产动物代谢及机制解析是今后研究重点。此外，应运用现代生物技术，开发新型脂肪源，如通过转基因技术提高植物油或微藻中必需脂肪酸含量，缩小非鱼油脂肪源和鱼油之间营养差异。最后，投喂策略研究也有助于解决鱼油资源短缺。例如，脂肪源的替代对肌肉脂肪酸组成的影响很大，使其对人体有益的脂肪酸含量减少，但"恢复投喂"的技术能改善肌肉脂肪酸的组成。

根据我国饲料添加剂工业的现状，增加薄弱环节的研发投入，加快适用于水产动物的新型专用饲料添加剂的开发与生产，改变长期以来借用畜禽饲料添加剂的局面。如鱼虾诱食剂、专用酶制剂、氨基酸（如对水产动物来说苏氨酸、精氨酸常常是限制性氨基酸）、替代抗生素的微生态制剂和免疫增强剂等等，逐步实现主要饲料添加剂国产化，降低饲料生产成本，提升国产饲料添加剂和水产养殖产品的国际竞争力。具体应重点投入以下几个方面：

1. 新型添加剂品种开发、添加剂原料生产技术研究，提高饲料添加剂质量和产量

2. 增加添加剂开发投入、规范添加剂行业管理

基于饲料添加剂对于饲料工业的重要作用，发达国家将其作为高科技项目，十分重视其研究与开发工作。我国经济及技术力量相对发达国家明显落后，高技术、高附加值的技术密集型产品，如氨基酸、维生素、抗生素等仍未摆脱成本高、依赖进口的局面。尽管我国目前有饲料添加剂生产厂家千余家，但规模小，大多重复生产，条块分割严重，行业管理不规范。

3. 加强创新

由于缺乏相关的基础研究，我国2015年生产的品种，主要以仿制为主，极少创新。如我国饲料工业所需蛋氨酸几乎全部依靠进口。国内蛋氨酸生产装置与国外相比存在很大的差距，主要表现：生产规模偏小，且以间歇法为主，自动控制水平也很低。中国蛋氨酸的消费潜力很大，是一个很有前途的产品，中国人口众多因素将促进中国蛋氨酸消费增长

的态势保持 10 ～ 15 年，因此，在中国建设蛋氨酸生产装置有良好的市场前景，目前，中国化工集团收购了具有先进技术生产蛋氨酸的法国安迪苏公司，现已投产。因此，今后还需加强相关的基础研究与开发工作，促摄食物质的开发。由于水产饲料中越来越多地使用植物蛋白源，为了提高饲料的适口性，降低植物蛋白源中抗营养因子的拮抗作用，开发高效的促摄食物质势在必行，这一方面有助于提高饲料的摄食量，提高养殖动物的生长，另一方面又能减少饲料损失，降低水体污染。

（四）营养与水产品安全和品质

水产饲料安全是保障水产品质量安全的根本。近年来，药物残留超标等养殖产品质量安全问题时有发生，质量安全门槛已成为世界各国养殖产品贸易的主要技术壁垒。通过科技攻关，解决饲料产品的安全问题，是从根本上解决养殖产品的安全的关键。

研究存在于水产饲料源中的抗营养因子的结构、功能和毒理作用机制，通过有效调控抗营养因子使之失活或使不良影响降低，以保障在扩大水产养殖饲料来源情况下的饲料质量安全；开展水产饲料有毒有害物质（如孔雀石绿、游离棉酚、黄曲霉素、三聚氰胺）以及非营养性饲料添加剂（着色剂）对养殖对象的毒副作用、体内残留及食用安全性研究，对水产养殖产品安全特别敏感的饲料和饲料添加剂进行生物学安全评价，为水产养殖产品生产的危害风险分析和安全管理提供科学依据。

此外，随着人们生活质量的提高，人们对水产品品质要求越来越高。不仅要求水产品具有丰富的营养，而且希望产品具有优良的食用品质和风味，有利于健康并给人们以更高的物质享受。随着集约化养殖技术的提高，养殖密度的增加，养殖鱼的生长速度、养殖产量有了大幅度提高。但是与天然鱼比较，在体色变灰暗、肉质变差、鱼肉的香甜度降低等现象，也造成了养殖鱼与天然鱼价格上的巨大差异；而不合理的投喂方式又对养殖生态环境造成严重污染，使水产品品质进一步下降；这就需要进一步研究饲料的营养平衡和微量营养成分在饲料中的作用。通过营养调控，改善养殖鱼的体色与肉质，是营养学界长期以来努力解决的问题。有关营养调控水产品品质的研究是今后应重点开展的研究领域。主要应在以下几方面开展工作。①研究水产动物体色、风味物质形成的规律和调控机制，弄清楚养殖和野生水产动物品质出现差异的原因；②研究营养素（蛋白源、脂肪、脂肪酸、维生素 E、维生素 C 等）对水产养殖动物体色、质地和风味的影响；③研究非营养型添加剂（大蒜素、色素等）对水产养殖动物体色、质地和风味的影响。在此基础上，开发出改善水产养殖动物品质的添加剂，掌握调控水产养殖动物品质的技术，结合科学的饲养方式，生产出优质的水产品。

（五）水产营养免疫学研究

随着水产集约化养殖程度的升高，水生动物受到营养、环境、代谢等各种胁迫，因此容易诱发各种疾病，给养殖业造成巨大经济损失。研究表明，饲料营养水平能影响水生动物的健康状况，而水生动物的健康状况则会影响其营养需要量。因此，通过调控营养，可以提高水产动物的免疫力和抗病力。有关这方面的研究已有相关的报道，这些研究主要集中在两方面：①营养物质（脂肪酸、维生素 E、维生素 C、微量元素等）对水产动物免疫力和抗病力的影响；②非营养型添加剂（多糖类、寡糖类、细菌提取物、中草药等）对水产动物免疫力的影响；在此基础上开发出了一定数量的免疫增强剂和微生态制剂，用于实际的饲料工业生产并取得了一定的成效。但是，有关营养免疫的机制尚未完全弄清楚，今后，我们应着重于研究与营养免疫和抗病相关的基因功能及相关的信号通路。在深入了解营养素对免疫功能调控机制的基础上，设计合理的饲料配方，提高水生动物免疫力。

（六）亲鱼和仔稚鱼营养与饲料研究

水产养殖中，饲料成本占第一位，而对许多养殖品种而言，苗种成本居于第二位。亲本的营养是影响其繁殖力的重要因素，进而影响到苗种的质量。为获得大量的优质苗种，亲鱼的培育显得尤为重要，而使亲鱼获得足够的营养物质又是关键。因此，研究优质的亲鱼饲料是亟待解决的重要课题。目前已经明确一定的营养物质如必需脂肪酸和抗氧化物质对于亲鱼营养特别重要，他们在繁殖期的需要量大于成长期，但是过量和不平衡对于繁殖反而有害（Ng 等，2010 年发现）。对于一些微量营养物质如微量矿物元素、维生素、功能性添加剂对于繁殖的重要性还需要进一步研究。亲鱼营养的研究需要大量的经费的支持，所以亲鱼营养的研究需要政府的支持和各方的协作，这对科学配制亲鱼饲料、大规模人工培育优质亲鱼、提高人工鱼苗效率具有重要的实践意义。

随着集约化养殖业的迅猛发展，苗种的需要量日益上升，这对苗种的培育提出了更高的要求。传统的水产动物苗种培育主要依赖于生物饵料，其缺点主要有：①育苗成本高；②供应不稳定；③易传播疾病；④营养不均衡。因此，开发优质的幼苗微颗粒饲料非常重要。我国在仔稚鱼的摄食行为、消化生理和营养需要的研究相对薄弱，已有的人工微颗粒饲料，其品质与国外知名品牌相比，存在较大差异，主要表现在水中稳定性低、溶失率高、诱食性差、可消化率低等，因此，加工工艺的改进是亟待解决的重要问题。目前，我国主要养殖鱼类仔稚鱼的人工微颗粒饲料主要从日本等国家或我国台湾地区进口。因此，大力开展仔稚鱼的营养生理研究，开发高效的人工微颗粒饲料（微黏合、微包膜、微包囊），是目前亟待解决的课题。

（七）安全高效、环境友好型水产配合饲料研发

我国水产饲料工业随着改革开放的兴起、发展、壮大，产量经历了一个从无到有、从小到大、到雄踞世界第一的发展历程。人工配合饲料在水产养殖中的广泛推广应用，缩短了其养殖周期，提高养殖单产水平和养殖效益，水产饲料产业已成为我国饲料工业中发展最快、效益最好、潜力最大的朝阳产业。但随着养殖规模、养殖密度不断扩大，养殖对水环境的污染问题也日益突出，甚至引起疾病暴发给水产业造成致命的打击，随之使用药物

又对水产品安全带来隐患。近年来水产品安全问题不断出现，饲料安全即食品安全的概念在世界范围内已达成共识。

饲料中营养物质搭配合理、品质优良，有利于维持水产动物生理健康，并能减少污染、保护养殖水环境；而饲料营养物质，如维生素 C 及一些免疫增强剂在水产养殖动物免疫机制发挥着重要作用，通过营养调控从根本上增强养殖动物的免疫能力，预防疾病的爆发是保证水产养殖可持续发展的重要策略之一。因此，具有安全、高效、环境友好等多重功效的新型配合饲料研发成为国内外研究的重点，也是未来水产饲料的发展方向。通过合理设计的饲料配方，不仅可以使鱼类获得均衡的营养，还可以降低饲料浪费，减少饲料和排泄物对水体的污染，减少有毒有害物质在鱼体的积累，生产出安全的水产品。

目前，我国水产养殖正由粗放型养殖向集约化养殖快速转变，研制与之相适应的系列环境友好型饲料配制技术，通过开发新饲料源、饲料添加剂、饲料配方技术和科学投喂技术，达到精准配方、精准投喂、提高养殖动物免疫能力、减少排放、保护环境；同时国家应尽快立法禁止在水产养殖中使用下杂鱼、饲料原料直接投喂水产动物，才能确保水产养殖业的可持续发展。

—— 参考文献 ——

［1］ Z.X.Cheng，Y.M.Ma，H.Li，et al.N-acetylglucosamine enhances survival ability of tilapias infected by Streptococcus iniae［J］.Fish & Shellfish Immunology，2014，40：524-530.

［2］ J.Deng，B.Kang，L.Tao，et al.Effects of dietary cholesterol on antioxidant capacity，non-specific immune response，and resistance to Aeromonas hydrophila in rainbow trout（Oncorhynchus mykiss）fed soybean meal-based diets［J］.Fish & Shellfish Immunology，2013，34（1），324-331.

［3］ J.Gao，S.Koshio，W.Wang，et al.Effects of dietary phospholipid levels on growth performance，fatty acid composition and antioxidant responses of Dojo loach Misgurnus anguillicaudatus larvae［J］.Aquaculture，2014，426：304-309.

［4］ T.Han，X.Li，J.Wang，et al.Effect of dietary lipid level on growth，feed utilization and body composition of juvenile giant croaker Nibea japonica［J］.Aquaculture，2014，434：145-150.

［5］ H.B.Jiang，L.Q.Chen，J.G.Qin，et al.Partial or complete substitution of fish meal with soybean meal and cottonseed meal in Chinese mitten crab Eriocheir sinensis diets［J］.Aquaculture International，2013，21：617-628.

［6］ X.Jiang，L.Chen，J.Qin，et al.Effects of dietary soybean oil inclusion to replace fish oil on growth，muscle fatty acid composition，and immune responses of juvenile darkbarbel catfish，Pelteobagrus vachelli［J］. African Journal of Agricultural，2013，8（16）：1492-1499.

［7］ Y.Jin，L.X.Tian，S.L.Zeng，et al.Dietary lipid requirement on non-specific immune responses in juvenile grass carp（Ctenopharyngodon idella）［J］. Fish & Shellfish Immunology，2013，34（5）：1202-1208.

［8］ X.J.Leng，X.F.Wu，J.Tian，et al.2012.Molecular cloning of fatty acid synthase from grass carp（Ctenopharyngodon idella）and the regulation of its expression by dietary fat level［J］.Aquaculture Nutrition，2012，18（5）：551-558.

［9］ S.Li，K.Mai，W.Xu，et al.Characterization，mRNA expression and regulation of Δ6 fatty acyl desaturase（FADS2）

by dietary n－3 long chain polyunsaturated fatty acid（LC–PUFA）levels in grouper larvae（Epinephelus coioides）［J］.
Aquaculture，2014，434：212–219.

［10］Y.Li，Q.Ai，K.Mai，et al.Effects of the partial substitution of dietary fish meal by two types of soybean meals on the growth performance of juvenile Japanese seabass，Lateolabrax japonicus（Cuvier 1828）［J］.Aquaculture Research，2012，43：458–466.

［11］Y.J.Liao，M.C.Ren，B.Liu，et al.Dietary methionine requirement of juvenile blunt snout bream（Megalobrama amblycephala）at a constant dietary cystine level［J］.Aquaculture Nutrition，2014，20：741–752.

［12］B.Liu，P.Xu，J.Xie，et al.Effects of emodin and vitamin E on the growth and crowding stress of Wuchang bream（Megalobrama amblycephala）［J］.Fish & Shellfish Immunology，2014，40：595–602.

［13］J.Ma，Q.Shao，Z.Xu，et al.Effect of Dietary n - 3 highly unsaturated fatty acids on Growth，Body Composition and Fatty Acid Profiles of Juvenile Black Seabream，Acanthopagrus schlegeli（Bleeker）［J］.Journal of the World Aquaculture Society，2013，44（3）：311–325.

［14］J.H.Ming，J.Xie，P.Xu，et al.Effects of emodin and vitamin C on growth performance，biochemical parameters and two HSP70s mRNA expression of Wuchang bream（Megalobrama amblycephala Yih）under high temperature stress［J］.Fish & Shellfish Immunology，2012，32：651–661.

［15］M.Peng，W.Xu，K.Mai，et al.Growth performance，lipid deposition and hepatic lipid metabolism related gene expression in juvenile turbot（Scophthalmus maximus L.）fed diets with various fish oil substitution levels by soybean oil［J］.Aquaculture，2014，433：442–449.

［16］G.S.Qi，Q.H.Ai，K.S.Mai，et al.Effects of dietary taurine supplementation to a casein–based diet on growth performance and taurine distribution in two sizes of juvenile turbot（Scophthalmus maximus L.）［J］.Aquaculture，2012，358–359：122–128.

［17］J.Qiang，J.He，H.Yang，et al.Temperature modulates hepatic carbohydrate metabolic enzyme activity and gene expression in juvenile GIFT tilapia（Oreochromis niloticus）fed a carbohydrate–enriched diet［J］.Journal of Thermal Biology，2014，40：25 - 31.

［18］M.C.Ren，Q.H.Ai，K.S.Mai.Dietary arginine requirement of juvenile cobia（Rachycentron canadum）［J］.Aquaculture Research，2014，45：225–233.

［19］M.C.Ren，Y.J.Liao，J.Xie，et al.Dietary arginine requirement of juvenile blunt snout bream，Megalobrama amblycephala［J］.Aquaculture，2013，414–415：229–234.

［20］Q.Tan，Q.Liu，X.Chen，et al.Growth performance，biochemical indices and N Nhepatopancreatic function of grass carp，Ctenopharyngodon idellus，would be impaired by dietary rapeseed meal［J］.Aquaculture，2013，414：119–126.

［21］X.Y.Tan，Z.Luo，Q.Zeng，et al.trans–10，cis–12 Conjugated linoleic acid improved growth performance，reduced lipid deposition and influenced CPT I kinetic constants of juvenile Synechogobius hasta［J］.Lipids，2013，48（5）：505–512.

［22］X.L.Tang，M.J.Xu，Z.H.Li，et al.Effects of vitamin E on expressions of eight microRNAs in the liver of Nile tilapia（Oreochromis niloticus）［J］.Fish & Shellfish Immunology，2013，34：1470–1475.

［23］J.Tian，H.Ji，H.Oku，et al.Effects of dietary arachidonic acid（ARA）on lipid metabolism and health status of juvenile grass carp，Ctenopharyngodon idellus［J］.Aquaculture，2013，430：57–65.

［24］F.J.Xie，Q.H.Ai，K.S.Mai，et al.Dietary lysine requirement of large yellow croaker（Pseudosciaena crocea，Richardson 1846）larvae［J］.Aquaculture Research，2012，43：917–928.

［25］Y.Y.Xiong，J.F.Huang，X.X.Li，et al.Deep sequencing of the tilapia（Oreochromis niloticus）liver transcriptome response to dietary protein to starch ratio［J］.Aquaculture，2014，433：299–306.

［26］G.F.Xu，Y.Y.Wang，Y.Han，et al.Growth，feed utilization and body composition of juvenile Manchurian trout，Brachymystax lenok（Pallas）fed different dietary protein and lipid levels［J］.Aquaculture Nutrition，2014，

DOI：10.1111/anu.12165.

［27］H.Xu，J.Wang，K.Mai，et al.Dietary docosahexaenoic acid to eicosapentaenoic acid（DHA/EPA）ratio influenced growth performance，immune response，stress resistance and tissue fatty acid composition of juvenile Japanese seabass，Lateolabrax japonicus（Cuvier）［J］.Aquaculture Research，2014，DOI：10.1111/are.12532.

［28］Q.Xu，C.Wang，Z.Zhao，et al.Effects of Replacement of Fish Meal by Soy Protein Isolate on the Growth，Digestive Enzyme Activity and Serum Biochemical Parameters for Juvenile Amur Sturgeon（Acipenser schrenckii）［J］.Asian-Australasian Journal of Animal Sciences，2012，25：1588.

［29］W.N.Xu，W.B.Liu，M.F.Shen，et al.Effect of different dietary protein and lipid levels on growth performance，body composition of juvenile red swamp crayfish（Procambarus clarkii）［J］.Aquaculture International，2013，21：687-697.

［30］W.Xu，H.H.Zhou.Effects of dietary astaxanthin and xanthophylls on the growth and skin pigmentation of large yellow croaker Larimichthys croceus［J］.Aquaculture，2014，433：377-383.

［31］X.W.Yi，F.Zhang，W.Xu，et al.Effects of dietary lipid content on growth，body composition and pigmentation of large yellow croaker Larimichthys croceus［J］.Aquaculture，2014，434：355-361.

［32］X.C.Yuan，Y.Zhou，X.F.Liang，et al.Molecular cloning，expression and activity of pyruvate kinase in grass carp Ctenopharyngodon idella：Effects of dietary carbohydrate level［J］.Aquaculture，2013，410‐411：32‐40

［33］K.K.Zhang，Q.H.Ai，K.S.Mai，et al.Effects of dietary hydroxyproline on growth performance，body composition，hydroxyproline and collagen concentrations in tissues in relation to prolyl 4-hydroxylase α（I）gene expression of juvenile turbot，Scophthalmus maximus L.fed high plant protein diets［J］.Aquaculture，2013，404-405：77-84.

［34］Q.Zhang，J.Niu，W.J.Xu.Effect of Dietary Vitamin C on the Antioxidant Defense System of Hibernating Juvenile Three-keeled Pond Turtles（Chinemys reevesii）［J］.Asian Herpetological Research，2012，3（2）：151-156.

［35］Q.Zheng，X.Wen，C.Han，et al.Effect of replacing soybean meal with cottonseed meal on growth，hematology，antioxidant enzymes activity and expression for juvenile grass carp，Ctenopharyngodon idellus［J］.Fish Physiology and Biochemistry，2012，38：1059-1069.

［36］Y.Zou，Q.Ai，K.Mai，et al.Effects of brown fish meal replacement with fermented soybean meal on growth performance，feed efficiency and enzyme activities of Chinese soft-shelled turtle，Pelodiscus sinensis［J］.Journal of Ocean University of China，2012，11：227-235.

［37］曹俊明，严晶，黄燕华，等.家蝇蛆粉替代鱼粉对凡纳滨对虾生长，抗氧化和免疫指标的影响［J］.水产学报，2012，36（4）：529-537.

［38］陈斌，彭淇，梁文，等.长吻鮠幼鱼日粮中常量营养物质适宜需求量的研究［J］.大连海洋大学学报，2013，28（2）：179-184.

［39］陈科全，叶元土，蔡春芳，等.饲料中豆粕含量对草鱼肝胰脏结构和功能的影响.动物营养学报，2014，26（7）：1873-1879.

［40］董晓庆，张东鸣，葛晨霞，等.牛磺酸在鱼类营养上的研究进展［J］.动物营养与饲料科学，2013，39（6）：125-127.

［41］冯硕恒，蔡佐楠.磷脂对仔稚鱼生长发育的影响［J］.河北渔业，2014（8）：51-53.

［42］何吉祥，崔凯，徐晓英，等.异育银鲫幼鱼对蛋白质，脂肪及碳水化合物需求量的研究［J］.安徽农业大学学报，2014，41（1）：30-37.

［43］胡盼，黄旭雄，郭腾飞，等.玉米蛋白粉部分替代鱼粉对日本沼虾生长和肌肉组成的影响［J］.上海海洋大学学报，2011，20（2）：230-237.

［44］胡毅，张俊智，黄云，等.高棉籽粕饲料中补充赖氨酸和铁对青鱼幼鱼生长，免疫力及组织中游离棉酚含量的影响［J］.动物营养学报，2014，26（11）：3443-3451.

［45］黄金凤，赵志刚，罗亮，等.水温和饲料蛋白质水平对松浦镜鲤幼鱼肠道消化酶活性的影响［J］.动物营

养学报，2013，25（3）：651–660.

［46］霍雅文，曾雯娉，金敏，等.凡纳滨对虾幼虾的蛋氨酸需要量［J］.动物营养学报，2014，26（12）：3707–3716.

［47］吉红，孙海涛，田晶晶，等.匙吻鲟仔稚鱼消化酶发育的研究［J］.水生生物学报，2012，36（3）：457–465.

［48］贾钟贺，张永泉，尹家胜，等.不同驯化方式对哲罗鱼仔，稚鱼生长和存活的影响［J］.水产学杂志，2012，25（4）：42–45.

［49］蒋阳阳，李向飞，刘文斌，等.不同蛋白质和脂肪水平对1龄团头鲂生长性能和体组成的影响［J］.水生生物学报，2012，36（5）：826–836.

［50］乐贻荣，杨弘，徐起群，等.饲料蛋白水平对奥尼罗非鱼（Oreochromis niloticus × O.aureus）生长，免疫功能以及抗病力的影响［J］.海洋与湖沼，2013（2）：493–498.

［51］李彬，梁旭方，刘立维，等.饲料蛋白水平对大规格草鱼生长，饲料利用和氮代谢相关酶活性的影响［J］.水生生物学报，2014，38（2）：233–240.

［52］李庆华，孙建，李仰真，等.营养强化和控光控温对大菱鲆亲鱼性腺发育及卵子质量的影响［J］.南方农业学报，2013（6）：1030–1036.

［53］李葳，侯俊利，章龙珍，等.饲料糖水平对点篮子鱼生长性能的影响［J］.海洋渔业，2012，34（1）：64–70.

［54］刘福佳，李雪菲，刘永坚，等.低盐度条件下的凡纳滨对虾幼虾亮氨酸营养需求.中国水产科学，2014，21（5）：963–972.

［55］刘汉超，叶元土，蔡春芳，等，.团头鲂对饲料中Zn的需求量［J］.水产学报，2014，38（9）：1522–1529.

［56］刘志远，李圣法，徐献明，等.大黄鱼仔稚鱼不同发育阶段矢耳石形态发育和微结构特征［J］.中国水产科学，2012，19（5）：863–871.

［57］骆艺文，艾庆辉，麦康森，等.饲料中添加牛磺酸和胆固醇对军曹鱼生长、体组成和血液指标的影响［J］.中国海洋大学学报：自然科学版，2013（8）：31–36.

［58］马飞，李小勤，李百安，等.饲料加工工艺及维生素添加量对罗非鱼生长性能、营养物质沉积和血清生化指标的影响［J］.动物营养学报，2014，26（9）：2892–2901.

［59］聂琴，苗惠君，苗淑彦，等.不同糖源及糖水平对大菱鲆糖代谢酶活性的影响［J］.水生生物学报，2013，37（3）：425–433.

［60］牛化欣，雷霁霖，常杰，等.维生素E对高脂饲料养殖大菱鲆生长、脂类代谢和抗氧化性能的影响［J］.中国水产科学，2014，21（2）：291–299.

［61］彭晓珍，李郭威，亓成龙，等.茯苓、白芍、鱼腥草及大黄复方药用植物添加剂对施氏鲟生长性能及血浆生化指标的影响［J］.中国水产科学，2014，21（5）：973–979.

［62］钱前，罗莉，白富瑾，等.岩原鲤幼鱼的蛋白质需求量［J］.动物营养学报，2013，25（12）：2934–2942.

［63］屈亮，刘立鹤，谭斌，等.酵母免疫多糖对草鱼幼鱼生长性能的影响［J］.饲料研究，2012（9）：34–37.

［64］赛清云，王远吉，吴旭东，等.黄河鲇幼鱼对饲料蛋白和能量需要的初步研究［J］淡水渔业，2012,42（4）：53–58.

［65］宋林，樊启学，胡培培，等.饲料蛋能比对翘嘴鲌幼鱼生长性能，肠道和肝胰脏消化酶活性的影响［J］.动物营养学报，2013，25（7）：1480–1487.

［66］孙宏，叶有标，姚晓红，等.发酵棉籽粕部分替代鱼粉对黑鲷幼鱼生长性能、体成分及血浆生化指标的影响［J］.动物营养学报，2014，26（5）：1238–1245.

［67］覃希，黄凯，程远，等.维生素E和硒对吉富罗非鱼生殖激素及免疫功能的影响［J］.饲料工业，2013，34（24）：10–15.

［68］田文静，李二超，陈立侨，等.酵母硒对中华绒螯蟹幼蟹生长，体组成分及抗氧化能力的影响［J］.中国

水产科学, 2014, 21（1）：92-100.

[69] 王俊丽, 雒燕婷, 郝光, 等.地黄和小肽对鲤鱼生长性能及IL-8表达的调节 [J].水产科学,2014,33（9）：556-561.

[70] 王赛, 陈刚, 张健东, 等.不同蛋白质源部分替代鱼粉对褐点石斑鱼幼鱼生长性能, 体组成以及血清生化指标的影响 [J].动物营养学报, 2012, 24（1）：160-167.

[71] 王伟, 姜志强, 孟凡平, 等.急性温度胁迫对太平洋鳕仔稚鱼成活率, 生理生化指标的影响 [J].水产科学, 2012, 31（8）：463-466.

[72] 王文娟, 孙冬岩, 潘宝海, 等.饲料中添加枯草芽孢杆菌对草鱼生长、免疫和肠道特定微生物菌群的影响 [J].饲料研究, 2014（19）：43-44.

[73] 文远红, 曹俊明, 黄燕华, 等.蝇蛆粉替代鱼粉对黄颡鱼幼鱼生长性能, 体组成和血浆生化指标的影响 [J].动物营养学报, 2013, 25（1）：171-181.

[74] 吴彬, 彭淇, 陈斌, 等.日粮中不同糖源对吉富罗非鱼（*Oreochromis niloticus*）稚鱼养殖效果与机理研究 [J].海洋与湖沼, 2013, 44（4）：1050-1055.

[75] 吴永恒, 王秋月, 冯政夫, 等.饲料粗蛋白含量对刺参消化酶及消化道结构的影响 [J].海洋科学, 2012, 36（1）：36-41.

[76] 向枭, 周兴华, 陈建, 等.饲料中豆粕蛋白替代鱼粉蛋白对齐口裂腹鱼幼鱼生长性能, 体成分及血液生化指标的影响 [J].水产学报, 2012, 36（5）：723-731.

[77] 肖登元, 梁萌青.维生素在亲鱼营养中的研究进展 [J].动物营养学报, 2012, 24（12）：2319-2325.

[78] 许红, 王常安, 徐奇友, 等.大鳞鲃幼鱼氨基酸需要量 [J].华中农业大学学报, 2013, 32（6）：126-131.

[79] 严全根, 朱晓鸣, 杨云霞, 等.饲料中棉粕替代鱼粉蛋白对草鱼的生长, 血液生理指标和鱼体组成的影响 [J].水生生物学报, 2014, 38（2）：362-369.

[80] 杨弘, 徐起群, 乐贻荣.饲料蛋白质水平对尼罗罗非鱼幼鱼生长性能, 体组成, 血液学指标和肝脏非特异性免疫指标的影响 [J].动物营养学报, 2012, 24（2）：2384-2392.

[81] 姚鹰飞, 文华, 蒋明, 等.吉富罗非鱼饲料钙磷比研究 [J].西北农林科技大学学报：自然科学版, 2012（4）：38-53.

[82] 于海瑞, 麦康森, 马洪明, 等.微颗粒饲料与冰冻桡足类对大黄鱼稚鱼生长, 存活和体成分的影响 [J].水生生物学报, 2012, 36（1）：49-56.

[83] 张加润, 黄忠, 林黑着, 等.饲料中不同蛋白含量对斑节对虾幼虾生长及消化酶的影响 [J].海洋渔业, 2012, 34（4）：429.

[84] 张建禄, 余平, 黄吉芹, 等.脱脂蚕蛹替代饲料中鱼粉对建鲤生长性能, 体成分及健康状况的影响 [J].动物营养学报, 2013, 25（7）：1568-1578.

[85] 张琴, 童万平, 董兰芳, 等.饲料蛋白水平对方格星虫稚虫生长和体组成的影响 [J].渔业科学进展, 2012, 33（1）：86-92.

[86] 张世亮, 艾庆辉, 徐玮, 等.饲料中糖/脂肪比例对瓦氏黄颡鱼生、饲料利用、血糖水平和肝脏糖酵解酶活力的影响 [J].水生生物学报, 2012, 36（3）：466-473.

[87] 张颂, 蒋明, 文华, 等.饲料碳、脂比例对胭脂鱼幼鱼生长及糖代谢的影响 [J].华南农业大学学报, 2014.35（3）：1-7.

[88] 张银花, 刘畅, 曹永春, 等.黄芪多糖对鲫鱼生长性能及营养物质沉积的影响 [J].饲料研究, 2013（6）：65-68.

[89] 张云龙, 樊启学, 彭聪, 等.泥鳅仔稚鱼发育期间消化酶及碱性磷酸酶比活力的变化 [J].淡水渔业, 2013, 43（1）：19-23.

[90] 周凡, 王亚琴, 林玲, 等.饲料蛋白水平对中华鳖稚鳖生长和消化酶活性的影响 [J].浙江农业学报, 2014, 26（6）：1442.

［91］周晖，陈刚，林小涛 . 三种蛋白源部分替代鱼粉对军曹鱼幼鱼生长和体成分的影响［J］. 水产科学，2012，
  31（6）：311-315.

［92］朱杰，徐维娜，张微微，等 . 王敏克氏原螯虾的适宜蛋氨酸需求量［J］. 中国水产科学，2014（2）：300-
  309.

［93］朱磊，叶元土，蔡春芳，等 . 玉米蛋白粉对黄颡鱼体色的影响［J］. 动物营养学报，2013，25（12）：
  3041-3048.

撰稿人：麦康森　艾庆辉　任鸣春

渔药学科发展研究

一、引言

我国是世界水产养殖大国，渔业经济在农业、农村经济中占有重要地位。2013年，我国水产养殖产量达4542万吨，占当年全国水产品总产量的近74%，占当年世界水产品养殖总产量的近70%。随着我国水产养殖业的迅猛发展，养殖品种不断增加、养殖区域不断拓展、养殖规模不断扩大、养殖集约化程度不断提高，加上外源环境的日益恶化，养殖生物病害也日趋严重。为有效防治因水产养殖病害所造成的经济损失，药物防治鱼病便成为首选方法，我国的渔药产业也应运而生。为适应我国水产养殖生物病害防治事业发展的需要，近年来，我国的渔药学科体系建设和渔药研发工作异常活跃，新产品、新技术、新工艺不断涌现。

渔药是指为提高水产养殖产量和质量，用以诊断、预防和治疗水生动物病虫害，促进养殖水生动物健康生长以及为改善养殖环境所使用的一切物质。渔药包括抗微生物药物、杀（驱）虫药物、渔用消毒剂、养殖环境改良剂、饲料药物添加剂及生物制品等。渔药学科涉及较广，包括养殖、鱼病、制药、水化学、生物工程等多方面的基础专业知识，主要分为三类：一是水产养殖学与疾病学知识，包括养殖学、鱼病学、鱼虾免疫学、微生物学和普通药物学等；二是渔药使用环境类知识，包括水化学、水生生物学，水生生态学、水环境保护化学和水产品质量安全学等；三是与制药相关的基础知识，包括无机化学、有机化学、分析化学、精细化工、制药工程、发酵工程等。下面就近年来我国渔药学科体系建设和渔药研发方面的新成果（包括新产品、新技术、新工艺等）进行汇总分析。

二、我国的渔药学科体系建设进展

我国的渔药产业起始于20世纪90年代初，经过20多年的发展，已形成了一个年销售额 60 多亿元的产业群。但我国渔药学科体系却一直是空白，渔药研发工作总体上以渔药企业为主，少数渔业科研部位参与，研究领域也多限于现有兽药、农药、人药在水生物动物疾病防治中的药效方面，研究人员少、研究队伍小、研究水平不高、研究方法不规范、成果水平低等问题至今仍然没有大的改观，渔药学科仍依附在水产动物疾病学科上，尚没有建成一个独立的学科体系，但近年来有了一些进展。

（一）学科体系的建立

2005 年，基于"全国渔药地方标准升国家标准"（简称"升标"）的需要，应渔药企业的要求，经农业部畜牧兽医司的同意，由全国水产技术推广总站牵头成立了"升标"协作组，并聘请了来自全国各有关科研院校的 20 余位渔药领域的著名专家成立了"专家组"。"升标"工作结束后，全国水产技术推广总站继续保持与"专家组"的联系，组织他们开展了我国渔药学科体系的建设工作，历时 7 年多，相继编著出版了《渔药药剂学》《渔药制剂工艺学》《渔药药效学》《渔药药理学与毒理学》和《鱼病防治用药指南》，在我国第一次系统地梳理渔药研发、制作、应用等基础理论，填补了国内空白。

（二）渔药研发方法的规范

水生动物是变温动物，与陆生恒温动物的药理与毒理反应完全不同，受温度等环境因素的影响很大；因此，沿用陆生动物的药物研发方法来开发渔药有很大的局限性，不能良好地反映水生动物的生理特性。为解决这一问题，使渔药研究方法更加贴近水生动物的实际生理反应，在中国兽药监察所的主要领导下，汇集了渔药、兽药专家们，历时三年多时间，制定出了《水产养殖用抗菌药物药效试验技术指导原则》《水产养殖用抗菌药物田间药效试验技术指导原则》《水产养殖用驱（杀）虫药物药效试验技术指导原则》《水产养殖用驱（杀）虫药物田间药效试验技术指导原则》《水产养殖用消毒剂药效试验技术指导原则》《水产养殖用药物靶动物安全性评价研究指导原则》《水产养殖用药物环境安全性评价研究指导原则》《水产养殖用药物残留（休药期）研究技术指导原则》等 15 项试验技术指导原则，其中已有 7 项拟编入《中华人民共和国兽药典》（2015 年版）（以下简称《兽药典》），其他 8 项也拟争取编入 2020 年版《兽药典》。全部技术指导原则完成后，将会对我国渔药的研究工作提供统一而规范的技术规范，确保渔药研究方法的科学、规范、合理、有效，将会极大促进我国渔药研发工作，造福于中国的水产养殖业。

（三）国家标准渔药

在 2004 年以前，我国实行的是地方渔药标准。由于地方渔药标准存在着重复性大、标准不统一、产品低水平重复、管理不严及地方保护主义严重等问题，2005 年农业部决定开展"兽药地方标准升国家标准"工作；经过四年多的努力，到 2008 年"升标"工作基本完成，全国各地 400 多种地方标准渔药中有 180 多种升为国家标准渔药；经过近

4 年的试用期，截至 2012 年底，根据农业部 1435 号、1506 号、1759 号公告和《中华人民共和国兽药典》（2010 年）等统计，农业部批准并公布的正式国家标准渔约计 7 大类、104 个剂型、147 种（剂型 + 规格），包括：抗微生物药 23 种、杀虫驱药 15 种、消毒剂 16 种、中药类（药材、饮片、成方制剂、单味制剂）71 种、代谢调节与促生长剂 9 种、环境改良剂 7 种、水产疫苗 6 种。这 147 种国家标准渔药也是目前我国水产养殖业允许使用的渔药。

三、我国的渔药研发工作新进展

（一）渔药药效学研究

渔用药物效应动力学，也称为鱼类药物效应动力学，简称渔药药效学（fish pharmaco-dynamics），是研究渔药对机体作用及作用机制的科学，是鱼类药理学的一个重要内容。其研究主要集中在药物与药物作用靶点之间相互作用所引起的生理生化效应和产生这些效应的分子作用机制。渔药药效学，是指导水产养殖临床合理用药，避免药物不良反应和研制新药的重要理论基础。

近年来，我国许多科研机构开展了渔药药效学研究。影响渔药药效的因素很多，如温度、溶氧、给药方式、水产动物种类与个体大小、水体中有机污染物的多少以及细菌耐药性的差异等，均会对同种药物产生不同的药效。如宁波大学研究人员发现，在（25 ± 2）℃水温条件下，以 20 毫克 / 千克口灌给药氟苯尼考，每天 1 次，连续给药 3 ~ 5 天，可有效治疗大黄鱼细菌性疾病[4]。同时，比较了不同浓度的恩诺沙星对溶藻弧菌、最小弧菌、哈维氏弧菌、创伤弧菌的抑菌作用和杀菌作用，结果表明从 1 ~ 2 MIC 浓度其杀菌活性显著增加，但从 2 ~ 4 MIC 浓度其杀菌活性虽有所增加，但差异不显著[5]。厦门集美大学科研人员研究了中草药对养殖鳗鲡主要致病菌的抑制作用，结果表明五倍子、石榴皮、大黄、虎杖、黄芩 5 种中草药对 12 株养殖鳗鲡致病菌有较好的抑制效果[6]。中国科学院海洋研究所科研人员研究了抗菌肽的防病效果，在饲料中添加 5 ~ 10 毫克 / 千克重组对虾素可以显著提高吉富罗非鱼对嗜水气单胞菌的效应，与对照组相比较死亡率显著降低[7]。总体而言，渔药药效学研究在评价新药的功效和发现老药的新用途、为新药的临床研究提供实验依据、克服试验所受的各种限制和不足、揭示中药复方药效的物质基础及作用机制诸多方面都具有非常重要的意义[8]。

（二）渔药代谢动力学研究

药物代谢动力学（Pharmacokinetics），是通过数学模型，利用动力学原理，定量研究药物及其代谢产物在动物体内动态变化规律的学科，主要包括：一是药物在体内位置的变化，即药物的运转，如吸收、分布、排泄；二是药物化学结构的改变，即药物的转换（又称生物转化），亦即狭义的代谢。通过对药物在机体组织中的动态变化规律，弄清药物的疗效、毒性与药物浓度的关系，了解靶器官组织和药物浓度与时间的关系，从而为渔药的合理使用提供理论依据，对制定药物最高残留限量与休药期均有指导意义。

研究发现，由于给药途径不同，进而影响药物的吸收速度和吸收量，因而也影响药物作用的快慢与强弱，一般从快到慢依次为：静脉注射、肌肉注射、皮下注射、口服和药浴。静脉注射类给药途径没有吸收过程，直接通过血液循环进入分布相。在中草药代谢动力学研究方面，中国海洋大学科研人员研究了黄芩苷在中国对虾体内的代谢消除规律，连续7天给予100毫克/千克的药饵，HPLC法测定对虾不同组织中的黄芩苷含量，结果是肝胰腺＞鳃＞血液＞肌肉，黄芩苷在不同组织中的消除速度为血液＞肌肉＞鳃＞肝胰腺[9]。与一些抗生素相比较，中草药在动物体内残留较少，毒副作用小。在渔用抗生素研究方面，宁波大学科研人员研究了氟苯尼考在大黄鱼体内的代谢动力学，在 $25 \pm 2℃$ 水温条件下，对正常大黄鱼以20毫克/千克剂量单次口灌氟苯尼考后，采集各时间点肝脏、肾脏、肌肉、皮肤、血清，结果表明氟苯尼考较易到达大黄鱼深度组织，适合深度组织感染治疗，清除速率适中，残留少[4]。中国水产科学研究院南海水产研究所科研人员研究了温度对氟苯尼考的代谢的影响，发现氟苯尼考在罗非鱼体内消除速度，发现高温组快于低温组，而低温组吸收利用效率高于高温组。华中农业大学水产学院人员发现，氟苯尼考及其代谢物氟苯尼考胺在克氏原螯虾（*Procambarus clarkii*）体内的消除半衰期为10.01小时和16.00小时，说明氟苯尼考在克氏原螯虾体内的消除速率比氟苯尼考胺快[10]。

（三）渔药毒性毒理学研究

渔药毒性毒理学，主要是研究渔用药物对水产动物体的有害影响，包括有害影响发生的程度，频率和发生机制，阐明药物毒性的特点，中毒剂量和毒理机制[11]。

中国水产科学研究院淡水渔业研究中心的科研人员，采用静水生物毒性试验法测定了4种水产消毒杀菌药物：硫酸铜、高锰酸钾、生石灰和食盐对克氏原螯虾幼虾的急性毒性作用，并进行了安全浓度评价。结果表明，克氏原螯虾幼虾对4种药物的敏感浓度为：高锰酸钾＞硫酸铜＞食盐＞生石灰；克氏原螯虾对此4种药物具有较高的耐受性[12]。高锰酸钾对克氏原螯虾的安全浓度为0.44毫克/升，与河蟹对高锰酸钾安全浓度的研究结果（0.43毫克/升）相近；网纹石斑鱼为0.342毫克/升。克氏原螯虾对高锰酸钾的耐受性明显高于这些水产动物，因而高锰酸钾用于克氏原螯虾的浸洗消毒具有较好的安全性。浙江省淡水水产研究所科研人员采用静水法研究了4种常用水产药物对青虾幼虾的毒性。结果表明4种药物对青虾幼虾的毒性依次为：高锰酸钾＞溴氯海因＞聚维酮碘＞甲醛[13]。中国海洋大学科研人员比较诺氟沙星两种不同给药方式——药浴和药饵下的残留及消除规律，发现药浴和药饵给药后，中国明对虾肌肉中诺氟沙星的消除半衰期分别为40.19小时和31.01小时，药物达峰时间分别为24小时和4小时，药物达峰量分别为0.25微克/克和0.113微克/克，用诺氟沙星治疗中国明对虾疾病的休药期分别为3.84天（药浴）和3.90天（药饵）[14]。

（四）渔药安全学研究

渔药安全学，是研究渔药的原药及辅料对生产者和使用者，水环境及水产品消费者的影响及控制渔药危害的学科。研究目的包括：一是研究渔药对水环境的安全性，即药物和辅料及分解代谢物对水质、底质等生态环境的影响，控制药物对养殖生态环境甚至饮用水带来的直接污染；二是研究渔药残留物对消费者的安全性；主要是研究药物残留对人体健康的潜在危害，为设定休药期，禁用药，最大残留限量等提供依据，以最大限度地减少药物残留对公共健康的影响；三是研究渔药对生产者和使用者的安全性，以控制药物研制、生产和流通过程中的风险。如火灾、腐蚀等，避免药物对生产和使用者造成危害。

研究表明，长期使用含有重金属盐类（铜、铁、锌等）的渔药，造成养殖水域重金属超标。随着时间的推移，重金属在水体和底质中不断地富集，当底泥被搅动时将造成水体的二次污染。我国的《中华人民共和国国家标准渔业水质标准》（GB11607-89），对渔业水体内各种重金属离子的限量都做了明确的规定，如铜不得高于 0.01 毫克 / 升，锌不得高于 0.01 毫克 / 升。科研工作者研究发现，不同处理方式可不同程度地减少土霉素在凡纳滨对虾体内的药物残留量，与未做处理的对虾体内土霉素药物残留量对比，热处理如煮沸、烘烤、油煎等处理后，对虾肌肉和壳中土霉素残留水平比未处理的残留量低 20% ~ 50%；酸处理后的残留量降低 80%，而碱性处理后降低 30% 左右。这仅仅是对食用虾蟹中药物残留的探究，但在虾蟹养殖中如何降解药物残留的相关问题却未见报道。

（五）渔药制剂工艺学

渔药制剂工艺学，是根据渔药的使用水环境和使用方法，研究和设计安全、经济、简单的制剂型和制造工艺技术的一门学科。合理的渔药剂型可以在水产品安全用药方面起到事半功倍的效果，提高渔药生物利用度，降低药物的毒副作用，增强药物的缓释和控释性能，延长药物作用时间，提高渔药的稳定性。

科研人员对渔药剂型治疗鱼病的作用开展了大量研究，有研究表明，盐酸土霉素和烟酸诺氟沙星分别连续使用 5 天，池塘养殖的患病斑点叉尾鮰即可基本停止死亡，有效治愈率分别可达 66.24% 和 60.89%。将交杀霉素和克病威结合使用 3 ~ 5 天，患腐皮病的黄鳝也基本停止死亡，有效率高达 71.5% 和 76.0%；0.05 毫克 / 升 2% 的阿维菌素乳油对患锚头蚤的银鲫治疗率达 92% 时的时间需要 24 小时，而 0.05 毫克 / 升 2% 的阿维菌素水乳剂对患锚头蚤的银鲫，取得相同的疗效仅需 6 小时。上海海洋大学的科研人员利用冷冻干燥法制备了诺氟沙星—壳聚糖微囊制剂，同诺氟沙星原料药相比，壳聚糖包埋对诺氟沙星在草鱼血浆中的吸收、代谢速率明显延缓，生物利用度明显增加[15]。适当的药物剂型能降低药物对动物的毒副作用，科研人员比较了去甲斑蝥素缓释剂型与普通剂型对大鼠的急性毒性，试验结果表明缓释制剂对肝脏的刺激毒性低于普通制剂，缓释制剂安全性更高。

据调查，国外水产养殖发达国家原料药与制剂品种的比例为 1 : 5 ~ 1 : 7，我国原料药与制剂之比平均为 1:2 ~ 1:3，这与我国长期以来重视原料药而忽视制剂和辅料的研究开发有关。在我国渔药剂型中，粉散剂和预混剂大约占了三分之二，片剂、注射剂、胶囊剂、透皮剂、缓释剂、长效制剂等都有，但所占比重很小。造成我国渔药剂型较少的原因主要是我国渔药的制剂科技水平还很低，和国外相比有很大的差距，这就是为什么一种相同的药物制剂，进口产品往往比国产的疗效好，价钱高的主要原因。另外，由于价格和成本的原因，一些渔药企业也不愿意在制剂技术上、辅料筛选上下工夫，这种状况亟待改善。

（六）渔用疫苗研究

渔用疫苗在欧美地中海沿岸和亚太地区等 40 多个国家使用，在三文鱼（鲑、鳟鱼类）养殖中渔用疫苗应用技术相对成熟；2011 年仅养殖三文鱼疫苗的市场就近 1 亿美元。挪威三文鱼养殖是渔用疫苗推广应用成功的典范，挪威 1987 年生产三文鱼 5.5 万吨，使用抗生素 48.5 吨，平均每产 1 吨三文鱼用近 1 千克的抗生素药物，到 1994 年底，由于渔用疫苗的开发应用，生产三文鱼 24.9 万吨，仅使用抗生素 1.4 吨，基本不使用抗生素，死亡率控制在 5% 以下。可以说，渔用疫苗因其可安全有效地预防水产养殖动物疫病，已成为国际上水产疫病防控的主流技术[16]。

我国渔用疫苗研发相对滞后，到目前为止，我国有 4 个疫苗获得国家新兽药证书，直到 2011 年初批准草鱼出血病活疫苗的生产使用［农业部公告 1525 号］，才正式开启了中国渔用疫苗产业化进程。近 10 年来，随着国家科技投入的增加，全国有近 30 家科研单位开展渔用疫苗相关研究，据不完全统计，涉及病原 27 种（类）、其中病毒 10 种（类）、细菌 14 种（类）和寄生虫 3 种（类）。如江西师范大学科研人员研究了注射草鱼出血病疫苗以提高鱼体血清中的特异性与非特异性免疫学指标，进而增强鱼体的免疫保护力，结果表明鱼体血清中的免疫球蛋白 M（IgM）、补体及溶菌酶浓度均高于对照组[17]。南京农业大学和中国水产科学研究院长江水产研究所科研人员以福尔马林灭活的嗜水气单胞菌作为免疫原，能够通过促进血细胞数量的增加、吞噬细胞吞噬活性增强以及特异性抗体的产生等方式提高大鲵的免疫保护力[18]。在基因工程疫苗研究方面，科研人员利用基因缺失突变技术构建的海水养殖鱼类弧菌病海洋鳗弧菌减毒活疫苗和大菱鲆腹水病迟钝爱德华氏菌弱毒活疫苗于 2012 年进入临床验证阶段[19, 20]。有关学者利用菌蜕制备技术先后构建了鳗弧菌菌蜕，嗜水气单胞菌菌蜕，迟缓爱德华氏菌菌蜕以及柱状黄杆菌菌蜕等[21-23]。

在水产疫苗的佐剂研究上，美国默克公司的杀鲑气单胞菌疫苗和鲑鱼阿尔法病毒疫苗中分别应用 MontanideISA711 和 Montanide ISA763A 佐剂，提高了疫苗的稳定性[24]。此外，矿物盐佐剂中常用的氢氧化铝胶对大西洋鲑杀鲑气单胞菌疫苗、鲫鱼肠道败血症疫苗和牙鲆迟缓爱德华菌疫苗等有较好的佐剂效果[25]。在渔用疫苗生产方面，一些陆生动物疫苗生产企业也通过建设生产线或其他方式开始涉足渔用疫苗领域。

当前，针对疫苗免疫机理的研究主要集中于提高血清抗体效价等特异性免疫方面，对使用疫苗对机体非特异性免疫的影响尚缺乏研究。

四、国内外渔药研究比较

我国是世界第一水产养殖大国，一直以传统养殖模式为主，特点是养殖分散，粗放型养殖为主，环境保护意识欠缺，而国外以捕捞为主，水产养殖为辅，养殖水环境普遍优于我国的水环境，用药量小。同时，国内外的养殖品种、养殖方式也不同，国外的疫病防控技术也不能完全适用于我国的养殖情况。因此，从水产养殖业可持续发展的需求分析，我国渔药技术既不能完全引用医药、兽药和农药技术，也不能依靠国外引进，必须进行自我创新，这就要求必须建立完整的渔药学科体系，发展渔药研发事业。

（一）渔药研究基础存在差异

我国水产养殖动物种类高达 400 余种，具有一定产业规模（年产 1 万吨以上）的养殖品种也在 200 种以上，而国外水产养殖品种较少，如挪威主要养殖大西洋鲑、北极红点鲑等枯文鱼类；美国主要养殖斑点叉尾鮰、罗非鱼等。因而，国外水产养殖使用渔药较少，而我国渔药市场需求量大。我国现有国标渔药 140 余种，其中已进行药动学研究并可指导其生产的渔药种类还不到现有常规使用渔药种类的 10%，目前仅有的数据与资料还远远不能支撑渔药的安全使用技术体系的建立。主要问题体现在：一是由于药物代谢所存在的动物种属差异，同一动物存在的不同药物的代谢差异，为渔药的科学使用带来了极大难度。二是大量渔药的残留限量、休药期、给药剂量及用药规范等方面资料的匮乏，导致渔药在使用上存在着很大的盲目性。三是禁用药物替代制剂研究成果不显著。自 2002 年起，农业部先后颁布了一系列的法规和技术标准，规定了氯霉素、孔雀石绿等禁用渔药清单（共 31 种），但由于对这些禁用药物的安全性危害认识不足或者是出于利益驱动，在基层水产养殖、活体运输等环节中，这些禁用药物还屡屡被违法使用。从以上可以看出，在科学用药方面，我国与国外水产养殖发达国家还存在较大差距。

（二）渔药研究重点各有侧重

国外渔药的研发特点是，食用水产动物用药相对较少，观赏鱼用药（研发使用）增多，抗寄生虫药物增多，抗菌药物减少，同时，比较重视复方制剂和新制剂的研发。因为新药的研发需要投入大量的人力、物力和财力，一个新药的诞生需要花费数十亿美元，投资风险很大，相对来说药物新制剂比较少，像控释、透皮、靶向等研发技术投入比较少。此外，由于水产养殖业使用抗菌药带来的耐药性传播扩散，更加受到世界卫生组织的关注，这种情况下使新抗菌药研发的积极性受到一定的打击，这也是国外抗菌药物研发逐渐减少的原因之一。

近年来，由于对食用水产品质量安全要求的逐步提高，药物残留受到重视，因此，我国研究开发的渔药主要用于食用水产动物，其中 60% 以上的药物为抗菌药物，其他药物如抗寄生虫类药物发展相对缓慢。借鉴国外已有或正在研发产品的技术，我国未来几年内新渔药的研发重点有以下几方面：一是从动物或植物中发掘活性物质；二是从传统的中草药中筛选有效药物；三是对现有药物进行结构改造，通过定量构效关系研究，获得新药信息；四是关注微生物制剂、酶制剂（如葡萄球菌酶）等的研发，益生菌、噬菌体、抗菌肽、细菌素（如溶菌酶）、寡聚糖、糖萜素以及酵母细胞壁制剂的研发等；五是开发中草药复方制剂，要注重发掘经典处方。此外，国外在生物药物研究方面，包括生物技术药物、生化药物、生物制品等，近10年来有了较大的发展，研发投入不断增加，市场销售额也有了较大的扩展，近年来由于抗菌促生长剂的禁用，寻找生物药物作为替代品正成为一个研究热点。

（三）渔药管理理念

在渔药管理方面，日本是水产养殖较发达的国家，也是亚洲国家中渔药管理制度最完善的国家。日本农林水产省水产厅发布"日本水产养殖用药现状与使用指南"，对药物使用方法、休药期等进行规定，并根据使用情况定期进行修订、补充，渔药从申报到审批约需要一年时间。欧盟关于兽药产品（veterinary medicinal product）的含义较广，包括用于动物的所有健康和卫生产品，并且首次提出药物的安全与残留问题。兽用处方药制定了最大残留限量（MRL）的原则和方法，最高残留限量的确定在每个成员国都是市场准入的前提。实际上，目前在有关最高残留限量公布之前各国兽药管理机构不会接受新药的市场准入申请。而且，只有当公布了活性成分的MRL后，才允许开展新药的临床试验。欧盟成员国的管理部门对包括产品、目标动物的安全试验、环境风险评估及产品的使用效果等文件进行评估之后才会获得市场准入授权，同时注明休药期。美国水产养殖业处在发展阶段，因此，渔用药物使用量也在增加。美国水产养殖用药严格遵从联邦政府和各州的法令法规、条例和指南等管理规定。药品必须由美国食品药品管理局（FDA）依照《联邦食品药品与化妆品法案》（FFDCA；21 U.S.C.301–329）进行审批。所有合法使用的药物都必须获得"兽药中心"审批，需要审批的内容包括生产许可、食用物种的安全性和药品的有效性，美国特别需要环境评价。美国由于对渔药管理十分严格，一种药物往往只能用于某种特定的动物，治疗特定的疾病，因此，药物应用范围很小，药物开发成本相对较高，制约了渔药的研究开发工作。

我国渔药管理工作基本上处于起步阶段，还有很多方面需要完善。一是缺乏渔药评审标准和办法。我国现行的渔药评审规则主要延用于畜禽药物，但由于渔药的使用环境、对象、方法与兽药差异较大，若完全参考兽药规则，会在评审过程中出现不符合生产实际等问题。二是渔药基础理论、药效评价标准还不够完善。很多渔药缺乏全面的药动、毒性毒理学数据，如已被批准使用的氯制剂、重金属盐类等渔药，均缺乏特殊毒理学、水域生态毒性研究等数据。三是由于缺乏研究，我国政府管理部门对渔药的管理决策偏向于事后控制，对于一些药物的残留、禁用控制决策都依赖于水产品进口国的政策，而缺乏对渔药研究的引导和相关政策，由于缺乏基础研究，这种决策方式带有很大的盲目性。

（四）渔药残留标准研究存在差异

我国与主要贸易国（欧盟、美国、日本）的水产养殖允许用药情况差异非常大，从而导致对渔药残留的限量要求不一致。一是我国水产养殖地域广、种类多、数量大，允许使用的渔药品种较多（抗微生物药和杀虫驱虫药的种类比日本少，但高于其他国家），其中一些其他国家根本不允许使用，也就不会有相应的限量规定；二是为了解决养殖方式粗放、环境污染严重等问题，在我国允许使用的渔药中包括了消毒剂和环境改良剂，有可能在改善环境的同时，造成鱼体的残留，需要在进一步风险评估的基础上提出是否需要制定限量；三是我国允许使用的渔药中还包括了70多种中药，成分非常复杂，虽均是天然物质，但水产动物食用后是否会导致残留以及残留水平是否会造成质量安全问题，更是一个尚未开展研究的空白领域；四是在允许使用的渔药中，很多是复方制剂，但考虑到限量问题，必须针对复方中的主药进行限定。归其原因，是由于我国缺少对允许使用渔药的相关研究，在按规定使用渔药时，水产动物体内代谢残留状况、允许使用渔药的毒理学试验等方面均缺少数据支持，导致无法提出科学合理的药残限量指标。因此，亟须设立渔药限量标准专项，加大资金投入，加强对渔药的基础研究。

五、我国渔药发展趋势与展望

渔药学科作为一个新兴学科，事关国家水产品质量安全水平，人民身体健康，不容小视。近年来，我国相继发生的一系列水产品药物安全事件，集中暴露了我国渔药基础理论研究薄弱的问题，2006年"多宝鱼"事件几乎毁灭了全国大菱鲆养殖产业，水产养殖工作者至今心有余悸。因此，渔药的研究就显得越发重要。渔药的研发、生产必须遵循食品安全的法律、法规要求，这极大地增加了渔药研发的难度。因此，国家科研决策部门应采取必要的政策措施，统一规划，合理调配资源，推进我国渔药学科的建设和发展，提升我国渔药行业整体科技创新水平，为我国水产养殖业的健康、可持续发展提供必要保证。

（一）制定渔药学科长期发展战略

为对渔药学科发展进行指引，国家相关行业及科技管理部门，应在国家渔业科技发展规划中制定渔药学科发展规划，明确学科内涵和发展方向，有计划、有步骤地组织推进渔药学科建设，优先安排当前渔药研究中亟须、影响比较大的研究项目。同时，加强渔药研究人才队伍建设是推动渔药学科发展的关键。一是在研究基础较强的大学、研究机构或企业建立国家级或省部级渔药重点实验室，给予财政支持，提高渔药研究的装备水平，提升科研能力和水平，如果条件许可，可在相关研究机构中建立专业渔用药物研究中心，聚集跨行业，跨单位的渔药研究力量，加强各种渔药研究力量的集合，集中攻克关键的渔药技术。二是引导有条件的大学、科研机构设立渔药研究方向的硕士点和博士点，按照渔药学科理论和科研需要开设研究生课程，培养基础理论全面的中、高级渔药研究和开发人才，充实到渔药行业中的管理、科研、生产和推广应用等岗位。

此外，国家渔药行业管理部门，应加强对学术组织的宏观指导，使其发挥对渔药学科建设的组织作用。如2010年5月在广州成立的"渔药产业技术战略联盟"，就是由全国从事渔药生产的企业和渔药技术研究的科研单位、高校等35个单位根据科技部有关产业技术联盟的政策自愿组成的。2011年9月，中国水产学会成立了渔药专业委员会。这些行业协会的最大优势在于聚集了全国的渔药研究力量，对于有产业前景的技术，可多方筹集资金，集中攻克技术难题。

（二）加强学科基础理论研究

自然科学和生命科学的研究往往需要建立标准的研究模型和研究方法，以满足研究的准确性和规范性要求。但渔药研究尚没有统一的方法和标准。一是目前缺乏标准实验水产动物，在兽药和医药研究中，有严格的标准动物作为实验对象，而我国水产养殖动物繁多，渔药研究中尚缺乏用于药物研究的标准实验动物；二是渔药研究尚无统一的水质标准规定，渔药以水为载体，而水产动物是变温动物，水温、pH值、溶氧、硬度、盐度、碱度等都会影响药物的代谢和效果，水质条件不同，同一种渔药的研究结果和结论可能会不同。渔用药物研究，必须以标准实验用水为基础条件；三是渔药研究无标准实验和评价方法，我国的渔药研究基本模仿兽药的实验方法，如注射、口灌等方式给药，这些方法是否适用还值得探讨。

长期以来，我国渔药残留检测方法一直是借用畜牧兽医的检测方法。我国现有的140余种国标渔药中，仍有尚未建立相应检测技术标准的渔药；对于已建立检测标准的渔药，还要不断提升技术水平以适应产业发展的需求；禁用药物缺乏有效的快速检测手段，尤其缺乏非实验室条件下的快速、灵敏、高通量的水产品药物残留检测方法。同时，组织力量认真总结渔药的已有研究成果，搜集整理已有药物的研究数据，编写具有权威性的基础性教科书和工具书，奠定渔药学科发展的理论基础。目前我国已建立了"渔药药理学与毒理学""渔药制剂工艺学""渔药药剂学""渔药药效学"等基础学科，但相对于我国的渔药产业和水产养殖业对渔药的发展需求，相关学科建设还远远不够，许多领域还是空白。

组织开展禁用渔药替代制剂的研发。加强禁用药物的替代制剂研究，从源头上杜绝违禁使用禁用药物事件的发生。以孔雀石绿替代制剂的研发为突破口，加大研发投入力度；根据生物学作用机理与计算机辅助设计的方法，对现有抗生素产品的结构进行改造，设计全新结构的化合物，生成新的抗生素，提高疗效，降低毒性，是今后抗生素研究的一个主流，也可以利用这种方法，合成动物专用抗生素，以减少耐药性的发生。

（三）加强渔药新制剂和剂型的研发

出于对水产品质量安全（药物残留）和养殖水产动物疾病有效防治的需要，现代水产养殖业对渔药的质量要求越来越高。但渔药产品，作为企业行为单独开发和研制，若要研制出高效、低毒、低残留、低污染的产品，不仅成本高、难度大、时间长，而且因目前受我国渔药企业的经济和技术实力等方面的限制，几乎是不可能的。因此，从我国水产养殖业生产需要和渔药企业的发展需要出发，较为行之有效的方法是通过渔药剂型、组方和加工工艺上的改变与改进，通过延长和拓展渔药作用对象等，减少或避免渔药对养殖动物的不良影响以及对养殖水环境的影响，提高渔药生产企业和水产养殖企业的经济效益。

在日益注重质量安全的条件下，应大力开发使用对环境友好的水性、粒状、微囊、缓释等新剂型的渔药。微乳剂（micryemulsion，ME），是一种由水相、油相、乳化剂和助乳化剂组成的外观为半透明至透明，热力学稳定的油水混合系统。水乳剂（emulsion in Water，EW）是将液体或溶剂混合制成液体渔药制剂，原药以粒径 0.5 ~ 1.5 微米的小液滴分散于水中，外观为乳白色牛奶状；水分散粒剂是近年来才开发出的一种新剂型，由原药、分散剂、润湿剂、粘结剂、崩解剂和填充料组成，粒径为 200 微米至 5 毫米，入水后能迅速崩解、分散，形成高悬浮分散体系；泡腾片剂，是一种使用极方便的渔药新剂型。其外观为片状，使用时直接施放于养殖水体中，药片中碳酸盐与有机酸在水中迅速反应而产生二氧化碳气体，使泡匀崩解，通过扩散剂的作用，向周围均匀扩散，使有效成分接触靶标而发挥作用。此外，国内外渔药科技工作者还开展了离子液自乳剂、微囊制剂、缓释剂、长效制剂、透皮剂等新型制剂的研究和产品开发工作。这些新剂型的研发，一方面提高了渔药药效，另一方面也对水产品质量安全、药物残留起到了控制作用。

（四）加强抗菌肽和功能性糖类的研发

抗菌肽又称抗微生物肽，是一种具有广谱抗微生物活性的小分子多肽，是生物体先天非特异性防御系统的重要组成部分。抗菌肽不仅对革兰阳性菌、阴性菌有抑制作用，还能抑制或杀灭真菌、原虫和部分有包膜的病毒等。这类活性多肽具有免疫原性小、热稳定性好、水溶性好、抗菌谱广等优点。已有研究表明在动物日粮中添加抗菌肽能够提高动物的生产性能和饲料利用率，改善动物肠道微生态环境，提高动物的免疫机能与抗病力。如饲喂抗菌肽的罗非鱼进行嗜水气单胞菌的攻毒试验，结果发现当添加量为 5 ~ 20 毫克 / 千克时，嗜水气单胞菌攻毒后的死亡率显著降低，证明摄食抗菌肽可以显著提高罗非鱼的抗病能力，可能是由于抗菌肽在鱼体内直接发挥杀菌的作用，也可能与抗菌肽提高了抗氧化酶与溶菌酶的活力有关[26]。在河蟹饲料中添加 0.4% 抗菌肽，可以显著提高肝脏、肌肉组织中超氧化物歧化酶活性和总抗氧化能力，显著降低血清谷丙转氨酶球蛋白及肝脏肌肉性腺中丙二醛浓度[27]。

功能性糖类包括多糖和寡糖。寡糖也称为低聚糖，是一种广谱高效的非特异性免疫促进剂，由 2 ~ 10 个糖苷键聚合而成的化合物，它们常常与蛋白质或脂类共价结合，以糖蛋白或糖脂的形式存在，能够作为双歧杆菌的增殖因子，有效促进鱼体内有益菌的生长繁殖，抑制腐败菌生长，起到抗病促生长作用。研究表明，在基础饲料中添加寡糖，能显著提高鱼类的生长速度和饵料利用率，同时可以提高非特异性免疫功能和调节血脂水平[28]。研究也发现壳寡糖对对虾的血细胞产生的活性氧，有不同程度的诱导增强作用[29]。

由于抗菌肽和功能性糖类具有安全无污染，且提高免疫活性细胞功能，增强养殖动物机体防御能力，特别是对于养殖动物的免疫系统低下，和抗生素治疗病毒类疾病无效的情况下，它们具有其他防治方法无法比拟的功效，可特异地及非特异地提高机体的免疫功能，明显加强抗病毒能力，在一定程度上可以代替常规方法解决病毒病的治疗，从而迈出了以杀灭病原体为主的治疗原则，逐渐转向以促进和调整免疫功能为主的治疗措施，因此抗菌肽和功能性糖类作为免疫增强剂，必定具有广阔的研究空间和极高的研究价值。

（五）推动渔用无公害中草药研究

在国内外对水产品质量安全要求不断提高的环境下，开展无公害渔药的研制就显得迫切。中草药作为开发绿色安全高效的渔药成为目前的研究热点。中草药在我国分布广泛，资源丰富，常见的种类多达 5000 余种，居世界第一。目前常用的中草药饲料添加剂有 1000 余种，而人和哺乳动物所用的大多数具有免疫增强效果的中草药也适用于水产动物[30]。当前，中草药的开发成为科研工作者和渔药企业关注的热点，在中国、墨西哥、印度、韩国、泰国和日本等国家有关中草药成功防治水产动物疾病的研究已有大量报道。研究表明，一些中草药及其提取物不仅对副溶血弧菌（*V.parahaemolyticus*）、霍乱弧菌（*V.cholerae*）、嗜水气单胞菌（*A.hydrophila*）、温和气单胞菌（*A.sobria*）等致病细菌有抑制和杀灭作用，适宜质量浓度的中草药还对对虾黄头病病毒、白斑综合征病毒等也有一定的抵抗作用[31]。除此之外，一些中草药在防治指环虫病、小瓜虫病、草鱼出血病、肠炎病、烂鳃病、赤皮病等也有很好的效果[32]。

中草药有效成分的提取、分离和纯化，这是有效利用中兽药的重大课题，研究人员在这方面做了大量工作，但至今还达不到满意的效果，总的认为应该研发程序简单、成本低廉的技术工艺流程来提取有效成分。在中草药的给药方案研究中，目前，方案的制订主要根据临床的防治效果，由于很少做药物动力学，很困难试验，中草药的给药方案很多是经验式的，没有很多的科学实验依据。此外，中草药的残留问题还是一片空白，中草药在动物体内如何代谢，产生什么代谢产物，哪些产物有可能在可食性组织残留等，目前对这些问题知之甚少，"中草药无毒、无残留、无耐药性"是缺乏科学根据的，需要在这方面多做研究工作[33]。

（六）加强渔用疫苗的研究

我国对水产动物疫病的防控方针，一直提倡"预防为主，治疗为辅"。但我国的水产动物保健品除了疫苗和少数促生长添加剂外，绝大部分都是治疗药物，而且抗菌药占了2/3，这种现状必须改变，要把研发重点前移，重点放在预防药和保健药上。因此，渔用疫苗研究大有可为，并且势在必行。我国渔用疫苗使用可追溯到20世纪60年代末，草鱼出血病组织浆灭活疫苗的推广使用。但人工渔用疫苗使用是在2011年草鱼出血病活疫苗获得生产许可后推广使用的，2013年草鱼出血病活疫苗在全国示范推广点已经建立超过100个，以渔用疫苗为核心技术开展水产动物疫病区域化管理，应用在江西、山西等地，初步显示了水产动物疫病免疫可控的效果。

进入21世纪后，随着基因工程重组亚单位疫苗、核酸疫苗产业化的发展，工程菌高密度发酵与高效表达，菌体裂解超滤和层析等分离提取纯化技术的进一步完善，大幅提高了目标蛋白核酸的提取率。利用基因缺失突变技术构建的海水养殖鱼类弧菌病海洋鳗弧菌减毒活疫苗和大菱鲆腹水病迟钝爱德华氏菌弱毒活疫苗于2012年进入到临床验证阶段[34-36]，预计中国在未来10年内将有一批基因工程疫苗产品面世，渔用疫苗将大面积的推广应用。

—— 参考文献 ——

［1］ 李宁求，余露军，吴淑勤，等.鳗源迟缓爱德华氏菌菌蜕的构建及制备条件优化［J］.水产学报，2012，36（11）：1754-1762.

［2］ 赵勇，王敬敬，唐晓阳，等.水产品中食源性致病微生物风险评估研究现状［J］.上海海洋大学学报，2012，21（5）：899-905.

［3］ 王玉堂.替代孔雀石绿和硝基呋喃类禁用药物的药物筛查报告［J］.中国水产，2012（9）：53-54.

［4］ 马寅.氟苯尼考和恩诺沙星在大黄鱼体内的代谢动力学研究［D］.宁波大学，2012.

［5］ 马寅，金珊，余开，等.恩诺沙星对4种水产致病弧菌的抑杀菌效应［J］.微生物学通报，2011，38（8）：1216-1221.

［6］ 靳恒，李忠琴，罗鸣钟，等.5种中草药和9种抗生素对养殖鳗鲡主要致病菌的抑制作用［J］安徽农业科学，2102，40（32）：15737-15740.

［7］ 姜珊.两种水产动物抗菌肽的重组表达工艺优化与药理药效研究［D］.中国科学院，2011.

［8］ 汪开毓，汪建国，王玉堂.渔药药理学与毒理学［M］.长春：吉林人民出版社，2013.

［9］ 李小彦.黄芩苷在中国对虾体内的代谢及对诺氟沙星残留消除规律的影响研究［D］.中国海洋大学，2010.

［10］ 岳刚毅，吴志新，杨倩，等.氟苯尼考及氟苯尼考胺在克氏原螯虾体内药物代谢动力学［J］.水生生物学报，2011，35（2）：307-312.

［11］ 王玉堂.渔药药物效应动力学研究［J］.中国水产，2013（2）：47-52.

［12］ 赵朝阳，周鑫，徐增洪.4种水产药物对克氏原螯虾的急性毒性研究［J］.吉林农业大学学报，2009，31（4）：456-459.

［13］ 李飞，郭建林，张宇飞，等.4种常用水产药物对青虾幼虾的毒性研究［J］.生物学杂志，2013，30（6）：62-65.

［14］ 孙铭，李健，张喆，等.诺氟沙星2种不同给药方式在中国对虾体内的残留及消除规律［J］.中国海洋大学学报：自然科学版，2011，41（5）：43-48.

［15］ 赵依妮，李怡，胡鲲，等.诺氟沙星壳聚糖微胶囊缓释作用研究［J］.水生动物学报，2014，38（4）：675-680.

［16］吴淑勤，陶家发，巩华，等.渔用疫苗发展现状及趋势［J］.中国渔业质量与标准，2014（2）：1-13.

［17］张建强，夏迎秋，吴圣楠，等.注射草鱼出血病疫苗对草鱼3种血清蛋白指标的影响［J］.江西农业大学学报，2014，36（2）：390-394.

［18］杨星，刘文枝，肖汉兵，等.嗜水气单胞菌灭活疫苗免疫后大鲵外周血免疫指标的变化［J］.中国水产科学，2014，21（3）：621-628.

［19］石竹，刘琴，张智，等.基于斑马鱼模型的鳗弧菌减毒活疫苗的生物安全性评价［J］.华东理工大学学报：自然科学版，2011，37（6）：722-726.

［20］甘玲玲，王蔚芳，雷霁霖，等.鲆鲽类渔用疫苗研究现状及展望［J］.渔业科学进展，2013，34（2）：125-131.

［21］管玲玉.基于体内诱导裂解系统的大肠杆菌和鳗弧菌载体疫苗设计与构建［D］.上海华东理工大学，2013.

［22］储卫华，庄禧懿，陆承平.嗜水气单胞菌菌蜕的制备及其对银鲫的口服免疫［J］.微生物学报，2008，48（2）：202-206.

［23］祝文兴.柱状黄杆菌（*Flavobacterium columnare*）菌蜕疫苗的研究［D］.济南：山东师范大学，2012.

［24］C.Tafalla，J.Bgwald，R.A.Dalmo. Adjuvants and immunostimulants in fish vaccines：current knowledge and future perspectives［J］. Fish Shellfish Immunol，2013，35（6）：1740-1750.

［25］X.D.Jiao，S.Cheng，Y.H.Hu，et al. Comparative study of the effects of aluminum adjuvants and Freund's incomplete adjuvant on the immune response to an Edwardsiellatarda major antigen［J］.Vaccine，2010（28）：1832-1837.

［26］姜珊，王宝杰，刘梅，等.饲料中添加重组抗菌肽对吉富罗非鱼生长性能及免疫力的影响［J］.中国水产科学，2011，18（6）：1308-1314.

［27］王一娟，何义进，谢骏，等.抗菌肽对河蟹生长免疫及抗氧化能力的影响［J］.江苏农业科学，2011，9（2）：340-343.

［28］孙立威，文华，蒋明，等.壳寡糖对吉富罗非鱼幼鱼生长性能非特异性免疫及血液学指标的影响［J］.广东海洋大学学报，2011，31（3）：43-49.

［29］徐永平.壳寡糖对中国对虾血细胞体外吞噬过程中活性氧作用的影响［J］.宿州学院学报，2012，27（2）：40-43.

［30］陈丽婷，郇志利，王晓清，等.中草药添加剂在水产养殖中的应用研究进展［J］.水产科学，2014，33（3）：190-194.

［31］钮超，张其中，罗芬.20种中草药杀灭离体小瓜虫的药效研究［J］.淡水渔业，2010，40（1）：55-60.

［32］汪永洪.中草药在鱼病防治中的应用［J］.安徽农学通报，2012，18（12）：41-42.

［33］陈杖榴.国内外兽药研发的动向与未来的思考［J］.兽医导刊，2010（19）：46-49.

［34］石竹，刘琴，张智，等.基于斑马鱼模型的鳗弧菌减毒活疫苗的生物安全性评价［J］.华东理工大学学报：自然科学版，2011，37（6）：722-726.

［35］甘玲玲，王蔚芳，雷霁霖，等.鲆鲽类渔用疫苗研究现状及展望［J］.渔业科学进展，2013，34（2）：125-131.

［36］杨淞，李宁求，石存斌，等.风险分析在水生动物健康管理上的研究进展［J］.江苏农业科学，2012，40（1）：195-199.

［37］汪建国，陈昌福，王玉堂，等.渔药药剂学［M］.北京：中国农业出版社，2008.

［38］叶雪平，杨先乐，王玉堂，等.渔药制剂工艺学［M］.北京：中国农业出版社，2008.

［39］汪建国，王玉堂，陈昌福.渔药药效学［M］.北京：中国农业出版社，2011.

［40］汪开毓，汪建国，王玉堂.渔药药理学与毒理学［M］.长春：吉林人民出版社，2013.

［41］汪建国，王玉堂，战文斌，等.鱼病防治用药指南［M］.北京：中国农业出版社，2012.

撰稿人：王玉堂 冯东岳

捕捞学科发展研究

一、捕捞学科的研究进展

为保障渔业资源的可持续开发利用，结合《中国水生生物资源养护行动纲要》和海洋渔业"走出去"战略，我国已把海洋渔业提升为战略产业，并对海洋渔业的可持续发展提出了更高的要求，出台了《国务院关于促进海洋渔业持续健康发展的若干意见》（国发〔2013〕11号），发布了《海洋捕捞准用和过渡渔具最小网目尺寸制度》和《禁用渔具目录》通告，进一步从源头上保障对渔业资源的合理利用。捕捞学科在配合国家政策要求，在负责任捕捞技术、远洋渔业新资源开发和促进我国捕捞业可持续发展方面开展了大量研究工作，在服务保障、技术支撑、人才培养和成果创新等方面研究取得了较大的进展。

（一）渔具渔法研究取得重大突破

根据国家资源养护和渔具规范管理的要求，重点对主要渔具进行了调查和规范命名，经过近3年的不断补充和完善，采集我国渔具共85种，按渔具分类分别为刺网类8种，围网类5种，拖网类7种，张网类23种，钓具类7种，耙刺类12种，陷阱类5种，敷网类、抄网类、大拉网类、掩罩类共计13种。经专家审定准用渔具为30种，过渡渔具为42种，禁用渔具为13种，并分别提出了过渡和准用渔具使用的限制条件和要求，为我国负责任捕捞渔业规范管理提供了决策依据。

在渔具结构与性能优化方面，分析了大网目底拖网网身长度设计参数对网具阻力、网口垂直扩张和能耗系数的影响，身周比在0.13时网具获得最佳的网口垂直扩张；当身周比在0.1～0.13时，能耗系数最低，拖网速度对网具性能的影响明显。大型中层拖网使用帆布垂直扩张，在高拖速时，在提高网口高度和降低能耗系数的优势；但在低于4节时，优势不明显。通过对传统张网渔具网口网衣结构优化，使之成为有翼结构，并适当放大网目尺寸，网口网衣扩张、网具总体工况得到改善，网口垂直扩张增大，网具阻力下降，有利于保护资源和保障生产安全。

在渔具捕捞性能研究方面，通过对不同渔具的渔获物结构和组成分析，东海区双船拖网渔获种类69种，其中鱼类为57种、虾蟹类有8种、头足类为4种。其中数量较多的经济鱼种是带鱼（*Trichiuruslepturus*），小黄鱼（*Pseudociaenapolyactis*），棘头梅童鱼（*Collichthyslucidus*），刺鲳（*Psenopsisanomala*），分别占总渔获的70.1%、2.65%、6.82%和4.55%。带鱼渔获物肛长范围为90～260毫米，平均肛长为159毫米，优势肛长组为130～190毫米，占总数的70%以上。小黄鱼体长范围在60～190毫米，群落分布情况以体长在110～120毫米为分界线，左侧的60～110毫米体长分布数与右侧的120～190毫米的体长分布数均较多，但总体来说是60～110毫米的体长分布数多。南海区虾拖网春季渔获组成共鉴定了36个渔获种类，其中虾类8种、鱼类19种、蟹类4种、头足类2种、螺类2种，还有虾蛄。经过种类鉴定和生物学测量，共获得851个生物学数据。调查发现虾蛄是最重要的渔获，分别占渔获总重量和数量的52.03%和67.11%。

在渔具网目选择性研究方面，南海区虾拖网网目尺寸15毫米网囊渔获物的尾数逃逸率和重量逃逸率分别为10.86%、3.10%；25毫米网囊渔获物的尾数逃逸率和重量逃逸率分别为15.08%、5.45%；30毫米网囊渔获物的尾数逃逸率和重量逃逸率分别为18.45%、7.27%。逃逸率随着网囊网目尺寸的增大而增大。主要捕捞对象刀额新对虾和周氏新对虾的逃逸率几乎为0，逃逸的主要种类是小型鱼类、贝类等，试验结果表明，放大网目尺寸可提高副渔获的释放数量，且不减少虾类的产量。东海区双拖网小黄鱼在尾数逃逸率和重量逃逸率方面随着网目尺寸的增大都是呈先降低后增加的趋势，网囊网目尺寸为50毫米、55毫米时捕获的幼鱼较多，70毫米和75毫米时渔获出现较高的逃逸率，80毫米时小黄鱼已基本逃逸。小黄鱼的选择曲线随着网目增大，选择曲线也逐渐右移，意味着选择捕获的体长越来越大，与实际观测结果相吻合。蓝点马鲛刺网网目尺寸选择性试验表明，蓝点马鲛最小网目尺寸为121.5毫米较适宜。通过对刺网选择性与鱼类表型性状的影响研究，当刺网最适体长与初始种群优势体长重合时，会造成种群体长分布的分化，否则会导致种群结构体长组成向小型化或大型化方向偏移，而且这种影响可能伴随相关遗传因素，具有不可逆性。

（二）渔具材料改性技术有新进展

渔具实现节能降耗的关键，目前我国学者主要从事渔具材料的改性研究较多，系统研究 nano-CaCO$_3$ 的粒径大小及其分布、钛酸酯耦联剂的用量对 nano-CaCO$_3$ 表面处理的效果以及活性 nano-CaCO$_3$ 的微观形态结构。系统研究活性 nano-CaCO$_3$ 与 POE 的质量比对活性 nano-CaCO$_3$/POE 复配体系微观形态结构的影响。活性 nano-CaCO$_3$/POE 复配体系对聚乙烯基体的增韧改性研究，控制活性 nano-CaCO$_3$/POE 复配体系在聚乙烯基体中的分散，系统研究增韧改性聚乙烯的微观相态结构及其力学性能。活性 nano-CaCO$_3$/POE 复配体系的组成对聚乙烯单丝结构与性能的影响，通过控制活性 nano-CaCO$_3$/POE 复配体系的组成实现其在聚乙烯单丝中的均匀分散。用等长原理把 HMPE 每根纤维断裂强力集中到一个绳索中，克服绳索系、股加捻造成的不等长的缺陷；提高纤维强力利用率，获得强力高而经济的高性能绳索；并研究出不同张力下的伸长率和周长变化。

通过纳米 MMT 的有机化改性，采用熔融纺丝的方法制备了渔用性能优良的在海水中可降解 PLA/MMT 纳米复合单丝。系统研究了光照、温度、生物等因素对 PLA/MMT 渔用单丝在海水中降解性能的影响关系。通过紫外光老化试验结果分析得到，随着 MMT 含量的增加，相同老化时间下，MMT 起到了一定屏蔽紫外光的作用，PLA 降解程度减缓；通过热老化试验结果分析得到，加入 MMT 形成 PLA 与 MMT 界面结合缺陷，有利于水分子的浸润，加速 PLA 的降解，故随着 MMT 含量的增加，相同的热老化时间和温度下，随着 MMT 含量的增加，PLA 降解程度加剧；海水和纯水降解对比实验结果分析得到，海水的弱碱性，能够抑制 PLA 的降解速度，而海水中的微生物显示对 PLA 的降解速度影响较小。由以上的一系列实验分析得到，可通过调整 MMT 的含量、分散程度、环境温度和酸碱度可实现在海水中降解速率的初步可控。恒温恒湿条件下，紫外光老化试验结果显示：随着老化时间的增加，PLA/MMT 渔用单丝降解程度加剧；随着 MMT 含量的增加，相同老化时间下，PLA 降解程度减缓。添加了 0.5wt%MMT，降解 100 小时，PLA 的分子量由 7.9×10^4 降低到 5.0×10^4；添加了 2.0wt%MMT，降解 100 小时，PLA 的分子量由 7.6×10^4 降低到 5.7×10^4。分析主要是 MMT 起到了一定屏蔽紫外光的作用，降低了 PLA 的降解速度。

恒温条件下（18℃），海水和纯水降解对比实验结果显示：相同的降解时间和相同的 MMT 添加量，在海水中和纯水中，PLA/MMT 渔用单丝降解速度相差不明显，在海水中的降解速度略小于在纯水中。在海水中降解 1 年后 0.5wt% MMT 的 PLA 的数均分子量 Mn 由 7.9×10^4 下降到 5.5×10^4，下降 30.4%；而在纯水中降解 1 年后 0.5wt% MMT 的 PLA 的数均分子量 Mn 由 7.9×10^4 下降到 5.8×10^4。这主要是因为海水是弱碱性的，能够抑制 PLA 的降解速度。而海水中的微生物显示对 PLA 的降解速度影响较小。通过将制备的 PLA/MMT 渔用单丝放置在海水中进行为期 1 年的降解实验得到，随着降解实验时间的增加，PLA/MMT 渔用单丝力学性能、透明度、柔软度和耐磨性均下降。

（三）渔场学研究有新发现

1. 远洋渔场资源与环境调查研究

在南极磷虾渔场研究方面，通过图像处理软对磷虾群声学映像进行图像数字化处理，计算磷虾群所处水层，虾群的厚度和磷虾群映像的面积。磷虾集群厚度分布范围为 5.6 ~ 55.8 米，90% 的虾群厚度为 10 ~ 50 米，呈现出白天厚度小、夜间厚度大的趋势。进一步分析表明：白天磷虾群主要分布于大于 40 米的水层，平均分布水深为 67.16 米，夜间分布水层变浅，平均分布水深为 34.86 米，虾群呈现明显的昼夜垂直移动现象；虾群厚度白天均值为 10.75 米，略高于夜间的 8.77 米，平滑线显示无明显的昼夜变化；虾群白天的声学密度均值为 9.87 平方米 / 平方纳米，夜间为 3.08 平方米 / 平方纳米；相对长度及声学密度（NASC）分布平滑线均呈现白天高，夜间低的趋势，表明虾群在白天有趋于聚集的特征。南极大磷虾以岛屿附近站位出现的频率较高、两亚区交界处远离岛屿的海域出现的频率很低。其中 48.1 亚区的出现率很低，只有为 3.6%；48.2 亚区的出现率较高，为48.08%。针对厄尔尼诺和拉尼娜事件对秘鲁外海茎柔鱼渔场分布影响的研究认为中心渔场位置的变化与厄尔尼诺和拉尼娜事件具有密切关系；根据生产统计数据以及环境参数，以外包法建立作业努力量和 CPUE 的各环境变量适应性指数，表明以 SST 和 SSS 为因变量构建的 HIS 模型为最佳，以作业努力量为 SI 指标，基于 SST 和 SSS 为因子的 HIS 模型能较好地预报矫外海茎柔鱼渔场。

2. 信息技术在海洋捕捞中应用研究

利用广义可加模型（GAM）对 2013 年冬季南极磷虾渔获率与环境因子之间的关系进行了研究。研究结果显示，广义可加模型对渔获率总偏差解释率为 31.97%，其中贡献最大的为旬别，贡献率为 21.43%；其次为纬度，但贡献率显著降低，仅为 4.36%。风力处于 4 级以下的情况不仅适宜捕捞作业，且渔获率也处于较高的水平。风向并不会对渔获率产生显著的影响。在 SST 处于 0.5 ~ 2.0℃，随着表温的增加，平均渔获率也呈上升趋势。秋刀鱼渔场分布与海表温度有较直接关系，渔场分布为 10 ~ 17℃，最适为10 ~ 13℃；大西洋黄鳍金枪鱼渔场与温跃层关系密切，全年赤道附件中心渔场 CPUE 区域温跃层上界 26 ~ 29℃，低于 24℃区域渔获率较低；温跃层下界尝试为 160 ~ 250 米，集中在 230 米。

近年来渔船船位实时监控系统逐步得到应用推广，可获取高时空精度的渔船船位数据。我国南海、东海等相继应用自主北斗卫星构建了渔船监控系统。基于船位监控系统的渔船船位数据计算捕捞努力量方法，具有实时、范围广、快速等特点，可以获得高时空分辨率、自动、客观的渔捞努力量。联合国粮农组织（FAO）采用每年总的发动机功率和捕捞作业天数（千瓦·天）表达的全球捕捞努力量，在渔船捕捞方式、捕捞渔区、捕捞鱼种确定，并且在时段一定的情况下，累计捕捞时间与渔获量成正相关关系，Lee 等的研究对此也做了一些验证。通过对多个拖网渔船在 2012 年的数据统计，各船的全年点记录数量随速度的变化曲线相近，因此文中根据拖网船的航速、航向统计，设定 V_1 为 1 米 / 秒，V_2为 2.1 米 / 秒，航向差 D_1 设置为 –50°，D_2 设置为 –50°。根据渔船航速、结合航向提取出渔船处于作业状态的点，共提取到 1423 条拖网船处于捕捞状态的点 318433 个。把点分布到 0.1°×0.1°的格网中，计算每个格网中的累计捕捞时间，反应拖网捕捞强度的分布趋势面。

二、国内外捕捞学科研究比较

21 世纪以来，一些发达国家都把海洋捕捞业的可持续发展作为国家粮食安全、食品安全和生态安全等战略内容来重新审定，并根据各自的侧重点制定海洋渔业发展与科技规划。海洋渔业资源的高效和生态型开发技术，最大限度地降低捕捞作业对濒危种类、栖息地生物与环境的影响，减少非目标鱼的兼捕；节能型渔具渔法的开发，实现精准和高效捕捞；基于生态系统的渔业资源可持续利用和管理，实现海洋生态系统的和谐和稳定；加强大洋和极地渔业资源渔场的开发和常规调查，结合 4S（RS，GIS，GPS，VMS）的高新技术，加深对渔业资源数量波动和渔场变动的理解，增强对海洋渔业资源的掌控能力。我国围绕《中国水生生物资源养护行动纲要》制定的目标任务以及全面推进海洋渔业"走出去"战略，捕捞学科的研究得到了国家一定的政策支持，特别在近海负责任捕捞技术和远洋渔业资源开发利用方面开展了大量的基础研究和生产示范，取得了阶段性成果，但由于我国在海洋捕捞学科研究过程中存在试验平台不足、试验设备缺乏、试验方法落后等多种不利因素，总体研究水平与世界渔业强国相比，存在着很大的差距。

（一）渔具渔法研究

欧盟为了在分享他国专属经济区内或公海海域渔业资源中保持优势地位，通过投入巨资，提高技术优势，建造设备先进的渔船，配备高科技仪器和性能优良的渔具。尤其是渔船趋向专门化、大型化、机械化、自动化。冰岛、挪威等国使用新型中层拖网、自动扩张底拖网，方形网目和绳索网，这些网具具有有效捕捞空间大、阻力小、拖速快的特点，既节约燃料，又提高了渔获量。挪威还研制多波束声呐，高频率的网位声呐，用于渔业资源评估和鱼种识别。荷兰 DSM 公司研制的 Dyneema 超强聚乙烯纤维，应用于远洋大型拖网、围网和延绳钓的制作，大大减少网线的直径和材料用量，降低了阻力，大幅提高了捕捞效率，减少生产能耗，达到高效、节能、生态型目标。各种类型的选择性捕捞装置，如海龟释放装置和拖网选择性装置（TED）、渔获物分离装置（CSD）、副渔获物减少装置（BRD）、渔获物分选装置及选择性捕虾装置等已成为渔业管理的标配装备，对保护和合理利用渔业资源上起到了积极的作用。

我国对渔具性能及其对资源环境的影响等缺乏系统的基础研究，渔具的准入条件、各种节能、生态型渔具的研发及其标准制定等研究不足，对海洋生态系统和资源状况的研究不够系统。气候环境变化对资源渔场的影响等研究开展甚少。这些基础研究工作的严重滞后，使得海洋捕捞业的综合竞争力低下，海洋渔业资源可持续利用能力不强。

（二）渔具材料研究

渔具材料改性是目前世界各国研究的重点。如采用无机纳米粒子改性聚烯烃纤维，优化纺丝成形工艺，在一定程度上可改善纤维的性能，目前主要是围绕以二氧化硅（SiO_2）、碳酸钙（$CaCO_3$）、六面体倍半硅氧烷（POSS）、纳米层状双金属氢氧化物（LDH）等非金属纳米材料为填料的体系展开。B.S.Butola 等[6]通过反应性挤出制备了聚丙烯 / POSS 杂化复合纤维，发现与普通物理共混的复合纤维相比，聚丙烯 /POSS 杂化纤维结晶度下降，并具有更优异的热稳定性。于俊荣等采用萃取阶段加入纳米粒子的方式，制得纳米 SiO_2 改性的超高分子量聚乙烯（UHMWPE）纤维。发现纳米改性后纤维取向度、结晶度基本不变，纤维横向晶粒尺寸大大降低，纤维力学强度稍有增加，力学模量大大增加。B.Kutlu等[8]研究了 LDH 填充 HDPE 复合材料的熔融纺丝过程，采用不同表面剂改性的 LDH 具有不同的分散状态。LDH 在熔纺过程中起成核剂的作用，显著影响 HDPE 纤维的结晶形态。当 LDH 经亚油酸甘油三酯改性且添加量为 1 wt% 时，LDH/HDPE 复合纤维具有最佳的加工性能和机械力学性能。

与发达国家相比，我国渔用材料的研究缺乏专业化研究团队和设备，研究成果的转化和应用率较低。还没有开展基于渔具适配性能的功能性材料开发与应用的研究。

（三）远洋渔场资源与环境调查研究

为了维护各自的海洋权益，世界各国高度重视对远洋渔业资源的科学调查。日本是目前开展渔业资源调查最系统的国家之一，该国渔业科学调查船每年定期对全球三大洋重要渔业资源进行科学调查。同时还与沿岸国家合作，在他国专属经济区的水域进行渔业资源调查。自 2004 年开始，日本渔业研究机构根据调查评估结果，每年发布《国际渔业资源现状》的评价报告，包括金枪鱼类、柔鱼类、鲨鱼类、鲸类、南极磷虾等 67 个重要远洋渔业种类。这些研究成果，为其外海渔场的拓展和远洋渔业稳定发展提供了技术保障。北大西洋沿海国家，如挪威、英国、法国、加拿大、荷兰和比利时等国，通过海洋开发理事会（ICES）长期开展渔业合作，协调渔业科学研究，对主要捕捞品种，如大西洋鳕鱼、鲱鱼、绿线鳕、鲽鲽类等进行系统的渔业资源联合调查，了解和掌握主要捕捞对象的资源分布和洄游路线、种群数量、重要栖息地和生命史过程等，为科学地制定渔业政策提供依据。挪威积分式科学鱼探仪对南极磷虾资源进行了长期的固定段面调查，为南极磷虾资源的评估与管理提供了科学依据。

我国远洋渔业资源调查虽然已有 10 多年的时间，但由于缺乏系统全面的资源调查探捕规划，以及缺乏专业的远洋渔业科学调查船，至今尚无完善的调查规范与标准。调查经费渠道主要依靠农业部远洋渔业资源探捕财政专项项目支持，项目以作业渔船的生产性探捕为主，在调查仪器和设备等方面存在先天不足，很难系统地开展调查研究远洋渔业资源综合分析与评估，特别在调查方法、手段、内容和成果等方面均无法与国际渔业资源调查规范接轨，影响我国在国际渔业资源管理上话语权。

（四）信息技术在海洋捕捞中应用研究

为确保海洋渔业资源的可持续利用，各区域性国际渔业组织均将限额捕捞作为一种管理方式，并采用渔船动态监测系统（VMS）、水产品可追溯等管理制度，要求开展金枪鱼延绳钓防止兼捕和混捕等生态型捕捞技术。国际上已经成功应用的渔船监测系统主要有：法国（CLS 公司）CARSA 系统，利用 RS、GPS、GIS 和卫星通信技术建成了全球海洋渔船监控管理信息系统和海况渔情咨询服务系统；英国 QinetiQ 的 MaST 系统，挪威 FFI 的

Eldhuset 系统、Kongsberg 的 MeosView 系统以及欧盟 JRC 的 VDS 系统等。

日本渔情预报中心每年定期发布三大洋海域 55 种渔业信息产品,包括近海太平洋海况情报(每周 2 次)和太平洋外海海况情报(每周 2 次)等。2006 年起,渔情预报中心以日本金枪鱼延绳钓渔船为服务对象,建立可收集处理 24 小时内的海况数据,48 小时内的渔获数据的信息网络系统,同时利用遥感信息为渔船提供水温、旋涡动向、水色等实时的在线渔情预报服务。

国外已经用船舶监控系统(vessel monitoring system,VMS)信息计算捕捞努力量,用于渔业资源评估。研究利用渔船船位数据,把累计捕捞时间作为捕捞努力量,同时将给定区域内渔船捕捞努力量的累加值作为该区域的捕捞强度,建立我国近海渔船捕捞努力量的估算方法。

虽然近 10 年里,我国在远洋渔场渔情分析预报方面取得了较大的进展,但我国对远洋渔业资源的常规性资源监测工作不足。对近海和大洋渔业资源、生态环境的调查和监测力度不够。使得科学的渔业管理政策无法有效制定,捕捞业的发展与渔业资源管理无法有效地结合起来,海洋捕捞作业结构的调整无法有效展开。

三、捕捞学科研究展望与建议

海洋也称"蓝色国土",有着广阔的空间和丰富的资源。其中海洋生物种类占全球物种 80% 以上,是食品、蛋白质和药品原料的重要来源。21 世纪以来,人类重新把目光聚焦到海洋,全球进入到全面开发利用海洋的时代,各国对海洋资源的开发和争夺异常激烈,把海洋科技作为世界新技术革命最重要的内容来对待,其中海洋生物资源开发和保护技术成为主要的内容。我国已把海洋渔业提升为战略产业,出台了《国务院关于促进海洋渔业持续健康发展的若干意见》,提出了海洋生物资源开发利用的具体意见。捕捞学作为一门实践性很强的应用学科,很大程度上决定于科学技术的支撑。必须加强捕捞学的研究和发展,才能满足捕捞产业的需求,解决生产和管理中的现实问题,以创新的科技,推动捕捞业向资源节约、环境友好、质量安全、高产高效的方向发展,实现产业的可持续发展。

(一)负责任渔具渔法是捕捞学科研究的核心

海洋渔业资源极为重要,为人类提供了大量优质蛋白,捕捞野生资源的海洋渔业已经发挥了最大潜力,资源持续利用的前景并不乐观。要解决这种矛盾,必须从生产源头上做好渔业资源的科学管理和合理开发,减缓或杜绝捕捞活动对渔业资源的过度开发与利用,发展节能、高效和生态友好型的渔具渔法。建议我国大幅度增加捕捞学研究经费投入,在充分调查与研究的基础上,采用数字化模拟和仿真模型,为渔具设计、渔具选择性和渔业资源管理决策等提供了预测,为我国树立负责任渔业大国的形象和捕捞业可持续发展提供科学技术支撑。

（二）功能型渔具新材料的应用是捕捞学科发展的基础

渔具材料是决定渔具性能的关键，不同渔具结构和作业原理对渔具有较大的差异，保护渔场生态、降低捕捞生产的能耗以及确保渔业生产的安全需要将是渔具材料与工艺研究的必然趋势。对易丢失的渔具迫切需要通过渔具材料的自降解功能，避免"幽灵捕捞"破坏资源；对快速包围的围网、秋刀鱼等渔具则需要具有较高的沉降性能材料，保障捕捞效率；对于频繁起放操作的拖网渔具材料，要求具有较高的强度和耐摩擦、抗老化性能提高使用年限。因此，建议加强开发废旧渔具材料循环利用技术，研制绿色环保型渔用材料，提高渔具材料性能的研究，为我国渔具性能优化的提高提供基础保障。

（三）渔场资源的掌控与利用是捕捞学科研究的源泉

在全球海洋生物争夺激烈的今天，渔业发达国家为了掌握海洋生物资源开发利用的主动权，十分重视对公海生物资源进行全面、系统调查研究。建议国家有关部门将远洋渔业资源和渔场调查列入国家经常性基础调查工作，全面、系统调查研究渔场资源与环境，分析捕捞对象不同时间的水平和垂直分布状态，评估捕捞对象的资源量和可捕量，了解捕捞对象与渔场环境的关系，掌握捕捞对象时空变化规律是有效捕捞的基础，把握资源变动和渔场形成规律，提高后备渔场开发能力，为我国远洋渔业可持续发展提供科学技术支撑。

（四）数字化综合信息服务是捕捞能力提升的技术保证

在数字化综合信息服务方面，我国与美国、日本、欧洲等发达国家相比差距十分显著。一是我国自主卫星遥感监测体系薄弱，尤其是海洋遥感监测及微波遥感监测技术方面较为落后，业务化运行的卫星数量少，我国对地观测卫星体系不健全，此外，缺少中继卫星也使得极地遥感监测数据难以实时传输与获取。二是我国极地生物资源的现场调查少，缺少连续性的观测数据。今后需加强基础研究，积累原始数据，建立科学的模型，进行内在规律的探索和预测，为渔业生产提供科学的支持，发展与生态系统相适应的捕捞业。

随着信息技术的发展，信息技术在捕捞业中的应用将朝集成化、业务化方向深入发展，同时，也将充分结合电子信息、云计算、无线传感器网络技术等在内的前沿信息技术，实现更多的智能应用，从而推动捕捞技术的进步与产业升级。建议我国加强信息技术在海洋捕捞中应用研究，建立全天时、全覆盖的全球渔场观测和渔船监测管理系统，提高我国捕捞业的现代化水平。

参考文献

[1] 金宇峰，张健.渔具选择性研究中 SELECT 模型的 EXCEL VBA 实现 [J].实验室研究与探索,2014,33（3）：154-158.

[2] 张健，金宇锋，彭永章.张网渔具网口结构优化初步研究 [J].海洋渔业，2014, 36（1）：63-67.

[3] 孙中之，周军，王俊，等.黄渤海区张网渔业 [J].渔业科学进展，2012, 33（3）：94-101.

[4] 孙中之，周军，许玉甫，等.黄渤海区拖曳齿耙渔具渔法现状及分析 [J].齐鲁渔业，2012（12）：39-42.

[5] 孙中之，许传才，周军，等.黄渤海区拖网渔业现状与分析 [J].渔业现代化，2013, 40（1）：50-56.

[6] 孙中之，周军，赵振良，等.黄渤海区捕捞结构的研究 [J].海洋科学，2012, 36（6）：44-53.

[7] 唐衍力，盛化香，齐广瑞，等.不同内倾角海螺笼对脉红螺的诱捕效果 [J].海洋科学，2013, 37（3）.

[8] P.Sun, Z.L.Liang, L.Y.Huang, et al .Relationship between trawl selectivity and fish body size in a simulated population [J].Chinese Journal of Oceanology and Limnology，2013（2）：327-333.

[9] Y.L.Tang.Significant effects of fishing gear selectivity on fish Life history [J].Journal of Ocean University of China，2014, 13（3）：467-471.

[10] 唐衍力，齐广瑞，王欣，等.海州湾近岸张网渔获物种类组成和资源利用现状分析 [J].中国海洋大学学报，2014, 44（7）：29-38.

[11] 孙珊，朱建成，杨艳艳，等.黄渤海主要作业类型渔具的渔业资源利用 [J].齐鲁渔业，2014,31（1）：8-18.

[12] 尤宗博，李显森，赵宪勇，等.蓝点马鲛大网目流刺网的选择性研究 [J].水产学报，2014, 38（2）：154-161.

[13] 邢彬彬，罗振博，庄鑫，等.黄渤海区拖网渔具综合调查分析 [J].河北渔业，2014（11）：35-39.

[14] 杨权，李永振，张鹏，等.基于灯光罩网法的南海鸢乌贼声学评估技术研究 [J].水产学报，2013,（7）：1032-1039.

[15] 张鹏，曾晓光，杨吝，等.南海区大型灯光罩网渔场渔期和渔获组成分析 [J].南方水产科学,2013,（3）：74-79.

[16] 晏磊，张鹏，杨吝，等.南海灯光罩网沉降性能研究 [J].上海海洋大学学报，2013, 23（1）：146-153.

[17] 晏磊，张鹏，杨吝，等.2011 年春季南海中南部海域灯光罩网渔业渔获组成的初步分析 [J].南方水产科学，2014, 10（3）：97-103.

[18] 陆奇巍，张敏，邹晓荣，等.竹筴鱼中层拖网阻力计算的初步研究 [J].海洋渔业，2014, 36（2）：155-162.

[19] 刘健，黄洪亮，陈帅.两种立式曲面 V 型网板水动力性能的实验研究 [J].水动力学研究与进展：A 辑，2014（2）：183-188.

[20] 周爱忠，黄洪亮，张禹，等.扩张帆布对大型中层拖网性能的影响 [J].渔业信息与战略，2013, 28（4）：290-297.

[21] 刘健，黄洪亮，潘陈强，等.鱿鱼钓机的改进设计与试验 [J].农业工程学报，2014, 30（16）：47-52.

[22] 陈雪忠，杨胜龙，张禹，等.热带印度洋大眼金枪鱼垂直分布空间分析 [J].中国水产科学,2013,20（3）：660-671.

[23] 唐峰华，靳少非，张胜茂，等.北太平洋柔鱼渔场时空分布与海洋环境要素的研究 [J].中国环境科学，2014（8）：2093-2100.

[24] 唐峰华，靳少非，程田飞，等.北太平洋公海柔鱼渔场浮游植物的生态特征及与环境的关系 [J].中国农业科技导报，2014, 16（5）：123-131.

[25] 朱国平，朱小艳，李莹春，等.2009/10-2011/12 年度夏秋季南奥克尼群岛水域南极磷虾捕捞群体年龄结构

时空变化［J］.极地研究，2014，26（3）：306–315.

［26］朱国平，刘子俊，徐国栋，等.基于精细尺度的冬季南乔治亚岛南极磷虾渔获率时空与环境效应研究［J］.应用生态学报，2014，25（8）：2397–2404.

［27］左涛，赵宪勇，黄洪亮，等.南极半岛邻近水域南极大磷虾商业捕捞群体的年龄结构时空变化［J］.渔业科学进展，2012，33（4）：1–10.

［28］张吉昌，赵宪勇，王新良，等.商用探鱼仪南极磷虾声学图像的数值化处理［J］.渔业科学进展，2012，33（4）：81–88.

［29］陈森，赵宪勇，左涛，等.南极磷虾渔业管理体系浅析［J］.中国渔业经济，2013，31（3）：97–100.

［30］陈丹，左涛、赵宪勇，等.南极半岛邻近海域长臂樱磷虾的数量分布与生长发育［J］.渔业科学，2013，34（6）：29–37.

［31］方舟，陈新军，李建华，等.阿根廷专属经济区内鱿钓渔场分布及其与表温关系［J］.上海海洋大学学报，2013（1）：134–140.

［32］李建华，陈新军，刘必林，等.哥斯达黎加外海茎柔鱼耳石的微量元素［J］.水产学报，2013（4）：502–511.

［33］B.L.Liu，X.J.Chen，Y.Chen，et al.Age，maturation，and population structure of the Humboldt squid Dosidicus gigas off the Peruvian Exclusive Economic Zones［J］.Chinese Journal of Oceanology and Limnology，2013（1）：81–91.

［34］徐洁，陈新军，杨铭霞.基于神经网络的北太平洋柔鱼渔场预报［J］.上海海洋大学学报，2013（3）：432–438.

［35］B.L.Liu，X.J.Chen，Q.Yi.A comparison of fishery biology of jumbo flying squid，Dosidicus gigas outside three Exclusive Economic Zones in the Eastern Pacific Ocean［J］.Chinese Journal of Oceanology and Limnology，2013（3）：523–533.

［36］汪金涛，陈新军.中西太平洋鲣鱼渔场的重心变化及其预测模型建立［J］.中国海洋大学学报：自然科学版，2013（8）：44–48.

［37］陆化杰，陈新军，李纲，等.基于贝叶斯Schaefer模型的阿根廷滑柔鱼资源评估与管理［J］.应用生态学报，2013（7）：2007–2014.

［38］徐冰，陈新军，陆化杰，等.秘鲁外海茎柔鱼资源丰度和补充量与海表温度的相关关系［J］.海洋渔业，2013（3）：296–302.

［39］S.Q.Tian，C.Han，Y.Chen，et al.Evaluating the impact of spatio–temporal scale on CPUE standardization［J］.Chinese Journal of Oceanology and Limnology，2013（5）：935–948.

［40］X.J.Chen，J.H.Li，B.L.Liu，et al.Fishery Biology of Jumbo Flying Squid Dosidicus gigas off Costa Rica Dome［J］.Journal of Ocean University of China，2014（3）：485–490.

［41］X.J.Chen，S.Q.Tian，W.J.Guan.Variations of oceanic fronts and their influence on the fishing grounds of Ommastrephes bartramii in the Northwest Pacific［J］.Acta Oceanologica Sinica，2014（4）：45–54.

［42］方舟，陈新军，陆化杰，等.北太平洋两个柔鱼群体角质颚形态及生长研究［J］.生态学报，2014，34（19）：5405–5415.

［43］冯永玖，陈新军，杨铭霞，等.基于ESDA的西北太平洋柔鱼资源空间热点区域及其变动研究［J］.生态学报，2014，34（7）：1841–1850.

［44］官文江，陈新军，高峰，等.GLM模型和回归树模型在CPUE标准化中的比较分析［J］.上海海洋大学学报，2014，23（1）：123–130.

［45］金岳，陈新军，李云凯，等.基于稳定同位素技术的北太平洋柔鱼角质颚信息［J］.生态学杂志，2014（8）：2101–2107.

［46］金岳，陈新军.利用栖息地指数模型预测秘鲁外海茎柔鱼热点区［J］.渔业科学进展，2014（3）：19–26.

［47］刘连为，陈新军，许强华，等.北太平洋柔鱼微卫星标记的筛选及遗传多样性分析［J］.生态学报，2014，

34（23）.

［48］裴一凡，陈新军，桜井泰憲.太平洋褶柔鱼摄食行为观察研究［J］.上海海洋大学学报，2014，23（1）：139-145.

［49］汪金涛，陈新军，雷林，等.基于频度统计和神经网络的北太平洋柔鱼渔场预报模型比较［J］.广东海洋大学学报，2014（3）：82-87.

［50］汪金涛，高峰，雷林，等.基于神经网络的东南太平洋茎柔鱼渔场预报模型的建立及解释［J］.海洋渔业，2014（2）：131-137.

［51］许泓民，陈新军，管卫兵.东南太平洋茎柔鱼雄性生殖系统的解剖与性腺发育的研究［J］.大连海洋大学学报，2013（6）：563-567.

［52］易倩，陈新军，余为，等.基于信息增益技术比较分析智利和秘鲁外海茎柔鱼渔场环境［J］.上海海洋大学学报，2014（2）：272-278.

［53］袁红春，顾怡婷，汪金涛，等.西北太平洋柔鱼中长期预测方法研究［J］.海洋科学，2013（10）：65-70.

［54］陈春光，张敏，邹晓荣，等.东南太平洋智利竹筴鱼中心渔场的月间变动研究［J］.南方水产科学，2014，10（5）：60-67.

［55］何宗会，张衡，周为峰.2011—2012年东南太平洋智利竹筴鱼CPUE的时空变化及其与捕捞因子关系［J］.海洋渔业，2014，36（2）：138-145.

［56］S.P.Mauro，C.Luca，V.Pietro，et al.Assessing the fish assemblage associated with FADs（Fish Aggregating Devices）in the southern Tyrrhenian Sea using two different professional fishing gears［J］.Fisheries Reasearch，2012，123-124：56-61.

［57］F.Laurence，M.T.Verena，M.Gilles，et al.Characterizing catches taken by different gears as a step towards evaluating fishing pressure on fish communities［J］.Fisheries Research，2015，164：238-248.

［58］P.K.Afanasyeva，A.M.Orlov，R.N.Novikov.Comparative characteristic of sablefish Anoplopoma fimbria in catches with passive and active fishing gear in the northwestern Pacific ocean［J］.Journal of Ichthyology，2014，54（2）：146-164.

［59］T.A.Clement，K.Pangle，D.G.Uzarski.Effectiveness of fishing gears to assess fish assemblage size structure in small lake ecosystems［J］.Fisheries Management and Ecology，2014（21）：211-219.

［60］C.W.Nicholas，P.C.Daniel.Effects of prolonged entanglement in discarded fishing gear with substantive biofouling on the health and behavior of an adult shortfin mako shark，Isurus oxyrinchus［J］.Marine Pollution Bulletin，2012，64：391-394.

［61］D.J.Lekelia，G.Karen.Fishing gear substitution to reduce bycatch and habitat impacts：An example of social-ecological research to inform policy［J］.Marine Policy，2013，38：293-303.

［62］R.Randall，R.Cheryl，J.C.George，et al.Implications of Arctic industrial growth and strategies to mitigate future vessel and fishing gear impacts on bowhead whales［J］.Marine Policy，2012，36：454-462.

［63］J.J.Burns，L.T.Quakenbush，V.Vanek，et al.Potential for bowhead whale entanglement in cod and crab pot gear in the Bering Sea［J］.Marine Mammal Science，2014，30（2）：445-459.

［64］B.Ian，B.Peter，B.Richard.Potential for Electropositive Metal to Reduce the Interactions of Atlantic Sturgeon with Fishing Gear［J］.Conservation Biology，2013，28（1）：278-282.

［65］J.I.Mojica，J.Lobon-Cervia，C.Castellanos.Quantifying fish species richness and abundance in Amazonian streams：assessment of a multiple gear method suitable for Terra firme stream fish assemblages［J］.Fisheries Management and Ecology，2014，21：220-233

［66］Z.L.Liang，P.Sun，W.Yan，et al.Significant Effects of Fishing Gear Selectivity on Fish Life History［J］.Oceanic and Coastal Sea Research，2014，13：467-471

［67］A.Frank，G.Jordi.The importance of fishing method，gear and origin：The Spanish hake market［J］.Marine Policy，2012，36：365－369.

［68］L.B.Susie,R.David,R.Emer.Spatial and temporal assessment of potential risk to cetaceans from static fishing gears［J］. Marine Policy，2015，51：267－280.

［69］D.R.Graham，R.P.Jessica，J.D.Andy，et al.The understudied and underappreciated role of predation in the mortality of fish released from fishing gears［J］.Fish and Fisheries，2014，15：489－505.

［70］D.R.Graham，R.D.Michael，G.H.Scott，et al.Validation of reflex indicators for measuring vitality and predicting the delayed mortality of wild coho salmon bycatch released from fishing gears［J］.Journal of Applied Ecolog，2012，49：90－98.

撰稿人：陈雪忠　黄洪亮　李灵智

渔业资源保护与利用学科发展研究

　　渔业资源作为水域生态系统的生物主体，在满足人民日益增长的优质蛋白需求的同时，对自然界物质循环、气候调节、环境净化、污染控制等方面也发挥了不可替代的作用。目前，我国渔业资源不断衰退，水域生态环境不断恶化，渔业资源结构和水域生态系统健康正遭受不同程度的影响和破坏。针对渔业资源衰退和水域生态环境恶化的现状，我国颁布了《中国水生生物资源养护行动纲要》，确立了养护和修复内陆和近海渔业资源及合理开发和利用远洋渔业新资源是当前渔业发展的重点，渔业产业由"产量型"向"质量效益型"和"负责任型"的战略转移。2013年，国务院出台《关于促进海洋渔业持续健康发展的若干意见》明确提出"加强海洋生态环境保护和不断提升海洋渔业可持续发展能力"是今后一段时期渔业发展的主要任务。党的十八大也把"生态文明建设"放在突出地位，2015年，中共中央、国务院发布了《关于加快推进生态文明建设的意见》，提出了经济社会发展必须与生态文明建设相协调的战略需求。因此，加强现代渔业建设，实现渔业资源可持续利用是保障优质蛋白质供应、建设生态文明及维护国家海洋权益也是本学科的战略任务。

一、我国本领域的发展现状

（一）海洋生态系统动力学研究向系统整体效应和适应性管理推进

　　我国海洋生态系统动力学研究经过20余年的发展，近海生态系统动力学理论体系已经建立，并对近海生态系统的食物产出的支持功能、调节功能和产出功能等关键科学问题有了进一步的诠释。在大陆架环境的生态系统动力学、生物地球化学与生态系统整合研究方面进入学科发展国际前沿，在新生产模式发展等国家重大需求方面取得了重大突破，构建了多营养层次综合养殖新生产模式，实现海水养殖的生态系统水平管理（EBM）。

"十二五"期间，针对近海生态系统的服务与产出功能、生态容量及动态变化、承载能力和易损性、海洋生态灾害发生过程和机制等进行广泛研究，同时，对典型河口水域生态系统的演变过程及影响因素进行了分析，预测了不同气候情境下典型河口水域生态系统的演变趋势，从生态系统整体效应和适应性管理层面上进一步推进了我国海洋生态系统动力学研究的进程。另外，针对近海环境变化产生的资源效应问题的"973"项目2014年获得立项，将针对近海环境变化对渔业种群补充过程的影响及其资源效应深入研究，为近海渔业持续健康发展做出科学贡献。另外，由唐启升院士带领的致力于海洋生态系统动力学研究的"海洋渔业资源与生态环境"团队2014年获"全国专业技术先进集体"称号。

（二）渔业资源调查与评估向常规化和数字化方向发展

《国务院关于促进海洋渔业持续健康发展的若干意见》颁布以后，农业部先后启动了一系列渔业资源评估与调查项目，包括近海渔业资源调查和产卵场调查、外海渔业资源调查、远洋渔业资源调查与评估、南极磷虾渔业资源调查与评估、"中韩、中日、中越协定水域渔业资源调查"、黑龙江流域、长江流域、珠江流域、雅鲁藏布江调查项目、捕捞动态信息采集项目等，为摸清我国渔业资源状况及产卵场补充功能、探明和开发外海、远洋与极地渔业新资源提供了基础资料。这些项目的开展认知了主要渔场生态系统结构功能，掌握了重要渔业资源变化规律，并研发了渔业资源利用能力和渔场环境数字化监测评估系统，为制定积极稳妥的利用政策、科学合理的养护政策以及涉外海域的渔业谈判等提供了重要科学依据。

1. 内陆渔业

内陆水域渔业资源调查与评估工作取得显著进展。基于2014年农业部启动的内陆水域主要经济鱼类产卵场的调查项目，对长江干流鱼类及产卵场、长江上游、长江下游、三峡库区、坝下及主要通江湖泊、长江口鱼类早期资源的种类组成及分布，重要经济物种产卵规模及范围和产卵场生态环境进行了调查。珠江产卵场监测涉及西江、西江、浔江、郁江、柳江和红水河、贺江、东江、左江和右江，基本覆盖整个珠江主要水系。黑龙江流域、雅鲁藏布江等也开展了相关的调查。

针对长江水生生物资源急剧衰退，不少特有种类濒临灭绝，长江渔业资源面临全面枯竭的威胁，多家单位联合发起，提出了"长江水生生物资源养护及可持续利用"专项建议，专项建议书首次联合全国长江流域水生态优势科技资源，对长江水生生物保护和资源合理利用的科技问题进行系统规划和部署，对于集中解决制约长江水生态安全、资源合理利用的技术难题，具体提出了阐明若干核心机理、研发系列关键技术、构建信息化决策管理支撑平台等建议。

另外，以珠江最大的鱼类产卵场——桂平东塔产卵场为对象，通过长序列仔鱼与水文变化数据的分析，以鲂为例，分析了研究水域鲂的繁殖生态水文需求，包括仔鱼出现的时间分布特征和早期资源周年变化规律；同时采用交互小波光谱分析方法，分析了径流量与鲮仔鱼多度的关系。发现珠江水系鲮早期资源发生主要在 5—8 月，2006—2011 年早期补充资源量逐渐减少，2012—2013 年显著增加，说明珠江水系鲮资源量有所恢复，这可能得益于整个珠江水系 2011 年开始实施的禁渔政策。但是整个繁殖期有缩减的趋势，这会对鲮种群更新产生影响，这将对受梯级水坝控制的鲮产卵场的繁殖生态水文保障具有指导意义。

2. 近海渔业

渔业资源调查与评估是开展渔业资源分布、数量变动、种群动态变化等研究的重要手段，而渔业资源调查与评估的结果对科学预测渔业资源发展趋势、制定合理捕捞限额、维持资源可持续利用及争取远洋资源国际捕捞配额是不可或缺的。2013 年国务院出台的《关于促进海洋渔业持续健康发展的若干意见》中明确提出，每五年开展一次渔业资源全面调查，常年开展监测和评估，重点调查濒危物种、水产种质等重要渔业资源和经济生物产卵场、江河入海口、南海等重要渔业水域。2014 年，为期 5 年的全国近海渔业资源调查和产卵场调查项目已经启动，目前已经完成首个周年季度调查，这是继 126 项目之后，首次大规模的全国渔业资源和产卵场调查，将为摸清近海渔业资源状况及产卵场补充功能提供基础资料，同时，为渔业资源可捕量和渔业资源利用规划的科学制定提供科学依据。另外，我国开展的"中韩、中日、中越协定水域渔业资源调查""蓬莱溢油生物资源养护与渔业生态修复项目——渤海渔业资源与生态环境调查、监测与评估"等项目，为评估我国渔业资源动态变化奠定了基础，也为我国渔业资源合理利用及渔业资源多国（地区）共同管理体系的建立提供了重要的科学依据。也促进了渔业资源调查与评估新技术的研发和开展，如声学评估技术的改进、生态区划的标准、环境监测实现数字化等。

捕捞动态信息采集项目对我国近海的捕捞作业类型涉及双拖、单拖、拖虾、灯光围网、流刺网、帆式张网、定置张网、钓、笼捕等信息船进行调查采集；实现了全国海洋捕捞信息动态采集网络稳定和业务化运行；定期发布《海洋捕捞渔情信息》，为全国海洋渔业的统计工作提供了基础资料。在渔业调查数据采集方法方面，结合 Pocket PC 移动终端的优越性，分别就近海调查和远洋调查数据采集提出了相应的基于 Pocket PC 平台的信息化数据采集解决方案（李阳东等，2013）。此外，还开发了适合东海和南海渔业资源调查的手持式渔捞日志采集系统。随着基于生态系统的管理日益成为渔业管理的方向，掌握种间关系，理解环境、气候变化及人类活动对渔业生态系统的影响，是今后渔业资源评估模型研究的重要内容（官文江等，2013a）。回顾性问题是当今渔业资源评估研究中的热点和难点之一（官文江等，2013b）。渔业资源生物经济模型已由简单的生物模型，发展成为目前集生态效益、经济效益、社会效益以及环境和气候变化等因素的复杂的动态模型，结合各种因子的不确定性，模拟不同渔业管理措施及其可控因子的变化等对渔业资源优化配置的影响，为渔业管理者优化管理策略提供依据，这将是今后的发展重点和趋势（陈新军等，2014）。

在科技基础条件方面，"北斗"号和"南峰"号科学调查船能够同时进行物理、化学、生态环境和渔业资源研究，大大提高了我国近海渔业资源调查与评估方面的科研能力，为我国近海渔业资源的调查与评估提供了坚实的保障。另外，国家重点野外试验站的建设也为我国渔业资源研究的发展提供了良好的平台。

3. 外海渔业

在农业部重大财政专项和国家科技支撑计划等课题的支持下，南海外海渔业资源调查评估取得新进展。通过大面积渔业水声学调查、现场实验和数据分析，建立了外海主要渔业种类鸢乌贼的回声信号识别方法，确定了不同频率下的最适探测脉冲宽度，特别是目标强度及其与个体大小的关系，并进行了数量分布和渔业潜力的评估。评估结果表明，南海外海鸢乌贼现存资源量约 310 万吨，可捕量约 400 万吨 / 年。通过外海生产监测，估算我国大陆省区鸢乌贼的现状渔获量 3 万 ~ 4 万吨。调查评估结果确认了外海鸢乌贼资源的巨大开发潜力，为发展外海渔业提供了依据。

在"973"项目和农业部财政专项的持续资助下，南海深海中层鱼资源开发利用技术研究取得新的重大突破，首次发现并验证了南海蕴藏着体量巨大的中层鱼资源。根据近 3 年的连续监测调查，显示在南海陆坡 – 海盆区普遍具有一个垂直迁移的声学回声层。利用新型中层网取样技术，确认中层鱼是形成声学回声层的主导生物，其中以灯笼鱼占绝对优势，通过先进的声学频差技术，评估南海中层鱼的资源量密度在 0.08 ~ 0.36 克 / 立方米，平均资源量密度为 0.15 克 / 立方米，其生物量达到 0.73 亿 ~ 1.72 亿吨，据此估计的年可捕量可达 0.55 亿 ~ 1.29 亿吨，是我国当前乃至未来可以利用的大宗战略海洋生物资源。该发现引起了社会的广泛关注，标志着我国渔业资源研究从浅海走向陆坡深海，拓展了渔业资源学科研究的战略空间。

4. 远洋渔业

经过 30 年的发展，我国远洋渔业实现了从无到有、从小到大，经历了远洋渔业起步、发展与壮大的三个阶段；作业方式从发展初期单一的单船拖网发展到现在的底层拖网、变水层拖网、延绳钓、鱿钓、围网、灯光敷网、张网等多种作业方式；捕捞对象从过洋性近海底层鱼类和公海海域的狭鳕发展到鱿鱼、金枪鱼、秋刀鱼、竹䇲鱼和南极磷虾等过洋性底层、大洋和深海性种类。目前，我国远洋渔业由过洋性渔业和大洋性渔业两部分组成，其中以大洋性渔业为主体，大洋性鱿钓渔业、金枪鱼渔业、竹䇲鱼渔业、南极磷虾渔业和秋刀鱼渔业的作业渔船累计数量和产量均占我国总量的 85% 以上。据统计，2014 年全国远洋渔业总产量达 203 万吨，远洋作业渔船达 2460 多艘，船队总体规模和远洋渔业产量均居世界前列，作业海域分布在 40 个国家和地区的专属经济区以及太平洋、印度洋、大西洋公海和南极海域，加入了 8 个政府间国际渔业组织。

"十二五"期间，远洋渔业得到长足发展，一系列项目相继设立，在远洋渔业新资源开发、捕捞技术、加工技术研发等方面取得显著进展，这些项目的实施查明了目标海域和目标鱼种的渔业资源状况、开发潜力、中心渔场形成机制及适合的渔具渔法，为我国远洋渔业寻求可规模化开发的后备渔场及可持续开发利用奠定了基础，同时，对改变我国远洋渔业生产与管理的落后状况、增强我国的公海权益竞争力、提高国际威望等都具有深远意义。

5. 极地渔业

（1）北极渔业。我国的北极渔业始于1985年起步的白令海狭鳕大型拖网渔业，这也是我国第一个真正意义的大洋公海远洋渔业。1985年只有3艘渔船，捕获狭鳕0.2万吨；1989年船队规模达到7艘，渔业产量达到3.1万吨。其后白令海公海区狭鳕资源出现衰退，1991年我国的船队规模达到最大的16艘时，产量则只有1.7万吨。1993年白令海公海渔场关闭至今，我国从此退出白令海公海狭鳕渔业。近年来，我国通过购买配额方式进入俄罗斯水域从事狭鳕捕捞，每年配额为1.8万吨，分配至3家渔业公司，配额则显不足，经济效益并不理想。为配合渔业发展，我国曾于1993年夏季对白令海公海和阿留申海盆的狭鳕资源进行过专业性科学调查，发现当年生狭鳕幼鱼分布的证据。此后再未进行类似的科学调查，白令海公海是否对狭鳕渔业开放完全依靠美国在波哥斯洛夫海域狭鳕产卵场的调查结果。

（2）南极渔业。目前，我国仅有的南极渔业为南极磷虾渔业，始于2009年末。2009—2010年渔季，我国有2艘渔船开展了南极磷虾探捕性开发，捕获南极磷虾1946.0吨；2010—2011年渔季先后派出5艘渔船，捕获磷虾1.6万吨；2013—2014年渔季的产量则达到5.4万吨，我国的磷虾渔业正在朝规模化方向发展。

在农业部财政项目的支持下，开展了南极磷虾资源探捕，完成了规定的站位海洋环境、海洋生物、海洋气候等调查以及走航航段海洋生物声学映像资料的收集，为进一步分析判断南极磷虾资源状况和渔场形成机制积累了基础数据；自主研发的南极磷虾专用拖网网具和浅表层底速磷虾拖网水平扩张网板，经上海开创远洋渔业有限公司"开利"轮使用，网具起放网操作速度提高40%，网目水平扩张提高50%，拖网作业性能明显提高，浅表层拖网作业网具扩张充分，捕捞效率明显提高，单位时间捕捞产量（CPUE）平均为22.29吨/小时，略低于"富荣海"轮的23.14吨/小时，已接近同期日本船捕捞水平。

（三）渔业资源增殖放流与养护技术研发水平显著提升

1. 渔业资源增殖放流

为减缓和扭转渔业资源严重衰退的趋势，"十二五"期间，编写完成了《全国渔业生态修复工程建设规划》，加大了对渔业资源增殖与养护的支持力度。如农业部相继设立了渔业资源增殖放流与养护相关的行业科研专项10余项，科技部也启动了国家科技支撑计划、国际合作项目等一批项目，研究内容涉及了沿海、淡水和内陆湖泊等资源增殖与养护、栖息地修复过程中存在的关键技术和共性技术问题。伴随着以上项目的有效实施，一批资源增殖和养护的新观点、新理论、新方法、新技术和新成果相继涌现，有力的支撑了行业发展。

在黄渤海、东海和南海水域筛选了资源增殖关键种，建立了这些资源增殖关键种在自然海域和生态调控区的生态容纳量模型，评估了其在不同海域的增殖容量；创制了不同资源增殖关键种的种质快速检测技术，构建了其增殖放流遗传风险评估框架，从种质的源头规避了增殖放流的遗传风险；同时，研发了不同资源增殖关键种适宜的标志——回捕技术、苗种批量快速标志技术，对不同规格增殖关键种的增殖效果进行了评估，并根据增殖效果，结合投入产出比预估了其经济效益。在海洋牧场方面建立了生物适用性和环境适用性兼备的海洋牧场生物栖息地修复材料优选和构件工程创新设计系统技术，筛选出腐蚀率低、析出物影响小、使用寿命大于 30 年的人工鱼礁适用材料，优化设计出新构件、新组合群 22 种和新布局模式，创新了增殖品种筛选和驯化应用技术，形成了基于资源配置优化的现代海洋牧场构建模式，优化配置了海洋牧场功能区，建立了生态增殖、聚鱼增殖和海珍品增殖 3 类海洋牧场示范区，为重要渔业资源养护与渔业可持续发展提供了重要技术支撑。"东海区重要渔业资源可持续利用关键技术研究与示范"获得 2014 年度国家科学技术进步奖二等奖。

在长江、黄河、珠江和黑龙江流域全面开展了增殖放流及效果评估工作，建立了增殖放流苗种繁育和质量评价技术体系，解决了放流苗种科学繁育及品质检验等渔业管理难题，研发了主要经济鱼类、珍稀濒危鱼类和甲壳类的规模化标志技术，为科学评价水生生物的增殖放流及生态修复提供了技术支持。这些项目的研究成果为我国渔业资源增殖放流提供了技术支撑，引导我国的渔业资源增殖放流向"生态性放流"方向发展，取得了显著的社会、经济和生态效益，促进了渔业经济可持续发展。

2.人工鱼礁和海洋牧场

在人工鱼礁关键技术研究与示范取得重要成果，针对近海渔业资源衰退和生境退化的现状，系统研发了人工鱼礁海洋牧场关键技术，推动了我国人工鱼礁海洋牧场技术的发展，在我国沿海普遍推广应用，如仅在广东省，2006—2012 年就建成人工鱼礁海洋牧场40 多处，产出投入比 2.7 ~ 14.9 倍，取得了巨大的生态、经济和社会效益。在人工鱼礁的基础研究方面，构建了人工鱼礁工程技术研发平台，建立了人工鱼礁水动力特性数学模型，系统阐明基础礁体结构的流场特征、环境造成功能与生态调控功能；建立了附着生物生态特征综合评估方法，创建了"鱼礁模型趋附效应概率判别"评估方法和诱集效果 5 级评价标准，提出了礁体结构与组合的优化方案。研发"现场网捕—声学评估—卫星遥感评估"综合评价技术和生态系统服务价值模型，定量评估了礁区的增殖效果和生态系统服务价值，编制了人工鱼礁建设规划、技术标准、技术规范和管理规定。

在海洋牧场方面建立了生物适用性和环境适用性兼备的海洋牧场生物栖息地修复材料优选和构件工程创新设计系统技术，筛选出腐蚀率低、析出物影响小、使用寿命大于30 年的人工鱼礁适用材料，优化设计出新构件、新组合群 22 种和新布局模式，海洋牧场生境的有效流场强度提高 23%；创新了增殖品种筛选和驯化应用技术，形成了基于资源配置优化的现代海洋牧场构建模式，研发增殖新装置新模式，优化配置了海洋牧场功能区，建立了生态增殖、聚鱼增殖和海珍品增殖 3 类海洋牧场示范区，渔获资源密度提高3.56 ~ 7.57 倍，牧场区渔民年均增收提高 24%，指导全国新建海洋牧场 17 处 118.23 万亩、年均海洋生态服务效益增值 128 亿元。

3. 生态友好型捕捞技术

在科技部和农业部财政项目的支持下，完成了近海渔具渔法调查，完善了渔具渔法数据库，对近海刺网不同渔具材料与网目尺寸选择性试验，以及双船拖网渔具不同网囊网目尺寸选择性试验，分析评估了调查期间拖网渔获物组成及资源量，取得了不同主要捕捞种类如带鱼、小黄鱼的拖网最小网囊网目尺寸标准参数。完成了"主要刺网渔具最小网目尺寸小黄鱼"和"主要刺网渔具最小网目尺寸银鲳"农业行业标准的编制，目前标准已进入报批程序。另外，为减轻近海渔业资源捕捞压力，农业部发布了《农业部关于实施海洋捕捞准用渔具和过渡渔具最小网目尺寸制度的通告》，分别针对我国四大海区，提出了海洋捕捞准用渔具和过渡渔具最小网目尺寸；建立了海洋捕捞渔具准入制度，完善了近海渔具渔法的数据库。

（四）珍稀濒危野生动物在人工繁殖及迁地保护技术方面取得重大突破

保护生物学经过 20 多年的发展，已经成长为一个综合性学科。珍稀濒危鱼类繁育、增殖放流和生态修复技术研究得到加强。突破了中华鲟、达氏鲟等珍稀濒危鱼类的全人工繁殖，川陕哲罗鲑、秦岭细鳞鲑、厚颌鲂、四川裂腹鱼、刀鲚、鼋、等珍稀特有鱼类人工繁殖技术熟化，繁育规模明显增加，启动了达氏鲟、胭脂鱼、大鲵等繁育群体的家系（遗传）管理。达氏鲟、胭脂鱼、厚颌鲂、中华倒刺鲃、刀鲚、鼋、川陕哲罗鲑等珍稀濒危鱼类的规模化标志技术得到成熟化。另外，分子生物学技术的发展也促进了保护生物学相关研究的发展。

"长江上游珍稀特有鱼类国家级自然保护区"（2005 年国务院批准）是为珍稀特有鱼类所设立的国家级自然保护区，分布有白鲟、达氏鲟和胭脂鱼等珍稀鱼类以及 66 种长江上游特有鱼类，该保护区已经建立了常规的监测机制，为金沙江一期工程建设与环境保护、保护区生态环境及生物多样性保护、长江渔业的可持续发展提供技术支撑。

"十二五"期间，江豚、中华鲟等旗舰物种的自然种群动态监测得到加强，围绕长江上游梯级电站建设进行了系统和连续性观测。中华鲟的自然繁殖在葛洲坝截流以来首次出现了间断。农业部设立了保护生物学行业专项"珍稀水生动物繁育与物种保护技术研究"，项目取得了一系列重大的突破，如中华鲟规模化全人工繁殖及迁地保护技术的成功标志着历经 30 年研究，中华鲟连续多代繁育将变为现实；同时，利用河道水力模拟模型，确定了中华鲟产卵繁殖地水力条件与上游水利工程下泄流量之间的量化关系（英晓明，2013）。"973"项目"可控水体中华鲟养殖关键生物学问题研究"获得立项，项目将围绕中华鲟养殖过程中的关键生物学问题展开研究。另外，为保护中华鲟自然种群，实现陆海接力中华鲟迁地保护技术，2015 年，农业部长江流域渔业资源管理委员会，组织各单位专家，梳理了 30 多年来长江中华鲟自然种群及其栖息地衰减过程，对自然繁殖中断原因进行了初步分析，提出了中华鲟拯救行动计划。

中华白海豚保护在 2012—2013 年在珠江东部河口（伶仃洋）的研究的基础上，2014 年继续拓展研究分析的覆盖范围，分析了珠江西部河口区栖息地使用率，划定了栖息地重要等级及关键栖息地的筛选等，解析了海豚分布迁移与近岸鱼类季节性洄游的相关性，为整个种群重要栖息地和迁徙廊道的保护规划提供科学依据。

二、本领域国内外发展比较

（一）本领域国外发展现状

1. 多学科整合研究海洋生态系统动力学的发展方向

国际上自 20 世纪 80 年代以来，海洋多学科交叉与整合研究受到特别重视，产生了一系列全球性大型国际海洋研究计划，如全球海洋生态系统动力学（GLOBEC）、全球海洋观测系统（GOOS）、海洋生物地球化学和海洋生态系统整合（IMBER）计划等。其中 IMBER 与 GLOBEC 计划共同构成了 IGBP-II（国际地圈生物圈计划第二阶段）针对"全球可持续性"的需求在海洋方面的研究主体。通过这些计划的开展，人们对于全球环境的变化过程以及对海洋生产力的影响程度有了进一步的认识。

近年来，各国和各相关研究机构对海洋生态系统的研究力度不断加大。2010 年全球环境基金（GEF）和联合国环境规划署（UNEP）发布的《海洋生态系统恢复战略》第一部分：海洋渔业修复，将海洋渔业、热带珊瑚礁和沿海大陆架海洋生态系统作为研究重点。2010 年美国国家海洋和大气管理局（NOAA）发布的《NOAA 未来十年战略规划》将"改善对生态系统的认识，为资源管理决策提供支持；海洋生物资源的恢复、重建和可持续发展；健康生境将维护海洋资源及社区的恢复力和繁荣；为人类提供安全、可持续的海洋食物等"作为未来涉及生态系统研究方面的重点。2010 年英国政府发布的《英国海洋科学战略（2010—2025）》将"理解海洋生态系统的过程和机制；对气候变化及与海洋环境之间的相互作用做出响应；维持和提高海洋生态系统的经济利益"等作为海洋生态系统动力学研究的重点领域。未来国际海洋生态系统动力学研究前沿与重点将集中在全球气候变化对海洋生态系统的影响、海洋生态系统服务功能、人类社会与海洋生态系统的关系、海洋生物多样性、基于生态系统的海洋管理、海洋生态系统保护、深海生态系统、海洋生态系统动力学研究相关技术和模型、极地生态系统研究等方面。

2. 渔业资源调查与评估实现常态化和现代化

（1）内陆和近海渔业。发达国家历来重视对渔业资源的监测与评估，均有针对不同水域以及重点种类的常规性科学调查，并且注重新技术的发展与应用。如挪威在资源监测与评估方面，除不断发展与完善原有传统技术方法外，还采用载有科学探鱼仪的锚系观测系统，在办公室里即可对鲱的洄游与资源变动进行常年监测，从而对鲱渔业资源的变动做出准确的评估；又如许多国家和国际组织已要求辖区的所有渔船安装卫星链接式船位监控系统，在陆地上即可监控渔船的生产行为并同时接收渔获数据，为确保渔船依法生产以及限配额的管控提供了有力支撑。

（2）外海渔业。近年来，大洋性中上层渔业资源日益引起周边国家和地区的关注，并已展开多次专业调查。发达国家广泛利用 4S（RS、GIS、ES、GPS）技术建立渔场渔情分析速、预报和渔业生产管理信息服务系统，及时快速地获取大范围高精度的渔场信息，提高远洋渔业生产效率，其中美、日、法等国代表着最高的应用水平。

自 20 世纪 60 年代始，海洋生物资源应用于医药领域的技术开发就受到世界各国的关注。日本、美国、加拿大开展渔获物的高值化加工技术方面的研究与开发比较早，特别是海洋功能性食品与休闲方便食品方面，产品多样、技术先进。近 10 年来，全球生物医用材料市场一直保持在 15% 以上的年增长率，2015 年产值预计将达到 10000 亿美元。从目前国际发展态势看，海洋功能生物材料的开发利用正快速成长为新的支柱性产业。

（3）远洋渔业。

1）日本。其远洋渔业主要由狭鳕渔业、底层鱼渔业、金枪鱼渔业、鱿钓渔业、南极磷虾渔业以及南极捕鲸业等组成，是世界远洋渔业最为发达的国家之一。日本远洋渔业取得很大的发展，主要得益于其科技发展与支撑。首先日本渔情预报中心每年定期对三大洋海域发布海况及其渔业信息；其次，日本水产厅每年定期发布"全球主要渔业资源现状"；第三，开展一系列的远洋科技项目攻关，重点是节能型渔船、生态型和高效型捕捞技术，以及资源与渔场预测技术；第四，定期对三大洋重要渔业资源进行科学调查；第五，加强与各沿海国的渔业资源调查，开发新渔场和资源。

2）欧盟。进入 21 世纪，欧盟海洋渔业发展战略重点是继续以渔业科学先进和科技创新为后盾，加强管理，实现可持续发展渔业，保障欧盟的水产品基本供应。欧盟为了提高和保证在他国专属经济区内或公海海域渔业资源的利用份额，纷纷投入巨资提高技术优势，建造设备先进的渔船，配备高科技仪器和性能优良的渔具。尤其是渔船趋向大型化、机械化、自动化。例如，荷兰最近建造的在西非沿海作业的渔船，船长 140.8 米、宽 18.6 米、配置大容积冷冻船舱；挪威南极磷虾"泵吸式"拖网加工船可实现年 10 万吨的目标，是目前我国捕捞渔船能力的 4～6 倍。

3）韩国。韩国远洋渔业主要作业方式有金枪鱼延绳钓、金枪鱼围网、鱿鱼钓、秋刀鱼、北太平洋拖网以及其他作业。近几年来韩国政府累计投资 2655 亿韩元（约合 2.76 亿美元），用于远洋捕捞、海产品加工和销售，执行为期 10 年的振兴远洋渔业的中长期计划，加强韩国远洋渔业的竞争力。重点开展调整远洋渔业结构、远洋渔场渔业资源调查、国际渔业合作和建立渔场环境信息管理系统等方面的研究。

4）中国台湾省。台湾远洋渔业主要包括金枪鱼延绳钓渔业，拖网渔业，金枪鱼围网渔业，鱿钓渔业，秋刀鱼渔业等。其目标是建立一支符合海洋法公约规范的现代化渔船船队。目前，台湾省远洋渔业科技研究水平处在国际先进水平，个别领域领先于日本。未来台湾远洋渔业科技将主要开展远洋渔业资源评估、渔业资源与渔船环境调查、渔业卫星遥感等研究。

世界远洋渔业科学与技术发展趋势可归纳为：①高效和生态型捕捞技术开发，以最大限度地降低捕捞作业对濒危种类、栖息地生物与环境的影响，减少非目标鱼的兼捕；②节能型渔具渔法的开发，以实现精准和高效捕捞；③基于生态系统的渔业资源可持续利用和管理，以实现海洋生态系统的和谐和稳定；④加强大洋和极地渔业资源渔场的开发和常规调查，结合 4S（RS，GIS，GPS，VMS）的高新技术，开发渔业遥感 GIS 技术，加深对渔业资源数量波动和渔场变动的理解，增强对渔业资源的掌控能力；⑤加强渔获物保鲜与品质控制技术研究，实现水产品全过程的质量控制与溯源体系，确保优质水产品的供应。

（4）极地渔业。

1）北极渔业。北极地区的公海渔业主要为白令海公海的狭鳕渔业。除白令海公海外，狭鳕渔场还广泛分布于东白令海、西白令海、阿拉斯加湾、鄂霍次克海等海域。为保护白令海公海狭鳕资源，由在该海域捕捞狭鳕的日本、韩国、波兰、中国和白令海沿岸国的美国及俄罗斯六国自行决定，1993 年和 1994 年禁止在白令海公海捕捞狭鳕。1995 年基于资源养护目的的《中白令海狭鳕资源养护和管理公约》生效。按照公约规定，只有经科学调查评估显示阿留申盆地的狭鳕资源量达到 167 万吨的开捕水平后（1988 年阿留申海盆的狭鳕资源量为 200 万吨），各国才可以进入白令海进行商业捕捞，此前各国只能在公约严格限制下进行资源探捕。对阿留申盆地的狭鳕资源调查评估目前主要由美国进行。然而 1995 年之后，阿留申海盆的狭鳕资源一直未恢复至 167 万吨，公海渔场从 1993 年开始禁止狭鳕捕捞至今已有 20 多年。从 1993—2007 年，曾陆续有波兰、俄罗斯、中国及韩国的渔船进入中白令公海开展狭鳕探捕，但狭鳕的资源状况始终不佳。近几年来，美国和俄罗斯是狭鳕的主要捕捞国家，其中美国主要捕自东白令海，俄罗斯主要捕自鄂霍次克海及西白令海。近几年的捕捞量显示白令海狭鳕资源量呈现了一定的增长，2011 年阿拉斯加的全年配额为125 万吨，比 2010 年提高 54%；2014 年阿留申群岛和阿拉斯加的捕捞配额为 126.7 万吨，比 2013 年增长 1.6%。值得一提的是，最近 10 年来以白令海峡为中心的阿拉斯加狭鳕年平均产量一直维持在 280 万吨左右，仅次于秘鲁鳀鱼，成为全球产量排名第二的渔业品种。

除白令海公海狭鳕外，北极地区的其他渔业主要为环北极八国专属经济区内的渔业。环北极八国中，除了瑞典和芬兰外，其余都是全球重要的渔业国家，其中环北极海域的格陵兰和法罗群岛虽隶属于丹麦，但由于其特殊的地理位置和渔业特色，国际和地区渔业组织在进行统计时通常将这两个地区的渔业数据单独列出。2011 年，环北极八国以及格陵兰和法罗群岛地区的海洋渔业捕捞产量占全球渔业捕捞总产量的 17% 左右，在全球海洋捕捞总产量中占有重要地位。

2）南极渔业。南极渔业的规模化发展始于 20 世纪 70 年代，是继海豹、鲸鱼甚至企鹅之后人类对南极生物资源的又一次大规模开发利用。南极鱼类 200 多种，其中有纪录的渔业种类约 60 种。南极渔业资源开发在早期处于无序状态，南极海洋生物资源养护委员会（CCAMLR）成立之后，逐渐开始严格管理，许多资源衰退的种类已停止商业化开发。目前开发利用种类主要包括南极犬齿鱼类、南极冰鱼类和南极大磷虾。

南极大磷虾（以下简称"南极磷虾"或"磷虾"）被认为是目前已认知的最大单种可捕资源，资源储量达几亿吨级的水平，是人类潜在的、巨大的蛋白质储库。南极磷虾资源的开发利用始于20世纪60年代初期苏联以及其后日本的勘察试捕，70年代中期即进入大规模商业开发。根据CCAMLR（2014）的渔捞统计，南极磷虾产量于1982年达到历史最高，为52.8万吨，其中93%由苏联捕获。1991年之后随着苏联的解体，磷虾产量急剧下降，年产量波动在10万吨左右。近年各国对南极磷虾的兴趣不断增加，尤其是韩国、挪威等新兴磷虾捕捞国的进入，渔业又呈缓慢但持续的上升趋势，2010年达到21万吨，2014年的产量接近30万吨，新一轮磷虾开发高潮已然升起。近年磷虾捕捞国主要有挪威、韩国、中国、乌克兰、波兰、智利等国。

南极犬齿鱼渔业中小鳞犬齿南极鱼渔业始于20世纪70年代后期，历史最高产量出现于2000年，近1.7万吨，之后略有下降，2012—2013年渔季的产量为10705吨。莫氏犬齿南极鱼渔业是1998年才兴起的新渔业，2005年之后基本稳定在4000余吨的水平。2012—2013年渔季的产量为4064吨。近十几年来南极犬齿鱼类的渔业总产量相对稳定，小幅波动在1.5万吨左右；这主要是捕捞限额管理的结果。南极犬齿鱼渔业要求入渔者对捕获的样品进行标志放流，从而根据回捕率进行资源评估，进而确定各区的捕捞限额。

南极冰鱼渔业有过较为辉煌的历史，20世纪80年代前后的年产量曾达10万吨以上，其中1982—1983年渔季逾20万吨。1982年CCAMLR成立之后，南极渔业引入严格的管理体系，冰鱼渔业迅速萎缩，1992年以来的年产量一直徘徊在2000～4000吨的低水平上，近年甚至更低。这主要是目前在南极公海水域禁止底层拖网作业和人们对冰鱼渔业的兴趣逐步降低的缘故。

CCAMLR对南极渔业资源的管理采用生态系统水平上的、谨慎性（预防性）捕捞限额管理。生态系统水平上的管理体现在设定捕捞限额时，既要考虑捕捞对象的资源状况，又要考虑生态系统中其他依赖性种群（如依赖捕捞对象为食的其他物种种群）和相关性种群（如与捕捞对象共栖、可能成为兼捕对象或部分以捕捞对象为食的其他物种种群）。谨慎性（预防性）管理体现在设定捕捞限额时须以科学数据为依据。因此目前南极渔业产量的状况并非渔业对象资源状况的真实反映。另外还有很多区域或因距离遥远、或因冰清海况原因尚待开发。

3. 渔业资源增殖放流与养护水平实现科学化提升

（1）渔业资源增殖放流。国际社会对增殖放流给予了高度重视，2015年，世界上有94个国家开展了增殖放流活动，其中开展海洋增殖放流活动的国家有64个，增殖放流种类达180多种，并建立了良好的增殖放流管理机制。日本、美国、苏联、挪威、西班牙、法国、英国、德国等先后开展了增殖放流及其效果评价技术等工作，且均把增殖放流作为今后资源养护和生态修复的发展方向。这些国家某些放流种类回捕率高达20%，人工放流群体在捕捞群体中所占的比例逐年增加，增殖放流是各国优化资源结构、增加优质种类、恢复衰退渔业资源的重要途径。

（2）人工鱼礁和海洋牧场。海洋牧场已经成为世界发达国家发展渔业、保护资源的主攻方向之一，各国均把海洋牧场作为振兴海洋渔业经济的战略对策，投入大量资金，并取得了显著成效。海洋牧场的构想最早是由日本在1971年提出的，目前，日本沿岸20%的海床已建成人工鱼礁区。韩国和美国也广泛开展了海洋牧场的建设工作，并且在海洋牧场工程与鱼礁投放、放流技术、放流效果评价、人工鱼礁投放效果评价、牧场运行与监测、设施管理、牧场的经济效益评价、牧场建成后的管理、维护和开发模式等研究方面取得了一系列研究成果，支撑了海洋牧场产业的健康发展。

（3）生态友好型捕捞技术。1995年，联合国世界粮农组织（FAO）通过了《负责任渔业的行为守则》后，世界海洋渔业管理正逐步向责任制管理方向发展，负责任捕捞已成为世界各国捕捞技术和渔业管理的重点。为此，世界各国在管理方面，实行了渔船吨位与功率限制、准入限制、可捕量和配额控制等。对渔具渔法的限制措施主要有：禁止破坏性捕捞作业，禁止运输、销售不符规格的渔获物，禁捕非目标或不符合规格的种类，禁止不带海龟装置、副渔获物分离装置的拖网作业，甚至禁止近岸海区拖网渔业等。

4. 保护生物学研究方法和理论体系逐步完善

为保护水生野生动物，世界上许多国家先后制定和颁布了保护野生动物的综合性法规，例如澳大利亚的《国家公园和野生动物保护法》《鲸类保护法》，泰国的《野生动物保存保护法》，美国制定的《濒危物种法》《海洋哺乳动物保护法》《海豹保护法》《鲸类保护法》等。自然保护区占国土面积的百分比已成为衡量一个国家自然保护事业发展水平、科学文化水平的重要标志。各国对自然保护区的法律保护及管理制度也日趋完善。尤其是美国野生动物保护方面的法律制度建设相当完善，在世界野生动物保护制度中一直处于重要地位。美国在对待野生动物保护方面的问题时却更多地采取了制定法的方式，甚至针对一些野生动物物种还专门制定单行法予以保护，为其他国家的野生动物保护提供了制度借鉴范本。美国主要的野生动物保护制度有濒危物种名录制度、栖息地保护制度、野生动物保护税费制度和野生动物保护志愿者制度。这些法律的颁布，对野生动物的保护起到了极大的推动作用。

对濒危物种的保护，除在法律法规框架之下建立自然保护区外，还进行了以下两项工作。①生境的保护和改良，经多年调查和研究，建立了濒危物种的最适生境模型，以此模型对生境进行评价，确定该物种的最适数量和分布密度，从而不断地改良生境以达到保护和恢复的目的。②对濒危物种的生态学及生物学的研究，研究濒危物种种群变动、迁徙以及制约其种群增长的内外因素，寻找扩大种群的措施和途径。国外多采用遥感技术和卫星监测以及无线电追踪技术。

（二）本领域国内外发展比较

1. 海洋生态系统动力学研究已经达到国际先进水平，数量变动机制机理的解析和模拟尚需进一步深入

我国在20世纪90年代后发展的"简化食物网"及"生态系统动力学"研究方面已经

达到国际先进水平，并且在种群层次的研究也取得显著研究成果，但是部分研究成果具有一定的局域性限制。国际上对种群数量变动规律与机制解析、较大尺度的海洋资源变动与预测等研究较为深入，并且侧重于机制机理的阐明与模拟。

2. 部分资源调查与评估技术达到国际先进水平，总体监测技术研发及常态化监测需要进一步加强

（1）内陆和近海渔业。渔业资源监测与评估技术在发达国家如美国、挪威、日本等国家都已经常态化，并且相关的新技术也取得长足发展。我国渔业监测研究时断时序，调查范围有限，20 世纪末期开展的国家海洋勘测专项调查是我国近海相对全面的渔业资源及其栖息环境监测，也已经有 10 多年之久，并且监测技术研究开展得也很少，尤其一些重要技术环节方面与国际先进水平尚有较大差距。在鱼卵仔鱼调查方面，虽然我国在渔业资源和环境调查中采集鱼卵仔鱼样品，由于既缺少必要的仪器或设备、又缺少相关的专业人员，至今尚未开展专业性的、旨在监测生殖群体生物量的鱼卵仔鱼调查。另外，捕捞生产统计资料缺乏，因此难以准确地进行资源状况及其发展趋势分析，并为渔业资源管理提供有效的科学依据。

特别是在河口水域，缺乏对河口生态系统的物理过程和生物过程尤其是两者间的相互作用的深入和全面的认识，且研究区域局限于河口水域，未涵盖河口区域邻近陆地生态系统以及毗邻海洋生态系统，完整性不够，有关河口生态系统健康的定义和内涵尚未形成统一的认识，缺乏健康河口的评价标准和参照体系。

（2）外海渔业。我国在 1997—2000 年实施国家海洋勘测专项期间，使用"北斗"号，利用声学（EK500）附带评估了南海中南部鸢乌贼资源，估算的生物量为 51.7 万吨。2014 年，我国科研人员利用声学技术在南海外海发现了蕴藏量巨大的中层鱼资源，初步评估其资源量为 0.73 亿～1.72 亿吨，可捕量为 0.55 亿～1.29 亿吨。然而，我国对大洋性中上层鱼类，尤其是中层鱼声学调查及评估研究仍处在发展初期，还存在着一定的技术问题，特别是种类映象识别和目标强度测定等，跟挪威、美国和澳大利亚相比还有较大的差距。

我国早在"六五"期间，开始渔场遥感分析的研究，至"十一五"期间，我国先后建成了东海区渔业遥感与资源评估服务系统、北太平洋鱿鱼渔场信息应用服务系统、大洋渔场环境信息获取系统等。然而，有关外海渔场渔情预测预报及服务系统研究较少，亟须开发具有自主知识产权的外海渔场环境信息的综合处理系统。

（3）远洋渔业。我国远洋渔业起步较晚，发展较快，但总体技术水平相对落后，远洋渔业企业的总体实力不强，难以适应现代远洋渔业的国际竞争，与发达远洋渔业国家和地区相比仍存在明显差距。在科技方面，主要表现在三个能力的不足：

1）远洋渔业资源认知能力不足。对我国远洋捕捞种类（如鱿鱼、金枪鱼、南极磷虾、秋刀鱼等）的渔业生物学特性、栖息环境、可捕量及渔场形成机制掌握不足。

2）远洋渔业资源开发能力不足。①我国远洋渔船的单产总体上比日本、中国台湾省等同类渔船低，如金枪鱼延绳钓产量为日本和台湾省同类渔船的 60%～70%；②西非过洋

性拖网网具仍停留在 20 世纪 80 年代的水平，难以与欧洲国家船队的捕捞能力进行比较；③大型中层拖网网具依赖进口，存在渔船与网具匹配不好、网具性能难以充分发挥等问题；④寻找中心渔场存在盲目性，导致寻找渔场的时间增加、生产成本增大；⑤渔获物船上保鲜能力低，导致渔获品质下降等。

3）远洋渔业资源掌控能力不足。①在区域性国际渔业组织中的话语权不强，渔获配额设定及分配由日本等国家所主导；②提交的渔业资源评估报告因渔业生产数据支撑有差距不能被大会和国际组织所采纳；③各种远洋渔业资源调查、生态环境、生产统计等渔业数据分散孤立。

（4）极地渔业。我国的极地渔业尚处起步阶段，渔业规模小、所占份额低；对捕捞对象的研究投入很少，对其资源状况、渔场分布及变动规律了解不足，既缺少渔业管理磋商谈判的话语权和主动权、又缺少对渔业生产安排的支撑能力。

我国开展极地渔业资源开发的优势主要表现在如下方面：一是国家重视；二是企业、包括民营企业表现出较高的兴趣；三是人力成本尚有一定的比较优势，具有一定的竞争力。

我国开展极地渔业的劣势主要体现在：一是对资源、渔场情况了解不够，资源掌控能力差，对渔业高效生产的指导能力和安全生产保障能力不足；二是对国际渔业管理研究和了解程度不够，外交投入也不足，渔业准入和配额争取能力较弱；三是渔业装备技术、尤其是南极特殊渔业装备技术与加工设备工艺落后，渔业生产的核心竞争力低；四是从业人员整体素质相对较低，安全生产意识、遵法守规意识和环保意识不够，在越来越严的渔业管理和环境保护形势下，容易形成对渔业发展的政治环境约束。

3. 渔业资源增殖放流与养护取得显著效果，系统的技术和理论体系尚需进一步完善

（1）渔业资源增殖放流。国际上增殖放流工作将在更加注重生态效益、社会效益和经济效益评价的基础上，开展"生态性放流"，达到资源增殖和修复的目的，恢复已衰退的自然资源，将放流作为基于生态系统的渔业管理措施之一，推动增殖渔业向可持续方向发展。我国的增殖放流缺乏科学、系统的规划和管理明显滞后，很多品种在放流前缺乏对放流水域敌害、饵料、容量，放流时间、地点、规格等必要的科学论证和评估，具有一定的盲目性。增殖放流效果评价体系严重缺失，优良品质的苗种供应不足，种质资源保护亟待加强，人工苗种种质检验缺乏规范的标准。另外，将放流增殖当成生产手段。目前我国的增殖放流，基本上都是"生产性放流"。这种模式的放流增殖，从理论上来说，是不可持续的，因为它对于自然资源的恢复不但无益，而且还会加快自然资源的衰退。

（2）人工鱼礁和海洋牧场。以日本、韩国等为代表的国家已经建成多功能的综合性海洋牧场，实现资源的生态增殖。而我国 2015 年主要是以人工鱼礁建设为主的海洋牧场，北方海域以增殖海珍品为主的人工鱼礁，和南方海域以鱼类养护为主的人工鱼礁。沿海各省市近两年虽然兴建起了一批海洋牧场，并充分利用了人工鱼礁和增殖放流叠加的增殖效应，但尚未形成集现代工业、工程、电子与信息技术，在育苗、放流、鱼群控制、音响驯化、采收与回捕、环境质量的日常监测及生物资源的动态监测于一体的现代化的海洋牧场。另外，技术体系与平台建设不完善。由于海洋牧场依赖于增养殖业、人工鱼礁构建、增殖放流等技术体系，所以其独立性不强，不能根据海洋牧场产业链环节的要求加以调整。在产业平台建设方面，尚未出现国家层面的专门研发机构。我国海洋牧场是以行业部门的政府行为建设起来的，形式以非营利性工程建设项目为主，往往带有一次性投资的性质。

（3）生态友好型捕捞技术。世界发达国家大力开发并应用负责任捕捞和生态保护技术，最大限度地降低捕捞作业对濒危种类、栖息地生物与环境的影响，减少非目标生物的兼捕；并积极开发并应用环境友好、节能型渔具渔法，满足低碳社会发展的要求。相对渔业发达国家，我国虽在负责任捕捞技术方面开展了相关基础研究，但大多局限于实用性很强的渔具，缺乏基础性的理论研究。选择性渔具渔法、渔具捕捞能力评估等研究方面，缺乏水下遥控观察设备、生物遥测仪等必要的实验仪器设备和实验室，研究手段落后；无专业鱼类行为研究的机构和实验室，缺乏专用的研究手段、实验仪器设备，对鱼群行为控制方法的研究至今仍是空白；在高强度、低能耗、高性能渔用材料和绿色环保型渔用材料的研究方面落后。

4. 保护生物学研究工作广泛开展，基础研究、保护监管需要进一步跟进

西方发达国家对水生野生动物保护和研究起步较早，研究较我国深入。相比国外对濒危野生水生动物的保护和管理工作，我国主要存在以下问题：

（1）自然保护区的监管和管理水平有待提高。经过数十年的发展，我国自然保护区的建设进入科学建设和集约化经营管理阶段，自然保护区已由数量型建设向质量型建设转变。但与国外自然保护区的建设相比，我国仍存在不足之处：

1）保护区建立起步较晚。世界上第一个现代意义的保护区——黄石国家公园于1872年在美国建立，如今，美国已建立起完整的保护区体系，而我国第一个保护区——鼎湖山自然保护区于1956年在广东省肇庆建立。

2）适合我国国情的自然保护区分类经营管理体系亟待制定和完善。在国际上，世界自然保护联盟提出的保护区分类体系将保护区分为严格的保护区、国家公园、自然纪念物、物种/生境管理保护区、景观保护区和资源管理保护区6类，这个分类系统主要是依据保护区管理目标的差异进行划分，每一类型保护区还提出了具体的管理目标和选择指南。在我国，目前保护区是按保护对象划分的，划分为自然生态系统类、野生生物类和自然遗迹类3种类别，具体又分森林生态系统类型、野生动物类型、地质遗迹类型等9种类型。对美国、英国、加拿大、俄罗斯、日本等几个世纪代表性国家的保护区类型划分进行研究发现，各国对保护区的分类主要是从保护对象和管理措施的差异这2个方面进行考虑的，即使是相同的保护对象，管理措施的差异也会划分为不同的保护区。我国在保护区的分类上，是按照保护对象来划分的，在保护措施上各类型、各级别保护区都是一致的，按保护区条例的规定，在我国保护区内，核心区禁止任何单位和个人进入，缓冲区只准从事科学研究观测活动，实验区可开展科学试验、教学实习、参观考察、旅游以及驯化、繁殖珍稀、濒危野生动植物等活动。而对各类型的保护区在管理上并无差异。

3）保护区管理人员业务水平有待提高。

4）对保护物种资源动态的长期监测，保护物种的基础生物学、生态学、生活史研究，濒危机制，濒危物种种群恢复技术等方面的研究应加强。

（2）濒危水生野生保护动物的基础性研究工作滞后。濒危水生野生动物保护是一项技术性强的工作，要对它实行科学、有效的管理，就必须对水生野生动物进行全面的考察，包括其生活习性、生态习性、资源分布以及受环境条件变迁影响的程度等。由于水生野生动物保护经费投入有限，许多地方没有把此项资金纳入地方财政预算，使得水生野生动物保护研究工作困难。因此，对于水生野生保护动物的基础性研究工作还不够深入。

（3）珍稀濒危水生野生动物养护工作不规范。对珍稀濒危水生野生动物增殖放流重视不够，放流品种不符合要求，大部分种类或地区没有制定长期增殖放流的规划，放流的重要意义和作用宣传不够，资金支持不足，缺乏统一的规范和科学指导。

三、我国发展趋势和对策

深入贯彻落实党的十八大精神，按照中共中央、国务院《关于加快推进生态文明建设的意见》和国务院《关于促进海洋渔业持续健康发展的若干意见》要求，加强渔业资源科学开发和生态环境保护，科学养护渔业资源，以加快转变渔业发展方式为主线，坚持生态优先、养捕结合和优化内陆、控制近海、拓展外海、发展远洋渔业的方针，全面落实《中国水生生物资源养护行动纲要》对水生生物资源养护工作的全面部署，通过产学研结合进行，开展基础研究、前沿技术、共性关键技术、示范应用推广全产业链科技创新，为不断提升渔业可持续发展能力，加快建设现代渔业产业体系，不断提高渔业综合生产能力、抗风险能力和国际竞争力，切实保障和改善民生提供科技支撑。

在"十三五"期间充分考虑该研究领域的国内外差距，重点启动相关的研发专项，加强内陆和近海水域渔业资源的养护和修复，及濒危野生动物保护；以南沙和岛礁海域为重点，拓展外海渔业，基本摸清外海战略渔场的中心位置，确定主要水域渔具容纳量和捕捞承载力，优化外海捕捞作业结构和布局；发展远洋和极地渔业，全面增强对远洋和极地渔业资源的认知、开发、掌控能力，推动我国远洋和极地渔业产业转型升级。

致谢：

中国水产科学研究院研究员赵宪勇、危起伟、邱永松、李新辉、黄洪亮、关长涛、庄平、陈丕茂；副研究员陈作志、赵峰副、徐东坡、杜浩、张辉；上海海洋大学教授陈新军；中国科学院水生生物研究所研究员李钟杰及国内其他相关单位的专家提供宝贵材料，在此一并致谢。

— 参考文献 —

[1] 陈新军, 刘金立, 官文江, 等. 渔业资源生物经济模型研究及应用进展 [J]. 上海海洋大学学报, 2014, 23 (4): 608-617.

[2] 李阳东, 陈新军, 朱国平, 等. 基于 Pocket PC 的海洋渔业调查数据采集 [J]. 海洋科学, 2013, 37 (4): 65-69.

[3] 英晓明, 杨宇, 贾后磊, 等. 中华鲟产卵栖息地与流量关系的数值模拟研究 [J]. 人民长江, 2013, 44 (13): 84-89.

撰稿人：金显仕　单秀娟　杨文波

生态环境学科发展研究

一、引言

渔业生态环境学科的基本功能：一是解决、澄清渔业生态环境研究中出现的各种理论问题，并对其有关概念、定义与基本原理给出合理解释；二是采用各种方法与手段，评价、揭示渔业生态环境变动规律；三是阐明生态环境变动对渔业资源的保护和利用、水产增养殖业的健康发展和水产食品安全的作用、影响机理，提出解决的途径、方法和技术，为渔业的可持续发展提供科学依据。

综观本学科的研究和实践，研究内容及范畴包括渔业生态环境学科的基本理论和方法论的研究；水环境的组成、结构、性质和演化，渔业生物基本生境的调查、评价和预测，环境质量变化对生物的影响；鉴定、测量和研究化学污染物在水圈、生物圈中的含量、存在形态、迁移、转化和归宿，探讨污染物的降解和再利用；研究水生生物与受人为干预的环境之间相互作用的机理及其规律，研究污染物在水生态系统中的迁移、转化、富集和归宿，研究污染物对水生生物的毒理作用和遗传变异影响的机理和规律；研究环境污染与水产品安全的关系，阐明污染物对养殖生物健康损害的早期反应和潜在的远期效应，提供制定相关环境标准和预防措施的科学依据；运用工程技术的原理和方法，防治环境污染，合理利用自然资源，保护和改善渔业水域环境质量；研究经济发展与环境保护之间的相互关系，涉渔工程环境影响评价、污染事故的调查和损失评估。其中渔业水域环境污染和生态破坏的防治是本学科的重要任务。

渔业生态环境具有环境的整体性、环境资源的有限性、环境的区域性、环境的变动性和稳定性、危害作用的时滞性等特性。本学科的显著特点是领域覆盖面大，研究内容与渔业的可持续发展密切相关，研究方法综合性强。

二、生态环境学科近年的最新研究进展

（一）重要科研进展

2012 年 7 月以来，渔业生态环境学科围绕生态环境的监测与评价、渔业水域污染生态学、渔业生态环境保护与修复技术和渔业生态环境质量管理技术开展了一系列研究，以下为取得的部分重要的研究进展和主要成果。

1. 生态环境的监测与评价

近 3 年全国渔业生态环境监测网对渤海、黄海、东海、南海、黑龙江流域、黄河流域、长江流域和珠江流域及其他重点区域的 160 多个重要渔业水域的水质、沉积物、生物等 18 项指标的监测，监测总面积近 1600 万公顷。通过监测，掌握了我国重要渔业水域生态环境的现状，为每年发布国家渔业生态环境状况公报提供了科学数据。监测结果表明：我国渔业生态环境总体保持稳定，局部渔业水域污染仍比较严重，主要污染物为氮、磷和石油类。其中：海洋重要渔业水域水体主要污染指标为无机氮和活性酸盐，但超标的范围趋于减小。海洋重要渔业水域沉积物中，主要污染指标为石油类和铜，石油类超标以南海部分水域相对较重，铜超标以东海部分水域相对较重。淡水重要渔业水域水体主要污染指标为总氮、总磷、非离子氨、高锰酸盐指数和铜，其中江河重要渔业水域中总磷、非离子氨、高锰酸盐指数和铜的超标范围趋于增加，总氮超标范围趋于减小；湖泊、水库重要渔业水域中石油类、铜、高锰酸盐指数的超标范围趋于减小，总氮、总磷的超标范围趋于增加《中国渔业生态环境状况公报（2011—2013 年）》。

在农业部重大财政专项支持下，中国水产科学研究院南海水产研究所对南海中部西中沙—黄岩岛海域业资源栖息地开展了生态环境特征及评价。通过调查与分析，初步掌握了南沙—西中沙海域渔场理化环境主要特征，揭示了新发现的"高产渔场"形成与生态环境因子间的关系，阐述了春季南海中沙群岛北部海域的低温高盐水及其形成机制和夏季南海中部越南近海"强上升流区"生态环境特征及其渔场形成的关系，探讨和建立了基于脂肪酸的浮游植物种类组成生物标志物，分析了南海南部海域不同粒径浮游动物的春季和夏季的生物量和稳定同位素特征。该研究填补了该区域资源栖息地生态环境的研究空白，为深入分析南沙渔业资源状况和合理开发利用、系统开展南沙海域生态环境保护与生态系统提供了基础资料。

在广东省科技计划项目的支持下，中国水产科学研究院珠江水产研究所对珠江下游的浮游植物种群生态学进行了跟踪研究，并运用生态统计模型技术对浮游植物的时空特征与环境因子的关系进行了分析预测。珠江下游长期监测点的研究结果显示：①浮游植物种群的自组织模型（SOM）呈现出显著的季节性差异，线性判别模型（LDA）的预测结果表明水温和径流量是影响浮游植物种群季节变动的关键因子，磷酸盐是偶然扰动因子。②下游珠三角河网水域浮游植物种群的非度量多维测度模型（NMDS）呈现出显著的空间差异，

而季节性差异较小，线性判别模型（LDA）的预测结果表明水体营养质量的差异是关键因素，人类活动所导致的区域性富营养化已经削弱了珠三角河网水域浮游植物种群的季节性差异。该项研究补充了珠江中下游浮游植物种群生态学的研究空白，并首次引入模型预测分析技术，为该水域水生生物的长期跟踪监测及预测奠定了较好的基础。

2. 渔业水域污染生态学

（1）溢油污染对海洋生物的毒性效应及致毒机制研究。针对溢油事故频繁发生，中国水产科学研究院联合黄海水产研究所、东海水产研究所、南海水产研究所开展了溢油污染对海洋生物的毒性效应及致毒机制研究。分别选择胜利原油、东海平湖原油、南海原油、0# 柴油和溢油分散剂对不同鱼、虾、贝类开展个体水平、分子水平和细胞水平的毒性效应及致毒机制研究，选取贝类和藻类研究不同原油和燃料油在食物链中积累和放大的迁移机制；通过石油类污染物富集规律与毒性效应研究，开展水产品质量安全环境风险评估和水产品中石油类污染物食用安全风险评估。通过 3 年的研究，获得了上述油品对不同生物的急性毒性效应数据、分子水平的毒性效应数据、血细胞的病理损伤实验数据、在不同生物体内的富集、释放特征数据及藻—贝类在食物链上的传递实验数据。初步阐明了溢油污染对海洋生物的毒性效应及致毒机制、在海洋食物链中富集和放大的迁移机制，给出了溢油对水产品质量安全影响与风险评估[1-4]。

（2）代表性污染物和农渔药对重要水产增养殖品种影响效应的研究。中国水产科学研究院南海水产研究所开展了代表性污染物和农渔药对重要水产增养殖品种影响效应的研究。通过研究建立了农渔药 5 种新的分析方法；优化了"贻贝观察"技术体系、增养殖海域新污染源判别法、生物质量和卫生安全风险评估模型；建立了潜在生物标志物综合评判方法；建立基于个体水平、细胞水平和分子水平的综合性毒性效应研究技术体系和指标体系。从空间和时间层面系统解析了近岸增养殖海域贝类体中 14 种代表性污染物的时空变化特征和趋势，判断和识别了华南沿海有机氯污染物的新污染源，系统评价和揭示了生物质量水平和食用安全风险的变化趋势，确定了热点污染物和典型海域。系统阐明了代表性污染物和农渔药对重要水产增养殖生物的毒性毒理影响效应。系统获得对水产增养殖及相关海洋生物的急性毒性基础数据；解析了单独或混合曝露胁迫下污染物和农渔药的积累、释放与代谢的动力学特征，生物标志物的响应关系，以及对生物体的组织形态、组织损伤和相关基因表达的影响效应。首次应用生物标志物整合响应法、秩相关分析法等评判方法，系统筛选和推荐适用于重金属、环境激素类、有机污染物和农渔药的潜在生物标志物 26 种。

中国水产科学研究院珠江水产研究所开展了珠江三角洲河网特征污染物甄别及其对鱼类资源的影响研究。通过该项研究，掌握了珠三角河网水体和沉积物中重金属、多氯联苯、拟除虫菊酯等污染状况、分布特征及其时空变化规律以及浮游植物、浮游动物、幼鱼群落分布特征及其与环境因子的关系；检测代表性鱼类组织中各类特征污染物的残留情况，筛选各类特征污染物累积的敏感种类，并列入候选监测生物；研究了铜、镉对代表性鱼类早期阶段的急性毒性、抗氧化应激效应，筛选了相关生物标记物，为完善珠三角业水域污染的监测指标及预警系统提供基础数据。

中国水产科学研究院黑龙江水产研究所以松花江水体典型雌激素为研究对象开展水体中雌激素的运移规律及生态毒理效应的研究。研究内容包括松花江水体雌激素类物质的污染特征，雌激素及其复合污染多介质多界面迁移转化机制和多种雌激素复合污染的形成机制。通过采用固相萃取富集—气质联机、超声提取—硅胶净化—气质联机等定量检测技术，分析水体中 8 种雌激素类物质（雌酮、雌二醇、雌三醇、乙炔基雌二醇、己烯雌酚、壬基酚、辛基酚以及双酚 A）的浓度水平及赋存状态，考察其污染特征及生态效应，解析其来源和归趋状况，分析其时空变化规律，筛选出典型的雌激素类物质。通过雌激素复合污染的吸附解析实验，研究其在水—沉积物上的微界面迁移过程、聚集行为、沉降特性及有害性效应，并探求其吸附—解析的机理；通过微生物对复合污染物的生物富集特性探讨雌激素复合污染对微生物细胞的冲击效应及影响机制；通过与单一污染物微生物转化对比，解析多种雌激素复合污染微生物迁移转化的作用机制。通过复合雌激素在鱼体内的迁移过程与组织分布，与生物靶器官、细胞、细胞器直至生物分子的结合及对鱼体功能的影响来研究其毒理学效应，采用分子生物学、基因组学等先进的研究手段，从基因表达层面确定其作用机制，评价潜在的生态效应。

（3）基于底栖贝类及生物标记物的生物监测技术体系研究。中国水产科学研究院南海水产研究所以南海北部典型底栖双壳贝类作为研究对象，通过传统的生态毒理学与分子毒理学相结合的手段，系统研究了典型污染物对贝类不同生物学水平（分子、细胞、个体）的毒性效应，基于生物标记物的响应水平建立了典型环境污染物的生物监测技术方法。通过研究获得了壬基酚、多溴联苯醚、三唑磷、铜和镉等典型污染物对翡翠贻贝、波纹巴非蛤和菲律宾蛤仔等海洋底栖贝类的急性毒性数据及其安全阈值；通过组织细胞学手段发现有机污染物可以诱导贝类鳃绒毛融合现象发生，揭示贝类鳃组织可能是有机污染物作用的靶器官之一；研究发现有机污染物对贝类 SOD、CAT 等抗氧化酶活力和 MDA 含量影响呈现明显的时间和剂量效应；基因毒理学研究发现有机污染物对贝类 CYP1A 基因表达具有显著影响，提示有机污染物的毒性机制可能与芳香烃受体通路有关。筛选出以抗氧化酶、细胞色素 P450 酶系以及 CYP1A 基因表达等为敏感生物标记物的生物监测指标，可为海洋环境中典型污染物的监控与风险评价提供有效的早期预警手段。

（4）太湖渔业生态环境重金属污染的"背角无齿蚌移殖观察"研究。中国水产科学研究院淡水渔业研究中心以建立"淡水贝类观察"监测体系为目标，开展太湖渔业生态环境重金属污染的"背角无齿蚌移殖观察"研究。2015 年已取得了大量突破性的研究结果。主要突破、结论和学术观点包括：①掌握了背角无齿蚌从受精卵至性成熟的全生活史过程的生境条件、发育机制和生长规律；②通过建立一系列较为规范和有针对性的方法，突破了背角无齿蚌幼蚌（特别是壳长＜1cm）死亡率高的瓶颈难题，成功实现了背角无齿蚌的全人工繁殖，初步建成了"标准背角无齿蚌"的"活体库"及监测后组织"标本银行";③研究显示背角无齿蚌体内重金属的背景与生境污染背景密切相关，表明通过控制养殖环境来控制"标准化"背角无齿蚌的重金属背景具有很强的可行性；④监测结果表明，野外实验组蚌体中的含量多较高于养殖对照组蚌体中的含量，重金属污染指数也较高，体现出近、远距离移殖"标准化"背角无齿蚌开展水域生态环境监测具有很强的实用性；⑤"标准化"背角无齿蚌早期生活史阶段的个体对重金属的耐受性很低，对其毒性作用非常敏感，且非常脆弱；⑥利用自主繁育的"标准化"背角无齿蚌种群的个体，在实验室微型生态系统下对大宗淡水鱼（团头鲂）人工投饵富营养化池塘水体进行的净化研究表明，蚌对重金属 Al、Cr、Fe、Ni、Zn 和 Mo 具有明显的去除作用。提示出"标准化"背角无齿蚌富集对富营养化养殖水体中重金属具有净化能力[5-10]。

3. 渔业生态环境保护与修复技术

（1）渔业生态环境修复技术研究。中国水产科学研究院南海水产研究所针对广东大亚湾岩相潮间带马尾藻资源严重衰退，天然藻场遭到严重破坏的现状，在大亚湾马尾藻场的生态学调查和马尾藻繁殖生态学的基础上，就地取材，采用简便经济的"网袋捆苗投石法"，在大亚湾受损岩相岸线和人工抛石岸线开展半叶马尾藻移植实验，并对移植半叶马尾藻的生长发育跟踪调查。初步研究结果表明，移植 4 个月后，半叶马尾藻存活率为36.7%，其中 66.7% 存活的半叶马尾藻通过假根的多次萌发成功再附着在网袋上；移植 5个月后，存活的半叶马尾藻的成熟率达 81.8%，与野生藻体的成活率（91.5%）无显著性差异；移植 6 个月后，半叶马尾藻茎和主枝腐烂脱落，只留下固着器，并在固着器上萌发出新芽。该项研究初步探讨马尾藻场修复与重建技术，为恢复大亚湾马尾藻资源和藻场生态功能，构建藻场人工生态岸线提供科学依据。

中国水产科学研究院黄海水产研究所根据象山港海域的特点，筛选了铜藻和马尾藻作为夏季生物修复工具种，并开展了两种藻类的生理生态学研究，研究了的营养盐动力学特征及其生长、光合作用的影响因子，现场测定了上述藻类的生长特性，通过测定密闭容器中溶解氧和无机碳浓度的变化，从产氧和固碳两个方面研究了它们的光合固碳能力。针对海水人工湿地中氮迁移、转化的各种物理、化学和生物过程，尤其是氮的硝化、反硝化与厌氧氨氧化过程，开展人工湿地中的植物、基质和微生物在去除海水养殖外排水中氮的贡献与作用的研究。分析海水人工湿地系统中不同时间、空间微生物群落的分布、组成和数量，酶的组成和活性及其与氮净化效果的关系，探讨不同盐度、氧化还原环境对系统内微生物群落结构与功能的影响，识别人工湿地除氮的关键生物过程及其控制因素。

由中国水产科学研究院东海水产研究所主持完成的"江苏海门蛎蚜山国家级海洋公园牡蛎礁生态现状调查和牡蛎礁生态建设工程"项目，通过对蛎蚜山牡蛎礁的生态现状开展了较为全面的生态调查，基本阐明了本地牡蛎种群的生物学特征、牡蛎礁定居性动物的群落结构和生物多样性，分析了海门蛎蚜山牡蛎礁的生态功能和目前面临的主要环境胁迫因子。项目首次利用无人机航空遥感技术对江苏海门蛎蚜山国家级海洋公园潮间带自然牡蛎礁斑块进行测绘，摸清了蛎蚜山牡蛎礁体的空间分布特征。牡蛎礁生态建设工程项目设计方案合理，施工工艺可行，跟踪监测数据翔实，完成了项目建设内容，具有良好的生态修复效果。该项工作对于蛎岈山牡蛎礁的保护与生态修复均具有重要的示范意义。项目采用了多种礁体组合方式，建设了 17 个单层礁体、7 个间隔礁体、14 个单层—双层组合礁、12 个多层礁体、3 个散礁，累计 53 个人工牡蛎礁体。该工程增殖了牡蛎种群、扩增了活体牡蛎礁面积，多层人工礁体的恢复效果明显优于单层人工礁体，人工牡蛎礁区大型底栖动物的平均总密度和总生物量显著高于对照区（未恢复区），其中礁体区大型底栖动物的密度是对照区的 6.1 倍、生物量比对照区高出 3.1 倍。人工牡蛎礁建设显著提高了大型底栖动物的丰度和生物多样性，为今后的生态建设工程实施提供成功案例[11-12]。

中国水产科学研究院东海水产研究所针对贝类养殖滩涂老化的问题开展了滩涂底质修复研究。通过对养殖文蛤老化滩涂进行物理修复和生物修复两种方式，探讨老化滩涂修复效果。研究结果表明，物理修复实验中，翻耕 20 厘米组对底质硫化物、TN、TOC 的修复效果及翻耕 30 厘米和翻耕加压沙组对底质 TN、TP 及 TOC 的修复效果均达到了显著水平（$P < 0.05$），且不同修复组对 3 种指标的去除率大小顺序一致，均表现为翻耕加压沙组最佳，翻耕 30 厘米组次之，翻耕 20 厘米组最差，可见翻耕加压沙综合了压沙和翻耕的优点，是一种可操作性较强的物理修复方式，可广泛应用于沿海老化滩涂的修复实践中。生物修复实验中，投放双齿围沙蚕对底质修复效果明显，0.28 千克 / 平方米密度组对 TN、TP 的去除效果及 0.14 千克 / 平方米、0.21 千克 / 平方米密度组对 TN、TP 及 TOC 的去除效果较对照组均达到了显著水平（$P < 0.05$），其中 0.21 千克 / 平方米密度组对 TN、TP 及 TOC 的修复效果均最佳，而较高密度的 0.28 千克 / 平方米的修复效果反而降低，说明修复效果受沙蚕投放密度影响显著，且不完全随投放密度的增加而增强。各沙蚕处理组底质硫化物含量相比较对照组均有明显降低，其中 0.14 千克 / 平方米和 0.21 千克 / 平方米沙蚕组的修复效果达到了显著水平。硫化物的去除作用随沙蚕投放密度的适量增加而增强，0.21 千克 / 平方米沙蚕组的去除效果最好，硫化物去除率达 29.31%，此后再增加沙蚕投放密度至 0.28 千克 / 平方米，硫化物的去除作用反而减弱，硫化物去除率只有 17.36%，表明并非投放沙蚕密度越大，其对硫化物的去除作用越强。因此，在利用沙蚕进行底质硫化物修复时，选择一个适宜的密度投放值尤为重要。两种修复方法的比较表明，生物修复效果总体优于物理修复，但由于沙蚕的逃逸性会导致修复区域投放密度的不可控性，使得沙蚕修复方式在大规模滩涂养殖底质修复实践中的可应用性低于物理修复方式[13, 14]。

中国水产科学研究院珠江水产研究所主持完成了"浮游植物群落对池塘水质指示与调控作用研究"，项目通过对珠三角地区的四种密养淡水鱼塘水体主要理化参数监测与分析，阐明了池塘水体叶绿素 a 含量和水环境因子动态状况，分析不同养殖品种间的池塘水体环境因子差异，探索池塘水体浮游植物群落结构特征及演变状况与水环境因素的相互关系。同时研究不同浓度水平高铁酸盐与水体理化特征及浮游植物群落结构参数的相互关系。研究结果为探明池塘水体环境对浮游植物群落结构的影响效应，池塘水体的水质评价及生态修复提供科学依据。

中国水产科学研究院淡水渔业研究中心对增养殖水域生态环境调控与修复研究，创造性地利用多级生物修复技术对池塘环境进行原位修复，通过该技术的应用，大大改善了养殖池塘的生态环境，鱼类病害发生率明显降低，减少了渔药的使用量，保证了水产品质量安全；提高了鱼类成活率、饲料利用率和单位面积的产量；实现了养殖用水零污染排放，达到了节能减排的目的。同时，为提高湖泊、水库资源开发能力，发展渔业经济，保护渔业生态环境，从不同养殖类型和养殖模式所处的生态位着手，探索出适合不同生态位的养殖环境优化调控与修复技术，通过集成创新，形成适合我国重要渔业增养殖水域生态环境优化调控与修复技术体系，为渔业水域的可持续利用提供技术保障。

（2）海湾生态系统对人类活动影响的响应及发展预测。中国水产科学研究院南海水产研究所以大亚湾为研究区域，研究人类活动对大亚湾水体、底质和生物群落的影响，以及环境和生物群落对生态系统退化的响应，预测大亚湾生态系统发展趋势。通过研究初步建立大亚湾生态系统中水环境、沉积环境和生物体对人类活动影响响应基础数据库；建立了大亚湾生态系统能量流动模型；构建了较为适用的海湾生态系统健康状况评价指标体系和评估技术体系；构建了建立人类活动对大亚湾生态系统中长期影响预测模式；以网箱养殖区、石化工业区和人工鱼礁建设区为实例，通过连续现场监测的方式，研究大亚湾生态系统对水产养殖、污水排放以及生态调控影响的响应，并提出海湾生态系统健康发展的对策。

（3）大规模贝类筏式养殖对浅海碳循环的影响。中国水产科学研究院南海水产研究所从贝类筏式养殖对浅海碳循环的影响出发，研究了亚热带海湾养殖的葡萄牙牡蛎、华贵栉孔扇贝和翡翠贻贝3种贝类和附着滤食生物皱瘤海鞘的生物沉积速率及其时空变化特征，并分析了生物沉积中有机质和碳、氮元素含量；模拟现场环境测定了贝类筏式养殖区和非养殖对照区的沉积物耗氧速率和海水—沉积物界面元素流通；测定了贝类耗氧速率，根据呼吸熵测定了贝类呼吸作用排出的碳。研究结果初步揭示了贝类生物沉积作用在水环境和沉积环境间起到的生物耦联作用，为进一步揭示贝类大规模筏式养殖对浅海物质循环的影响奠定了基础。

（4）节能环保型循环水养殖技术研究与示范。中国水产科学研究院黄海水产研究所从生产实践和广大养殖企业的实际需求出发，研发了节能环保型循环水养殖系统，该系统由弧形筛、潜水式多向射流气浮泵、三级固定床生物净化池、悬垂式紫外消毒器、臭氧发生器、以工业液氧罐为氧源的气水对流增氧池组成，具有造价低、运行能耗低、功能完善、操作管理简单、运行平稳等显著特点。"十二五"以来，在辽宁、河北、天津、山东、江苏、浙江、海南等沿海省市推广应用，推广面积17.3万平方米。该系统建设成本是国内同类产品的1/4、国外同类产品的1/10；运行能耗是国内同类产品的1/2、国外同类产品的2/5；单位运行成本比传统流水养殖降低了14.05% ~ 25.02%。

（5）海水异养硝化—好氧反硝化菌株X3的生产、应用技术研究。中国水产科学研究院黄海水产研究所开展海水异养硝化—好氧反硝化菌株X3的生产、应用技术研究。重点研究异养硝化—好氧反硝化细菌X3的降氮的效果，分析各种形态氮的降解和转化。研究结果表明：在72小时的实验过程中，降解液中总氮含量呈降低趋势，氨氮也变现为连续降低的趋势，亚硝酸氮为先升高后降低的趋势，硝酸氮为先降低后升高的趋势，有机氮则一直保持升高的趋势，且实验结束后有机氮所占比例由初始时的39.3%升高到94.3%。通过提取基因组DNA，并以此为模板，获得细菌X3的荧光定量PCR检测曲线，建立了水体中异养硝化—好氧反硝化细菌X3的实时荧光定量PCR检测方法。为了解异养硝化—好氧反硝化细菌使用过程中各种形态氮的转化提供理论依据。

4. 渔业生态环境质量管理技术

中国水产科学研究院黄海水产研究所针对建设项目日益增多对国家级水产种质资源保护区造成严重损害问题，采用专访调研、历史资料对比、现场监测、综合评价等方法，构建了建设项目对水产种质资源保护区影响评估的技术和方法。项目成果为建设项目对水产种质资源保护区影响损害的定量评估提供科学依据，为渔业部门进行项目管理提供技术支撑。主要内容和技术创新点包括：创新了渔业生物早期生命阶段损害的定量评估技术；优化了持续性损害渔业生物受损量的评估技术；建立建设项目对水产种质资源保护区主要功能影响的评价技术。本项目技术已达到完全熟化程度，构建的评估指标体系和模式，在辽东湾渤海湾莱州湾国家级水产种质资源保护区20余项建设项目中成功地进行了应用、示范，评估渔业补偿金额10余亿元，有力地支撑了水产种质资源保护区的生态环境保护和渔业资源养护工作，社会、经济和生态效益显著。

随着经济建设蓬勃发展，在航道、港口、桥梁、堤坝等各类工程建设项目中，涉及的水下爆破工程越来越多，为规范各类水下工程爆破作业对水生生物资源及生态环境损害影响评估，中国水产科学研究院东海水产研究所主持完成了《水下工程爆破作业对水生生物资源及生态环境损害评估方法》的水产行业标准。《水下爆破作业对水生生物资源损害评估方法》[15]结合水生生物资源的特性，依据水下爆破对水生生物产生危害的主要来源是水下冲击波这一特点，规定了水下冲击波峰压值的计算方法，水生生物的安全距离（致死半径）估算方法，通过建立水下冲击波峰压值与生物致死率的关系，给出了定量估算在安全距离范围内水生生物资源的损失量。该评估方法为有效保护水生生物资源及生态环境提供技术支持。

根据海水滩涂贝类养殖区域规划和监测管理的需求，中国水产科学研究院、中国水产科学研究院南海水产研究所联合主持完成了《海水滩涂贝类养殖环境特征污染物筛选技术规范》的水产行业标准。《海水滩涂贝类养殖环境特征污染物筛选技术规范》规定了特征污染物和潜在特征污染物筛选流程、实地监测要求、特征污染物和潜在特征污染物筛选，规定了特征污染物和潜在特征污染物筛选的后续管理要求。此规范为海水滩涂贝类养殖区域规划和监测管理提供了技术支持。

（二）主要成果

1. 人工鱼礁关键技术研究与示范

由中国水产科学研究院南海水产研究所主持完成的"人工鱼礁关键技术研究与示范"

项目荣获 2013 年度广东省科学技术奖一等奖。该成果针对我国近海渔业资源严重衰退和环境日趋恶化的现状，从国家科技兴海和渔业可持续发展战略出发，系统研发了人工鱼礁海洋牧场关键技术体系，引领和推动了我国人工鱼礁海洋牧场技术的发展，在我国沿海普遍推广应用，仅根据广东省统计，2006—2012 年建成人工鱼礁海洋牧场 40 多处，礁区和核心调控面积分别达 282.48 平方千米和 748.6 平方千米，渔业种类和密度分别增加 1.3 ~ 3.83 倍和 6.32 ~ 26.6 倍，产出投入比 2.68 ~ 14.95 倍，取得了巨大的生态、经济和社会效益。项目创新成果[2]主要包括：①构建人工鱼礁工程技术研发平台，建立人工鱼礁水动力特性的数学模型，系统阐明基础礁体结构的流场特征、环境造成功能与生态调控功能；优化和确定了 12 种适应南海海况的基础礁体；优化和确定了 12 种礁体、3 种礁群和礁区布局的配置结构；②建立附着生物的生态特征综合评估方法，系统解析了 6 种基本鱼礁材料的生物附着效应及其生态综合效益，阐明 7 种环境因子和季节变化对附着生物的影响机制，阐明提升礁区饵料效应的优化条件；③创建"鱼礁模型趋附效应概率判别"评估方法和诱集效果 5 级评价标准，系统阐明了 118 组单礁、双礁和多礁组合对 9 种重要增殖种类的诱集效果，解析了 3 种光照下礁体的阴影诱集效应，提出了礁体结构与组合的优化方案；④研发人工鱼礁海洋牧场资源增殖新模式、"现场网捕—声学评估—卫星遥感评估"综合评价技术和生态系统服务价值模型，定量评估了礁区的增殖效果和生态系统服务价值。编制了人工鱼礁建设规划、技术标准、技术规程范和管理规定；⑤系统集成 6 项共性技术，形成我国人工鱼礁技术体系，构建我国首个大型现代人工鱼礁示范区[16]。

2. 涉海工程生物资源影响及修复技术

由中国水产科学研究院东海水产研究所主持完成的"涉海工程生物资源影响及修复技术"项目荣获 2012 年度上海市科学技术奖一等奖。该成果应对每年数百项涉海工程建设，致使沿海生物资源损害呈日益上升趋势。项目组在国家"973"、科技部和农业部专项、水科院基金等资助下，历经 13 年，基于覆盖东黄渤海 11 个纬度海域、150 多万网次捕捞资料、20 多万组环境调查数据，综合多学科技术方法，系统开展了涉海工程生物和渔业资源损害和修复关键技术研究，取得了多项创新性成果：①识别渔业敏感目标，明确保护区域和敏感时段：揭示我国重要经济鱼类产卵场、索饵场、越冬场、洄游路线和种群时空分布特征，建立了渔业敏感目标识别技术；获得了黄东海 471 种浮游动物（约占基础饵料 75%）生长最适温、盐度值；查明了沿海、河口、海湾等短距离洄游鱼类产卵敏感时段，科学定位了渔业敏感保护目标、保护区域与敏感时段；②构建定量化和标准化的生物资源损失评估体系：首次阐释了幼体资源潜在增长价值损失是沿海渔业资源损失主体的技术原理；结合工程影响因子识别和毒理学参数研究，建立了幼体资源损失量化评估方法——"个体长成法"，替代以往定性或半定量评估的重量密度法；在此基础上，构建生物资源损失评估技术体系，制定了我国海洋环境影响评价领域首部量化评估生物资源损失的国家和行业技术标准，成为我国各级海洋、环保和渔业管理部门审核、审查涉海工程环境影响、海域使用论证、渔业污染事故鉴定等报告的重要技术依据，实现了涉海工程生态补偿费征收的标准化和业务化运作；③建立了适宜不同环境特征的生态修复和资源增殖技术：结合浮游动物环境适应性等成果，建立增殖放流品种、地点、季节、规格等优化技术，开发出适宜滩涂、浅海、岛礁、港湾海域的鱼、虾、蟹、贝类增殖技术，构建了增殖放流和资源增殖效果评估技术。经回捕验证，增殖放流投入产出的资源倍增效益可达5倍；④研建了生态环保设计技术：依据核电、LNG等工程案例和余氯水动力特征分析，结合游泳生物在低浓度余氯水中的自主趋避规律，建立了基于余氯生物屏障原理的工程生态环保设计优化方法，经验证，可减少渔业资源损失50%以上[17-21]。

3. 南海北部近海渔业资源及其生态系统水平管理策略

由中国水产科学研究院南海水产研究所主持完成的"南海北部近海渔业资源及其生态系统水平管理策略"项目荣获2012年度广东省科技进步奖二等奖。主要成果体现为：①首次全面摸清了近20年南海北部近岸海域渔业资源环境现状及演变趋势，汇总和构建了自20世纪50年代以来南海北部近海渔业资源及其栖息环境数据库，入库数据100多万个。全面摸清了南海北部近海12个重要河口和海湾渔业资源环境现状，估算和预测了主要渔业经济种类的利用程度及变化趋势，阐明了69种主要渔业资源种类的生长和补充状况，更新和评价了二长棘鲷、带鱼和多齿蛇鲻等10种主要渔业经济种类的生物学参数和开发潜力。发现新种5种，提出了经济鱼类开捕标准新观点。系统阐明了重要海湾渔业资源及其栖息环境的演变趋势，丰富和深化了对近海生态系统和生物资源的理论认知。②揭示了近海渔业资源变动规律及机理。创新了近海渔业资源数量变动分析技术和方法，从种群、群落和生态系统三个层次系统揭示了近海渔业资源数量变动规律及机理，量化解析了南海北部近海渔业资源变动规律，系统分析了从河口、近海至大陆架外缘海域鱼类群落格局及其与水文环境的关系，阐明了鱼类群落的水深成带分布规律。率先发现了近海渔业资源对捕捞压力增长的"拱形"响应过程，首次提出陆地径流、季风流环和热带气旋活动是影响近海渔业资源产出能力的主要因素，阐明了人类活动、气候变动和生态系统三者间的耦合关系，揭示了渔业资源对人类活动和气候变化的响应机制，创新和发展了近海渔业资源理论体系。③创建了生态系统水平的近海渔业资源养护和管理技术平台。构建了南海典型海湾渔业生态系统能量流动模型，解析了近海渔业生态系统食物网的基本结构、服务与产出功能、主要营养通道能量流动 / 转换途径和定量关系，阐明了近海渔业生态系统对人类活动和环境胁迫的响应机制。将预警科学引入渔业资源管理中，构建了南海近海渔业资源可持续利用评价指标体系和风险预警模型。首次采用生态建模和动态模拟分析技术，构建了南海北部近海 Ecopath & Ecosim 动态分析模型，量化诊断了南海近海生态系统对捕捞和环境胁迫的响应机制，应用情景模拟技术，系统分析了6种渔业管理情境下生态系统的响应，提出了优化管理策略。突破增殖模式和增殖放流效果评价等关键技术，集成了增殖放流、人工鱼礁和海洋牧场一体化的渔业资源养护技术体系。

4. 突发性海洋溢油污染事故对渔业损害评估的关键技术集成与示范

由中国水产科学研究院、中国水产科学研究院黄海水产研究所主持完成的"突发性海洋溢油污染事故对渔业损害评估的关键技术集成与示范"项目 2012 年获中国水产科学研究院科技进步奖一等奖。该项目针对突发性海洋溢油污染事故，特别是渤海蓬莱 19-3 油田发生严重溢油事故，开展天然渔业资源以及海水养殖业损害评估研究。通过一系列的调查和监测工作，取得了溢油对天然渔业资源和养殖业影响的第一手资料。结合我国海上溢油对渔业影响以及事故处理情况，对突发性海洋溢油污染事故造成的天然资源损失进行全面、细致的分析，建立了不同的损失评估方法，并成功地在多次突发性海洋溢油污染事故对渔业损害评估中得到示范应用，为溢油污染事故对渔业的损害赔偿提供科学高效的技术支撑。

5. 湖泊净水渔业研究与示范

由中国水产科学研究院淡水渔业研究中心主持完成的"湖泊净水渔业研究与示范"荣获 2014 年度中国水产科学研究院科技进步奖一等奖。该成果以太湖北部的一个湖湾——蠡湖实施净水渔业研究与示范。蠡湖 2002 年起停止湖泊养鱼和进行了 4 年环境整治，包括截污、清淤、退渔还湖、建设动力换水和实施生态重建成套技术（国家"863"工程），但是即使蠡湖外源性污染已经基本消除，而改善水质的目的仍未达到。据 2005 年 7～12 月，江苏省环境监测中心对蠡湖水环境进行的连续监测结果显示，总磷Ⅳ类、氨氮Ⅴ类、总氮劣Ⅴ类。由于未开展系统的生态修复工作，故水质中氮、磷含量一直居高不下。为削减湖水中居高不下的氮、磷含量，减缓富营养化和蓝藻暴发危害，达到外源性手段所不能达及的目的，淡水渔业研究中心提出了"净水渔业"理念，通过放养滤食性鱼贝类，有效控制水中浮游生物、抑制蓝藻，让水中的氮、磷通过水生生物营养级的转化，最终以鱼产量的形式得到固定，当鱼体捕捞出水就移出了水中的氮和磷。"净水渔业"技术是多项技术的集成和组装，研究提出有效放流 2 龄鱼种、回捕 4 龄以上的成鱼、湖中留有一定的鲢鳙群体及其运作方法，是削减湖泊中氮、磷的关键。以江苏蠡湖四年多同步实测水质和水生生物动态变化阐明了投放滤食性生物与降氮、磷、去蓝藻的内在关系，采用标志放流鲢鳙鱼与回捕获控藻与降氮磷能力；指出在天然型湖泊中放流滤食性鱼类后，保障了鱼类生物的多样性和丰富度，既不破坏鱼类的群落结构又改善了水质。自 2007 年起实施了"净水渔业"技术后，成效显著：到 2010 年总氮下降了 80%、总磷下降了 88%，水质由Ⅴ类上升为Ⅲ类；综合营养状态指数下降 11.3%，呈中营养状态；未破坏鱼类群落结构又改善了水质，生物多样性指数提高 1 级；生态修复的同时，新增渔业产值 179.72 万元。在"净水渔业"理念和技术应用的实践中，通过密集型同步水质与水生生物监测，综合采用多种指数和指示种的综合水质评价方法，背角无齿蚌金属污染指数（MPI）总体评价方法，鱼骨图、层次分析（AHP）结合地理信息系统（GIS）的湖泊宜渔性评价方法，用 EwE 模型分析湖泊生态系统营养结构和能量流动及评价湖泊生物修复效果的方法，建立了湖泊水质污染、生态修复效果的评价体系[22-25]。

6. 河口生境条件变动对重要生物资源的影响

由中国水产科学研究院东海水产研究所主持完成的国家"973"课题"河口生境条件

变动对重要生物资源的影响"2014年10月通过科技部组织专家的验收。主要成果体现为：①课题对河口生物资源及生境的调查是继20世纪80年代以来对河口渔业资源系统调查后的首次，为了解三峡工程正式运行后河口生物资源现状积累了一批重要的科学资料；②通过研究河口重要生物资源的时空格局现状及对河口生境的利用情况，阐明了重要生物资源受盐度、水温、饵料和底质环境因子变化影响在河口的空间分布和季节变动规律，为了解河口生态系统功能演变过程及对重大水利工程的响应规律和机理打下坚实基础；③通过不同的代表性生物与环境的关系分析，结合重要影响因子对河口生物幼体资源的影响试验，获取了影响河口重要生物资源的关键水沙条件和污染物浓度阈值，提出河口径流条件改变下盐水入侵风险和污染风险对不同类型生物资源的潜在风险影响分析，证实了长江水文调控对春季鱼类繁殖和育幼期的风险管理中的关键作用，提出通过生态调度可减少河口渔业资源影响的重要论点；④阐明了沉积物性质对不同底栖生物类群分布中的作用，为掌握重大水利工程影响下河口地貌冲淤变化对底栖生物群落的影响层面和驱动机制提供了基础支撑[26-29]。

7. 我国近海藻华灾害演变机制与生态安全

由中国科学研究院海洋研究所牵头，中国水产科学研究院东海水产研究所等多家单位参与的国家"973"计划"我国近海藻华灾害演变机制与生态安全"2014年9月通过科技部验收。中国水产科学研究院东海水产研究所重点开展"藻华灾害对重要海水养殖生物和生态系统关键种的危害机制"的研究。针对我国重要藻华东海原甲藻大规模赤潮、鱼毒的米氏凯伦藻赤潮等不同类型藻华，阐述其对生态系统结构和功能的不同危害效应、途径和机制。分析了东海重要经济鱼类渔场位置的时空变化，同时收集了大量数据，通过重要经济鱼类产量的月相移动影像，判别东海重要经济鱼类渔场属性；重点识别产卵场和索饵场等对赤潮敏感的区域及对应时期。探讨赤潮发生的时空变化及其与渔业敏感区域的时空对应性，最终进行了赤潮对主要渔业资源渔场安全影响的评估。项目实施为藻华灾害的社会经济影响作出科学评价提供理论依据，为阐明富营养化海域藻华灾害对生态安全的危害机制、保护人类健康、维护近海生物资源的可持续利用提供科学依据[30-33]。

8. 基于耳石环境元素指纹的重要经济鱼类洄游生态学研究

由中国水产科学研究院淡水渔业研究中心主持完成的"基于耳石环境元素指纹的重要经济鱼类洄游生态学研究"荣获2013年度中国水产科学研究院科技进步奖二等奖。该成果利用独特的X-射线衍射电子探针分析（EPMA）技术，探索了我国刀鲚、凤鲚、棘头梅童鱼、青海湖裸鲤、太湖新银鱼等重要经济鱼类耳石的环境元素微化学特征和类型，建立了江海、盐湖与淡水河流间洄游性鱼类耳石中对应于不同生境的Sr/Ca或Mg/Ca比值判别标准，以直观而可视的线、面图像方式，突破了传统技术的局限，有效地把握了上述鱼类的基本生境需求规律、生活史特征、洄游履历及其可能的生物学原因，特别是：①掌握了长江和黄海刀鲚的关联性，并发现了长江刀鲚幼鱼在近一龄时入海；刀鲚仍可上溯长江近800千米入鄱阳湖繁殖；钱塘江和瓯江刀鲚宜为相对独立的地理群等许多新现象。②凤鲚在淡水中孵化，其产卵、发育和生长等生活史过程中生境变化非常复杂，显示出洄游模式的多样性。长江口繁殖群体是由具生境间复杂洄游"履历"的个体混群所构成。③长江口鲻鱼存在多样化的洄游活动，有着孵化和早期发育需要盐度适中的生境，而在随后的生长和发育可以灵活地利用长江口淡水、河口半咸水和海水环境的生存策略。④对高原碱性咸水湖青海湖而言，耳石 Sr∶Ca 比不适于作为研究洄游性鱼类青海湖裸鲤生境变化的标记元素；但耳石中 Mg 的含量变化与血浆中该离子的浓度密切相关，可作为裸鲤早期发育、环境转换的标记元素。⑤棘头梅童鱼耳石核心高浓度的 Sr 与大潮期间环境盐度的突然增高有关，而随后的发育和生长均需要盐度适中的河口半咸水环境；宜将长江口棘头梅童鱼归为河口鱼类而非传统的海洋鱼类。⑥耳石元素微化学特征显示出太湖新银鱼不同群体的地理差异明显，反映出耳石锶钙比特征具有可区别不同水域太湖新银鱼资源群体的潜力[34-40]。

9. 全球变暖对东海浮游生物影响机制研究

由中国水产科学研究院东海水产研究所主持，天津科技大学参加的"全球变暖对东海浮游生物影响机制的研究"项目，获得上海市 2013 年度自然科学奖三等奖。该项目通过对东黄海长周期、大范围海洋调查数据资料的综合分析，利用曲线拟合等数理统计原理和方法，建立了反映温度敏感性的参数体系，揭示了气候变暖对浮游动物影响的特征与机理；首次发现了浮游动物温度敏感指示种，当水温上升 1 ~ 2℃时，指示种种群丰度可以减少 95% 以上，甚至消失，阐明了不同生态类群浮游动物指示种对全球变暖响应的生物学机制；阐释了全球变暖引发的浮游生物变化对近海生态安全的影响，建立了估算浮游植物体积/表面积——碳模型国际标准方法及 3 级别摄食模型，发现气候变暖导致以中华哲水蚤为代表的暖温种浮游动物数量迅速减少，使浮游动物对浮游植物的摄食压力下降，是东海春夏之交大规模赤潮频发的诱因之一；揭示并阐明了全球变暖通过紫外辐射强度升高抑制浮游植物生长和光合作用的机理，发现强阳光辐射引起浮游植物藻丝体断裂，原因是过光量电子传递给细胞内氧原子后形成的活性氧自由基，这些自由基对细胞壁和其他结构中脂类的氧化，使细胞破裂，进一步形成藻丝体在破裂细胞处的断裂，而浮游动物可以通过水平或垂直的迁移策略，减轻强光辐射造成的损伤。

10. 海水滩涂贝类养殖环境特征污染物甄别及安全性评价标准研究

由中国水产科学研究院主持完成的国家科技支撑计划项目"海水滩涂贝类养殖环境特征污染物甄别及安全性评价标准研究"于 2012 年 4 月通过科技部验收。研究提出了我国海水滩涂贝类养殖环境特征污染物甄别和环境类型划分技术体系，并从产地环境管理角度，提出了相关的技术规范草案，为解决海水滩涂贝类养殖产地环境类型的划分标准、方法和程序及国家和地方实施海水滩涂贝类养殖产地环境类型划分和管理提供核心技术支撑。主要成果有：①研究中首次针对滩涂贝类建立了模拟实际养殖水域环境的水体—沉积物—贝类三相体系的生态毒理学实验方法，构建了水体—沉积物和贝类的富集动力学双箱模型，在此基础上从贝类质量安全角度，推导出养殖水体、沉积物中特征污染物铜、铅和镉的限量值。此外，研究中将几种滩涂贝类重金属镉的富集试验与镉的风险分析相结合，首次提出了泥蚶和文蛤的镉安全限量建议值。②首次建立了我国滩涂贝类养殖产地环境特征污染物筛选和环境类型划分技术方法，分析提出了以重金属为划分指标的分级管理框架。研究提出了《海水滩涂贝类增养殖环境特征污染物筛选技术规范》和《海水滩涂贝类养殖环境类型划分技术规范》，对进一步规范贝类养殖，降低贝类的食用风险，促进我国贝类养殖生产活动的安全和可持续发展具有重要意义[41-42]。

三、生态环境学科国内外研究进展比较

1. 国际研究进展

当前国际生态环境监测与保护学科发展的主要趋势有以下几方面：

（1）发展快速监测技术、浮标监测技术、船载监测技术和传感器监测技术。快速监测技术系统成为获取环境和污染物信息的主要手段，尤其是在线监测系统正逐渐成为环境污染物快速筛查和在线监测的首选技术。浮标监测技术是集传感器技术，尤其是化学、光学和生物传感器技术、现场自动采样分析技术、电脑数据采集处理技术、数据通信和定位技术、浮标设计和制造技术及防生物附着技术等高新技术为一体，是当前环境监测技术的主要发展方向之一。船载监测技术的发展特点向多功能发展，提高船时利用率，配备多种调查监测仪器，提高现场调查监测的自动化程度和实时数据处理能力。传感器监测技术是环境污染自动监测技术的进步，主要涉及电化学传感器和生物传感器。

（2）重点关注持久性有机污染物。持久性有机污染物（POPs）由于其在环境介质中的持久性、生物富集性、长距离迁移能力、对区域和全球环境的不利影响以及毒性作用成为优先研究方向。

（3）强化环境监测预警及风险评价技术。从保护水产品及其产地质量安全、人体健康为主要目标，强化环境监测预警及风险评价技术。建立国家重大环境基础数据库、水质基/标准体系，建立环境预警及风险评价模型。

2. 国内外科技水平比较

我国在渔业生态环境监测与保护学科方面，主要针对所辖渔业水域生态环境以及重要渔业品种生境动态及需求等进行监测，重点是水产养殖区与重要鱼、虾、蟹类的产卵场、索饵场和水生野生动植物自然保护区等功能水域。目前具有开展水质、底质、生物及生物质量方面200多个参数的监测、评价能力，在水质、底质方面常规项目的分析研究水平与国内环保、海洋等部门相当，对优先污染物监测分析水平弱于环保、海洋等部门。在生物及生物质量方面分析研究、污染事故鉴定与处理水平处于国内领先。在污染生态学研究方面，主要开展单个污染物质或综合性废水对渔业生物急性、亚急性毒性效应的研究，尚未对多介质多界面复杂环境和复合污染物行为机制、污染生态系统毒理学诊断开展研究。在水域生态环境保护方面，主要在降解菌种的筛选，养殖池塘、网箱养殖区、底栖生态环境方面开始进行一些试验性修复研究，尚未形成成熟技术，整体研究水平与国际先进水平差距较大。

四、生态环境学科发展趋势及展望

1. 战略需求

（1）渔业资源养护和增殖对生态环境的需求。渔业资源养护和增殖是渔业产业健康发展的内部因素。准确了解各种水产资源的现存状态和发展趋势、与之相关的基本生境需求及渔业水域生态系统的环境动力学、实现有效恢复渔业资源的环境因素干预对策的作用机理等无疑是最重要的研究课题，如渔业资源生物学特性和种群恢复的生态环境维护和调控的关键点研究；人工自然资源有效补充增殖技术及其环境机理研究；"环境友好型"捕捞技术及"蓝色牧场"技术的开发等。

（2）渔业健康发展对生态环境的需求。清洁的渔业环境是渔业产业健康发展的外部条件。有效监测、评价和预测渔业环境因子的变化、自然水域人为胁迫因素（污染物和非污染物）危害、养殖环境的动态等及其它们对渔业生态系统的影响规律是当前急需解决的科研难题，如渔业生态系统的构造、机能和环境动态相互关系的探索及其管理和保护的研究；健康养殖及其保障技术的研究；人为环境胁迫对渔业水域生态环境的影响机制和防除策略的研究；宜渔水域或湿地（水圈环境）清洁利用模式的研究等。

（3）水产品质量安全对生态环境的需求。保证水产品质量安全需要良好的环境条件。水产品质量安全的监测技术、长期保持水产品品质的加工技术、水产品原产地判别技术、未利用水产品或水产废弃物的综合利用技术的开发等都离不开环境条件的支撑，如水产品卫生安全和质量安全环境条件共享平台的建设，有机渔业养殖环境体系的研究，水产品原产地判别和保护体系的建立等。

（4）负责任渔业管理和政策保障对生态环境的需求。负责任渔业强国的建设是一项系统工程，需要有完善的环境研究成果来支持，如国家渔业资源和环境信息服务平台的建设，环境友善型渔业标准、行动计划和产学研技术转化政策的研究等。

（5）未来渔业拓展领域对生态环境的环境需求。不破坏环境，而以现代科技的进步和创新，来长期保持我国作为世界第一渔业大国的产量和产值，以及实现未来作为一个负责任渔业强国对新世纪世界渔业的发展作更大贡献的目标，同样需要有完善的环境研究来支撑。如可持续性的"生态渔业牧场"的建设，以操纵初级生产力为手段整体提高次级生产力和渔业产量的"水体实验室"渔业的研究，地球规模环境变动对我国和世界渔业的中长期影响研究等。

2. 重点发展方向

目前，渔业生态环境监测与保护学科的研究已从一般性生态环境监测与评价逐步发展为对规律性、机理性的探索，从污染机理研究朝预测、预警、污染防治方向发展；研究方式也由以现场监测为主转变为现场和实验研究相结合，微观与宏观调查相结合；研究手段也越来越体现出专业交叉和综合化的特点。根据学科的特点和未来我国渔业发展的中心任务，渔业水域生态环境学科的研发重点可确定为以下4个主要层次：

（1）渔业水域生态环境监测、评价与预警技术体系研究。重点研究污染监测生物指示物种的选择，各类环境样品中痕量污染物质分析方法，水质、底质、生物体污染的快速检测技术等渔业水域生态环境监测新技术，渔业生态环境污染现状评估及原因的诊断、渔业生态环境变化规律及其生态环境效应与反馈机理，生态环境质量评价与生态安全预警技术、渔业灾害的预测、预警技术的研究。

（2）渔业污染生态学和环境安全评价技术。重点研究外源污染物质、养殖自身污染物质迁移和转化规律及其对自然水域、增养殖生态系统生物多样性、结构和功能的不利影响；开展受控生态系统生态毒理学实验，了解污染物的遗传、生理和生化毒性和作用机制，并弄清污染物的生物地球化学特性（沿食物链转移、代谢规律等）及其污染生态学的后果。建立安全评估模型，探索建立污染生态学的新方法论及新技术，形成渔业污染生态学和环境安全评价技术体系。

（3）增养殖水域生态环境调控与修复技术研究。重点研究不同生态类型的增养殖环境容量理论与方法，养殖生态环境调控理论与技术，清洁养殖生产环境保障技术；研究退化的天然渔场、增养殖水域生态系的环境变化（环境变迁与生物资源变动和优势种演替机制，污染物降解的生化过程等）诊断技术；研究生态环境污染损害的生物修复技术，人工生态环境设计和运用技术。形成应用于不同增养殖水域生态环境调控与修复的系列技术。

（4）渔业生态环境质量管理技术。重点根据水域环境污染的背景值、环境容量，污染物质的物理输运、相互交换、化学迁移和积累，污染源入海的通量和各类污染物质在环境中的不同存在形态及其毒理，研究更合理的水质、生物体质量标准体系，放养及养殖渔业与水体环境协调的关系，渔业环境容纳量和渔业水域的功能区划，不同类型的重大涉渔工程对重要水生生物栖息环境影响损失评估技术，建立渔业生态系统健康标准和评估技术，形成较为完整的渔业生态环境质量管理系列技术。

3. 发展策略

渔业生态环境监测与保护学科要紧紧围绕国家需求、渔业产业结构调整、渔业经济增长方式转变、提高产业效益、改善生态环境、拓展产业空间和提高水产品国际竞争力的需要，以可持续发展为主题，确保渔业资源的恢复，安全水产品的稳定供应和渔业活动的健康发展，以控防和修复为主线，以保护重点区域和控制重点污染物为目标。渔业生态环境监测与保护学科发展基本战略就是实施自主创新的科技发展战略。渔业发展的根本出路在科技，依靠科技进步，推动渔业由主要追求数量向注重质量效益根本转变，由依靠劳动和资源投入为主向依靠科技进步和劳动素质的根本转变。选择和突破若干个带有基础性、全局性、方向性、关键性的重大科学和技术问题，为改造传统渔业、提升渔业效益提供技术支撑。切实推进渔业生态环境监测与保护学科在"项目、人才、基地"方面一体化进程，加快形成国家科技机构和其他所有制科技组织共同发展、优势互补的渔业生态环境监测与保护学科体系，建立与渔业产业带相适应的跨区域、专业性的新型渔业生态环境监测与保护学科体系。

── 参考文献 ──

［1］ A.Shen，F.Tang，W.Xu，et al.Toxicity testing of crude oil and fuel oil using early life stages of the black porgy（*Acanthopagrus schlegelii*）［J］.Biology and Environment，2012，112（1）：35–42.

［2］ 李磊，蒋玫，王云龙，等.燃料油和原油乳化液在缢蛏体内的富集动力学研究［J］.环境科学学报，2014，34（4）：1061–1067

［3］ 李磊，蒋玫，王云龙，等.0# 柴油和原油水溶性成分在黑鲷（*Sparus macrocephlus*）体内的富集动力学研究［J］.应用与环境生物学报，2014，20（2）：286–290

［4］ 许高鹏，蒋玫，李磊，等.三疣梭子蟹体内苯并［a］芘的富集动力学［J］.海洋渔业，2014，36（4）：357–363.

［5］ 陈修报，苏彦平，刘洪波，等.移殖"标准化"背角无齿蚌主动监测五里湖重金属污染背景［J］.中国环境科学，2014，34（1）：225–231.

［6］ 孙磊，陈修报，苏彦平，等.东湖移殖背角无齿蚌中重金属的含量变化［J］.水生生物学报，2014，38（1）：220–225.

［7］ X.Chen，J.Yang，H.Liu，et al.Element concentrations in a unionid mussel *Anodonta woodiana* at different stages［J］.Journal of the Faculty of Agriculture Kyushu University，2012，57：139–144.

［8］ 苏彦平，陈修报，刘洪波，等.背角无齿蚌幼蚌食性藻类组成研究［J］.中国水产科学，2014，21（4）：736–746.

［9］ 陈修报，苏彦平，孙磊，等.不同污染背景生境中背角无齿蚌的重金属积累特征［J］.农业环境科学学报，2013，32（5）：1060–1067.

［10］ 陈修报，苏彦平，刘洪波，等.太湖五里湖重金属污染动态的主动监测研究［J］.湖泊科学，2014，26（6）：857–863.

［11］ W.Quan，T.H.Austin，L.Shi，et al.Determination of trophic transfer at a created intertidal oyster（*Crassostrea ariakensis*）reef in the Yangtze River Estuary using stable isotope analyses［J］.Estuaries and Coasts，2012，35：109–120.

［12］ W.Quan，T.H.Austin，X.Shen，et al.Oyster and associated Bbenthic macrofaunal development on a created intertidal oyster（*Crassostrea ariakensis*）reef in the Yangtze River Estuary，China［J］.Journal of Shellfish Research，2012，31（3）：599–610.

［13］ 牛俊翔，蒋玫，李磊，等.滩涂贝类养殖区底质硫化物的去除及修复［J］.农业生态环境学报，2013，32（7）：1467–1472.

［14］ 牛俊翔，蒋玫，李磊，等.修复方式对滩涂贝类养殖底质 TN、TP 及 TOC 影响的室内模拟实验［J］.环境科学学报，2014，23（2）：24–26.

［15］ 沈新强，蒋玫，袁骐，等.水下工程爆破作业对水生生物资源及生态环境损害评估方法［M］.北京：中国农业出版社，2013.

［16］ 贾晓平，陈丕茂，唐振朝，等.人工鱼礁关键技术研究与示范［M］.北京：海洋出版社，2011.

［17］ 徐汉祥，王伟定，金海卫，等.浙江沿岸休闲生态型人工鱼礁初选点的环境适宜性分析［J］.海洋渔业，2006，28（4）：278–284.

［18］ 徐兆礼，张凤英，陈渊泉.悬浮物和冲击波造成的渔业资源损失量估算［J］.水产学报，2006，30（6）：778–784.

［19］ 徐兆礼，陈华.海洋工程环境评价中渔业资源价值损失的估算方法［J］.中国水产科学，2008，15（6）：970–975.

［20］徐兆礼，陈佳杰.小黄鱼洄游路线分析［J］.中国水产科学，2009，16（6）：931-940.

［21］徐兆礼，李鸣，张光玉，等.涉海电站取排水口工程设计环保措施［J］.海洋环境科学，2011（2）：234-238.

［22］C.Son，J.Chen，L.Qiu，et al.Ecological remediation technologies of freshwater aquaculture ponds environment［J］.Agricultural Science & Technology，2013，14（1）：94-97，196.

［23］范立民，徐跑，吴伟，等.淡水养殖池塘微生态环境调控研究综述［J］.生态学杂志，2013，32（11）：3094-3100.

［24］吴伟，范立民.水产养殖环境的污染及其控制对策［J］.中国农业科技导报，2014，16（2）：26-34.

［25］S.Meng，Y.Li，T.Zhang，et al.Influences of environmental factors on lanthanum/aluminum-modified zeolite adsorbent（La/Al-ZA）for phosphorus adsorption from wastewater［J］.Water，Air，& Soil Pollution，2013，224（6）：1-8.

［26］M.Chao，Y.R.Shi，W.M.Quan，et al.Distribution of macro crustaceans in relation to abiotic and biotic variables across the Yangtze River Estuary，China［J］.Journal of Coastal Research，2014，DOI：10.2112/JCOAS-TRES-D-13-00207.1.

［27］Y.R.Shi，M.Chao，W.M.Quan，et al.Spatial and seasonal variations in fish assemblages of the Yangtze River estuary［J］.Journal of Applied Ichthyology，2014，30（5）：844-852.

［28］T.Jiang，H.B.Liu，X.Q.Shen，et al.Life history variations among different populations of *Coilia nasus* along the Chinese coast inferred from otolith microchemistry［J］.Journal of the Faculty of Agriculture Kyushu University，2014，59（2）：383-389.

［29］M.Cao，Y.Shi，et al.Distribution of benthic macroinvertebrates in relation to environmental variables across the Yangtze River Estuary，China［J］.Journal of Coastal Research，2012，28（5）：1008-1019.

［30］M.Luo，F.Liu，Z.Xu.Growth and nutrient uptake capacity of two co-occurring species，*Ulva prolifera* and *Ulva linza*［J］.Aquatic Botany，2012，100：18-24.

［31］Z.Xu，D.Zhang.Dramatic declines in *Euphausia pacifica* abundance in the East China Sea：Response to recent regional climate change［J］.Zoological Science，2014，31：135-142.

［32］Z.Xu，Q.Gao，W.Kang，et al.Regional warming and decline in abundance of *Euchaeta plana*（Copepoda，Calanoida）in the nearshore waters of the East China Sea［J］.Journal of Crustacean Biology，2013，33（3）：323-331.

［33］F.Zhang，Y.Shi，K.Jiang，et al.Rapid detection and quantification of *Prorocentrum minimum* by loop-mediated isothermal amplification and real-time fluorescence quantitative PCR［J］.Journal of Applied Phycology，2014，26：1379-1388.

［34］T.Jiang，J.Yang，H.B.Liu，et al.Life history of Coilia nasus from the Yellow Sea inferred from otolith Sr：Ca ratios［J］.Environmental Biology of Fishes，95（4）：503-508.

［35］H.Liu，，T.Jiang，X.Tan，et al.Preliminary investigation on otolith microchemistry of naked carp（*Gymnocypris przewalskii*）in Lake Qinghai，China［J］.Environmental Biology of Fishes，2012，95（4）：455-461.

［36］J.Yang，T.Jiang，H.Liu.Are there habitat salinity markers of Sr：Ca ratio in otolith of wild diadromous fishes? A literature survey［J］.Ichthyological Research，2011，58（3）：291-294.

［37］姜涛，周昕期，刘洪波，等.鄱阳湖刀鲚耳石的两种微化学特征［J］.水产学报，2013，37（2）：239-244.

［38］周昕期，姜涛，刘洪波，等.太湖及洪泽湖太湖新银鱼的矢耳石元素微化学比较研究［J］.上海海洋大学学报，2013，23（1）：23-32.

［39］孙超，刘洪波，姜涛，等.分子生物学方法在鲚属鱼类遗传学研究中的应用［J］.江苏农业科学，2013，41（1）：4-8.

［40］H.B.Liu，T.Jiang，H.H.Huang，et al.Estuarine dependency in *Collichthys lucidus* of the Yangtze River Estuary as revealed by otolith microchemistry［J］.Environmental Biology of Fishes，2015，98：165-172.

［41］李磊，王云龙，沈盎绿，等．沉积物暴露条件下文蛤（*Meretrix meretrix*）对重金属 Cu、Pb 的富集动力学研究［J］．热带海洋学报，2013（1）：70–75.

［42］张聪，陈聚法，马绍赛，等．褶牡蛎对水体中重金属铜和镉的富集动力学特性［J］．渔业科学，2012（5）：64–72.

撰稿人：沈新强　杨　健

水产品加工与贮藏工程学科发展研究

一、引言

　　水产品加工及贮藏工程学科是以水生生物资源利用、水产食品加工、水产品贮藏与流通以及水产品质量安全保障为主要研究方向的学科。我国水产品加工与贮藏工程学科最早设立于 1912 年，为吴淞水产学校水产制造科。1946 年，山东海洋学院（现中国海洋大学）招收了国内第一批水产品加工与贮藏方面的本科生，1986 年，经国务院学位委员会批准，中国海洋大学（原山东海洋学院）获得博士学位授予权。2015 年，我国的水产品加工与贮藏工程学科已形成了本科生到博士后的人才培养体系。

　　近年来，随着水产养殖业的快速发展，养殖规模的不断扩大，我国成为世界上唯一水产养殖量超过水产捕捞量的国家，水产品成为国家粮食安全保障体系的重要组成部分。水产品贮藏与加工是连接水产品生产和消费的重要环节，发展水产品加工与贮藏工程学科，构建以加工带动水产品原料生产、以加工保障水产品消费的现代水产业发展新模式，对保障我国水产业持续健康发展，推动国家食物从"量"的安全向"质"的安全稳定转变具有重要意义。

二、近年来水产品加工与贮藏工程学科最新研究进展

（一）海洋水产品加工、贮藏与流通领域

1. 海洋水产品加工、贮藏与流通的基础研究

　　近年来，在水产品加工过程中品质变化机理，如发酵鱼糜凝胶形成机理、传统固态发酵鱼类的风味形成机理；海洋水产品多糖降解微生物的发掘与工具酶开发，如，从绿色木霉和米曲霉分离得到的非专一性壳聚糖降解解酶、结构和功能全新的 λ - 卡拉胶降解解酶

CglA、可用于制备奇数琼寡糖的 α-新琼二糖水解酶、琼胶脱硫的硫酸酯酶、新型 β-琼胶酶的发掘；水产品养殖过程中品质形成机理及其调控机制；鲍鱼肌肉质构与呈味变化相关蛋白酶的鉴定、分离与分子克隆；基质金属蛋白酶对鱼类肌肉胶原蛋白的作用机理；虾肉加热过程中蛋白质变性的三维动态分布规律；水产胶原蛋白分子结构与物理特性及其耦合性；Maillard 反应修饰活性肽及其抗氧化构效关系；鱼蛋白螯合肽促矿物质吸收和转运机制及分子机理；不同水产品在贮藏过程中挥发性盐基氮的产生途径与积累规律；微波场非热效应对鱼肉蛋白结构及凝胶特性的影响及其机理；海洋食品加工贮藏过程中 DHA/EPA 磷脂结构与营养的变化机制；海参加工制品流变特性及其质控机理、海参自溶酶；活水产品暂养及运输中的营养品质下降机制；南极磷虾加工与保藏的基础研究等方面取得了重要进展。

2. 海洋水产品加工与质量安全控制技术

利用热带海洋微生物新型生物酶高效转化软体动物功能肽取得重要进展。大连工业大学等单位在贝类食品精深加工关键技术等方面已取得了重要进展。近年来，中国科学院南海海洋研究所等单位在海洋软体动物精深加工方面也取得了重要成果。该成果针对海洋软体动物的高效利用，从海洋发掘产酶微生物新属种；创制新型生物酶；发明功能肽的定向酶解新技术；发明营养免疫新型功能肽和珍珠角蛋白的定向制备及改造技术；创建功能肽评价模型，发掘肽的新功能，实现了海洋功能肽定向制备技术的工程化应用。新技术解决了相关领域的世界级难题，获国内外同行高度评价，达到国际领先水平，推进了行业技术进步，新技术海洋精细加工珍珠产品市场份额国内领先，推动企业的渔用饲料年销售量达世界第一。成果获 2014 年度国家科技进步奖二等奖。

经济海藻精产业升级关键技术取得突破。中国水产科学研究院南海水产研究所等单位建立了南海主要经济海藻精深加工集成技术，技术内容包括海藻加工传统工艺技术的升级改造、海藻食品多元化产品开发、海藻高值化新产品开发、海藻加工副产物利用等，形成了系列具有自主知识产权的海藻加工技术：①发明海藻膳食纤维制备技术，开创了海藻利用新领域。率先以海藻为原料研制出海藻膳食纤维制备与活化新技术，开发出 4 种高活性海藻膳食纤维新产品；②发明系列海藻食品加工新技术，突破非直接食用海藻的食用化加工技术瓶颈。采用海藻加工集成创新技术，开发 20 多个系列海藻食品；③发明生化级琼胶糖制备技术，突破了琼胶糖分离、纯化技术瓶颈；④创新了琼胶常温碱法和机械自动凝胶提取新技术，提高了琼胶生产产率、效率和产品质量；⑤攻克了冷冻水产品磷酸盐保水剂的替用技术。在国内率先研究琼胶、卡拉胶寡糖新型保水剂的应用技术，开发出海藻寡糖无磷保水剂，突破了磷酸盐保水剂的替用技术；⑥对海藻副产物高值化利用技术做出原创性贡献。在国内率先研究了琼胶藻渣和压榨液高值化利用新技术，成功开发出具有生理活性的藻渣膳食纤维和琼胶寡糖新产品，大大提高了海藻的利用率。该项目技术成果，提高了海藻加工的整体技术水平，有效实现了海藻加工利用技术的科学化、规范化，提高了海藻利用率，降低了生产能耗，减少了加工副产物的排放。成果获得 2012 年度广东省科技进步奖一等奖。

养殖海参精深加工的理论和关键技术取得突破。中国海洋大学等单位集成创新了海参的真空蒸煮、热泵—热风组合干燥、快速复水及微波杀菌等加工新技术，研制和开发了包括机械除脏机、分类运转机、连续真空蒸煮机、挤压整形机、自动监控复水机、微波杀菌设备等海参加工关键设备，建成了世界首条海参加工前处理机械化生产线。突破了传统海参生产周期长，耗能高，营养成分流失大，复水程度低等技术瓶颈，促进了我国海参加工工业现代化；攻克了高纯度海参硫酸多糖、胶原蛋白肽、皂苷及缩醛磷脂等功效成分高效制备技术，研制了海参胶、海参硫酸多糖、海参皂苷单体、海参脑苷脂及单体等海参高附加值产品。成果获得 2013 年度山东省科技进步奖一等奖。

3. 南极磷虾等新资源开发技术

南极磷虾的生物总量为 6.5 亿 ~ 10 亿吨，蕴藏量巨大。南极磷虾是尚无明确权属的南极水域的重要生物资源，也是世界海洋唯一开发利用水平很低的大宗远洋渔业资源，被称为地球上最大的动物蛋白库，生物学年可捕量达可达 1 亿吨，具有巨大的医药保健和工业原材料开发利用前景，在传统海洋资源锐减的当今，南极磷虾已被视为重要的战略资源，成为各国竞相争夺的目标。我国南极磷虾捕捞及加工业起步较晚。1984—1985 年的第一次南极考察期间，我国南大洋考察队进行了一次以南极磷虾生态学为重点的综合性考察，拉开我国开展南极磷虾研究的序幕。通过多次南极科考活动，我国科学家初步对南极磷虾栖息环境、生物学特征、资源分布、营养成分等有了初步的了解和认知。进入 21 世纪，随着我国远洋渔业的发展壮大，加快了南极磷虾资源开发和研究的步伐：2006 年，我国成为《南极海洋生物资源养护公约》缔约国；2007 年，我国加入南极海洋生物资源养护和管理委员会（CCAMLR）；2009 年，我国正式向 CCAMLR 提交开发南极磷虾申请并获得通过，农业部随后启动南极磷虾资源探捕项目，由中国水产有限公司、辽渔集团、上海水产集团、上海海洋大学、黄海水产研究所、东海水产研究所等国有大型远洋企业和科研单位具体承担和实施。经过几年的探捕调查，我国在南极磷虾渔场分布、渔具渔法、初级加工方面积累了一定的经验。2014 年，中国水产有限公司、辽渔集团、上海水产集团的 5 艘大型拖网加工船在南极水域作业，产量 5.5 万吨，加工磷虾粉 4600 吨。我国南极磷虾加工业也初具规模，出现了一批磷虾油生产企业，如辽宁省大连海洋渔业集团公司、科芮尔生物制品有限公司、青岛康境海洋生物科技有限公司等。

2011 年，科技部立项了"南极磷虾快速分离与深加工关键技术""863"计划课题，掀起了我国研究南极磷虾综合利用技术研究的浪潮，先后有中国海洋大学、大连工业大学、中国水产科学研究院黄海水产研究所、东海水产研究所、上海海洋大学、江南大学等单位投入科研人员进行研究。据中国知网统计，2011 年以来已发表中文研究论文 180 余篇。研究内容有：①高品质南极磷虾油开发技术，包括南极磷虾油的有机溶剂提取及超临界流体提取技术，南极磷虾油中胆固醇、游离脂肪酸、有机溶剂残留、砷等化学危害成分的高效脱除技术，南极磷虾油货架期预测及稳态化技术等，特殊组分南极磷虾油的制备技术等。②南极磷虾蛋白质的高效利用技术，包括南极磷虾肉的高效脱氟技术，南极磷虾蛋白质的高效提取技术，南极磷虾蛋白质的定向酶解与活性肽制备技术，磷酸化及硒化蛋白肽等特殊组成磷虾肽的制备技术，南极磷虾虾糜生产及虾糜制品开发技术等。③南极磷虾甲壳素、虾青素高效制备技术。④南极磷虾高效利用的基础研究，包括冻藏过程中品质变化机制，加工贮藏过程中氟的迁移变化机制，南极磷虾油、活性肽等活性成分的生物活性等。

4. 海洋水产品物流技术

近年来，海洋水产品无水保活基础研究取得了一定成就；带水活鱼运输技术与装备不断改进、逐步成熟；冷杀菌保鲜技术和冰温保鲜技术在一些水产品上取得了突破；由于大量采用低温冷藏运输和活水车，制冷充氧设备的运输，加上发达的高速公路网、先进的信息技术和科学的管理，使海洋食品到达物流终端的鲜活程度几乎没有降低，如鲜销产品从捕捞后到市场销售都保持冰温状态，冻藏产品从工厂加工冻结后进冷库到终端销售的流通运输和商店销售都保持 –18℃以下；而活体产品远距离运输的成活率甚至可以达到 98% 以上。海洋食品在流通过程腐烂变质的损失率从 2000 年的 20% 下降到 2015 年的 15% 以下。

5. 海洋水产品加工与流通装备研发

我国的海洋水产品加工装备经历了一个由引进、仿制到自主研发的过程。近几年来，在鱼类保鲜保活、鱼类前处理加工、初加工、精深加工与副产物综合利用等领域进行了一系列相关装备技术的研究与开发，并研制了部分样机，建成了一批产业化生产线。在船上一线保鲜与加工方面，针对大宗低值杂鱼（丁香鱼、毛虾）船上加工前的原料保鲜与加工，研发了船上冷却海水循环喷淋保鲜系统及多层多温区的高效组合干燥装备。在海洋食品原料前处理方面，研制了文蛤及牡蛎无损伤清洗、分级与开壳设备，开发了海参机械化除脏、无损清洗及连续式蒸煮设备，开发了鲭鱼去头（切断）机与去脏设备，研发了鱼类重量自动分级装置，研发了鱼脑提取装置；在新型冷冻鱼糜加工方面，研发了冷冻鱼糜生产工序模块化的新工艺，研发了多级回收系统及新型鱼糜脱脂设备；在水产品加工副产物高效利用方面，研发了鱼类下脚料的内置双轴 T 形桨叶混合调质机、车阵式发酵系统以及高湿度、高黏性混合物料干燥设备，形成了完整的生产加工工艺和相关自动化生产线。

（二）淡水水产品加工、贮藏与流通领域

1. 淡水鱼品种鉴别与品质评价技术

开发了基于近红外光谱分析技术的青、草、鲢、鳙、鲤、鲫、鲂等大宗淡水鱼的种类鉴别技术；建立了常见大宗淡水鱼肌肉的营养成分、新鲜度、物性指标的近红外定量模型，可用于生鲜调理水产品的品质快速评价；开发了利用近红外光谱技术在线快速检测淡水鱼新鲜度的方法；基于淡水鱼在不同贮藏温度条件下的细菌总数、挥发性盐基氮（TVB–N）和感官品质变化规律，建立了以细菌总数为标准的淡水鱼货架期预测模型；采用电子鼻和理化检验方法，建立了可预测低温贮藏罗非鱼储存时间的新方法。

2. 生鲜调理水产品品质变化与保鲜方法

从脂肪氧化程度及蛋白质的变化方面探讨了冰温保鲜、微冻保鲜及冻藏保鲜等新型低温保鲜对淡水鱼品质的影响冷藏对淡水鱼鱼片品质的影响；系统研究了不同分子量壳聚糖、丁香和葡萄籽提取物、茶多酚和迷迭香提取物、维生素 B_1 及维生素 C 和乳酸链球菌素（Nisin）等天然抗氧化剂和抑菌剂涂膜保鲜技术对脆肉鲩鱼片、美洲鲥鱼片及淡水鱼鱼糜等保鲜作用及机制；系统研究了不同包装方式及辐照对生鲜调理水产品品质的影响；开发了鱼片的低盐注射真空腌制技术和腥味脱除技术。

3. 鱼肉蛋白质特性与胶凝机制研究

（1）不同品种淡水鱼生产鱼糜制品的适应性研究。比较研究了草鱼和鳙鱼等淡水鱼肌动球蛋白和肌球蛋白的二级结构、聚集行为和凝胶特性，鱼糜凝胶形成过程中蛋白质—蛋白质、蛋白质—水的相互作用，从蛋白质分子水平阐明了淡水鱼鱼糜凝胶形成的差异；分析比较了草鱼、鳙鱼、鲤鱼和青鱼等四种养殖淡水鱼加工鱼糜制品的适应性，认为单从鱼糜品质衡量，鳙鱼和鲤鱼最适合加工鱼糜。

（2）淡水鱼冷冻鱼糜的品质保持技术。研究了碱性盐类对冷冻鱼糜保水性的影响，认为乳酸钠和枸橼酸钠可替代复合磷酸盐作为冷冻鱼糜的保水剂；比较了变性淀粉、磷酸盐、低聚糖和 TGase、马铃薯淀粉、蔗糖、山梨醇、魔芋精粉和胶原蛋白等外源性添加物对淡水鱼鱼糜凝胶特性及鱼糜冻藏过程中品质变化的影响，开发出淡水鱼鱼糜新型抗冻与凝胶增强剂，建立了鱼糜在冻藏过程中品质变化动力学模型；对鱼肉和猪肉的热胶凝过程进行了分析比较，研究了大豆蛋白、液体蛋清、转谷氨酰胺酶等对鱼肉猪肉复合凝胶品质的影响，开发了鱼肉蛋白和猪肉蛋白复合凝胶的加工技术。

4. 风味休闲食品及其生产技术研究

夏文水等以多肌间小刺的鳙鱼段为对象，通过盐渍及热风干燥适当脱水，然后进行高温蒸煮达到了有效软化肌间小刺的目的；熊善柏等提出了以腌制风干鲢鱼为原料生产鱼松的新技术，并研究了蒸煮和破碎条件及干燥方式对鱼松品质的影响；熊光权等以草鱼为原材料，通过干腌法腌制、热风干燥、调味、真空包装与杀菌工艺，开发了一种即食风味鱼产品；熊善柏等通过对加工工艺对水产食品品质的影响研究，开发出海鲜风味的淡水鱼片、低含油率酥脆鱼糜制品、小龙虾香酥虾球制品、冷熏即食风味鱼制品等新产品及其生产技术。

5. 副产品的营养评价与资源化利用技术研究

杨莉莉等对木瓜蛋白酶制备草鱼鳞胶原肽工艺进行了优化并对酶解产物特性进行了分析，开发出高抗氧化活性的胶原蛋白肽。田沁等采用 4 段加热法烹制鲢鱼头汤，研究加热电压、沸腾时间、保温温度及保温时间对鱼头汤营养成分及感官品质的影响并对相关参数进行了优选，建立了家用电炖锅烹煮鱼头汤的工艺，所制作鱼头汤营养丰富、滋味和香味好。吕广英等以白鲢采肉后所余下的副产品为原料，研究常压和高压条件下的鱼骨熬汤工艺，并比较工艺条件对汤汁营养和风味物质的影响，将酶解与高压熬煮工艺相结合可以起到风味增强作用，消除汤的鱼腥味。范露等比较研究不同水解方法对鱼骨蛋白水解效果的影响，建立了鱼糜加工剩余副产物中蛋白质酶解工艺，开发出鱼蛋白肽和超细微化的鱼骨粉。

（三）水产品质量安全领域

1. 水产品质量安全检验检疫技术

（1）食源性致病微生物的检测技术。主要以水产品中重要的食源性致病微生物——副溶血性弧菌、沙门氏菌、单增李斯特菌、溶藻弧菌、金黄色葡萄球菌以及诺如病毒等为研究对象，建立了特异性好、灵敏度高的检测快速的 PCR、LAMP、免疫磁珠–ELISA、PCR–ELISA、基因芯片等多种快速分子检测及筛选方法，为食源性致病微生物的诊治与预防提供了有效的技术手段和依据。

（2）生物毒素检测技术。建立了石房蛤毒素（STX）竞争 ELISA 检测方法；建立了同时检测海产品中腹泻性贝毒（DSP）、麻痹性贝毒（PSP）及原多甲藻类贝毒的基质分散固相萃取（QuEChERS）—亲水作用液相色谱—串联四极杆质谱法（HILIC–MS/MS）方法，检测 DSP 的超高效液相色谱—串联四极杆质谱联用技术；检测卡毒素的快速溶剂萃取—固相萃取—液相色谱—串联质谱法（ASE-SPE-HPLC/MS/MS），检测微囊藻毒素异构体 MC–LR 和 MC–YR 的毛细管电泳—电喷雾质谱联用技术（CE–ESI–MS），同步检测对虾 T–2 与 HT–2 毒素的 LC–MS/MS 检测方法，赤潮毒素软骨藻酸的分子印迹—微天平传感检测方法，检测精度和效率均达到国际先进水平，满足了水产品生物毒素安全监控的技术需求。

（3）化学性污染物的检测技术。药物残留检测技术方面，开发了水产品中硝基呋喃类、氯霉素类和孔雀石绿类等药物前处理产品——两性固相萃取柱，应用于富集与检测，效果优良；建立并完善了水产品中磺胺类、硝基呋喃类、氯霉素类、孔雀石绿类、四环素类、喹诺酮类等药物的 HPLC–MS/MS 多残留同时检测技术；开发了磺胺类、硝基呋喃类，氯霉素类，孔雀石绿类、四环素类、喹诺酮类等药物的 ELISA 快速检测试剂盒和金标试纸条等速测产品，相关产品在水产品加工出口企业、市场准入的现场筛查中已获得应用，可以满足水产品渔药残留的筛检要求；此外，分子印迹技术也逐步用于渔药残留快速分离、富集和检测，可有效地去除复杂基质的干扰、提高检测灵敏度。在其他有毒有害化学污染物方面，建立了检测水产品中多氯联苯、多溴联苯的毛细管——气相色谱、GC–MS 等方法，检测亚硫酸盐的离子色谱法、电化学传感器检测法、四氯汞钠吸收—苯胺蓝显色快速检测法，检测多聚磷酸盐的超高压阻断多聚磷酸盐水解——免试剂离子色谱检测法等。

（4）重金属检测及形态分析技术。采用 CE–ICP–MS 技术实现了水产品中不同形态砷、汞、铬等化合物的高灵敏检测；建立了微量铜、铅等离子的生物传感器检测技术，具有选择性较好，快速简单等优点；建立了 HPLC– ICP– MS 联用法检测海藻及其制品中的三价铝检测方法；薄膜梯度扩散技术用于水产品及养殖环境中的重金属的富集与形态分析。

（5）内源性有毒有害物质检测技术。建立了过敏原的免疫胶体金层析、可视化抗体夹心蛋白质微阵列、双抗体夹心 ELISA 法、点印迹等检测技术，开发了 ELISA 检测试剂盒、胶体金检测试剂等速测产品等速测产品；建立生物胺的高效液相色谱检测法，薄层色谱、毛细管电泳、电化学生物传感器等检测技术也在被研究中。

（6）其他检测技术。以近红外光谱技术、高光谱成像技术为代表的现代光谱技术被研究用于水产品新鲜度检验、水产品成分检测及包装材料中有害物质（如塑化剂等）的检测；以二维电泳、串联质谱、生物信息学为核心的蛋白质组学研究技术被用于水产品中蛋白质降解规律研究、新鲜度评价、过敏原筛选等方面；以 SPME-GC-MS、GC-O、电子鼻、电子舌等技术为核心的分子感官分析技术被用于水产品中风味特征成分的分析和新鲜度的评价；以生物标志物为靶点的水产品中有毒污染物的新兴检测技术正在被研究。

2. 水产品质量安全形成过程与调控机理

水产品质量安全形成过程与调控机理是本学科重要的基础和应用基础，是水产品质量安全研究和技术进步的重要支撑，也是本学科发展的重要研究领域。

（1）影响水产品质量安全的关键危害因子进一步清晰。系统开展了水产品质量安全关键危害因子——农渔药、重金属、持久性有机污染物、生物毒素、食源性致病微生物及其他违法添加剂的残留现状调查，以及水产品质量安全风险隐患排查与评价工作，相继建立了相应的污染物数据库，为水产品质量安全监控工作的有力有效开展提供了重要依据。

（2）典型危害因子的产生与变化机制逐步揭示。对水产品中生物胺的变化与产生机制有了更进一步的研究，研究发现细菌是组胺产生的根本原因；基于群体感应途径的食源性致病微生物的致病因子（生物被膜、毒素等）的产生机制也正在研究并被逐步揭示；研究了麻痹性贝毒（PST）在贝类体内的代谢转化过程，发现紫贻贝滤食产毒甲藻的过程中能代谢转化产生 M 类新型代谢物，紫贻贝累积的 PST 毒素组分发生了 β 型向 α 型异构体的转化（如 $C_2 \rightarrow C_1$、$C_4 \rightarrow C_3$）和 N_1 位羟基的还原反应。

（3）霉变水产饲料中的真菌毒素对水产品质量及安全影响。真菌毒素普遍存在水产饲料中，真菌毒素对水产品质量与安全的影响不容忽视。目前，有关对虾及其养殖环境中镰孢菌及其毒素取得突破性进展，采用形态学和分子生物学手段探明了对虾养殖源头的产毒镰孢菌株的发生规律，发现了对虾对 T-2 毒素的蓄积特性和耐受性。找出了 T-2 毒素影响对虾肌肉品质的典型性状指标，利用蛋白质组学发现了 T-2 毒素诱导对虾肌肉品质变化的分子标记，建立了对虾中隐蔽态 T-2 毒素整体组分净化的免疫学垂钓技术并多维表征，明确了对虾中蓄积的隐蔽态 T-2 毒素对 RAW264.7 小鼠单核巨噬细胞的毒性效应，并进一步识别了对虾中隐蔽态 T-2 毒素依赖 JAK/STAT 信号通路的免疫毒性分子标记。

3. 水产品质量安全控制技术

电解水杀菌、臭氧处理、紫外线杀菌、超高压处理、高能电子束等冷杀菌技术开始逐渐应用于水产食品的加工与贮藏，与高热杀菌等传统技术相比，采用冷杀菌方法不仅能有效延长水产品保质期，而且较好地保持了原有的优良食用品质。对于渔药、重金属以及环境污染物等典型危害因子的脱除净化及活性消减技术，目前国内外的研究尚处于起步阶段，但其重要性已经引起了广泛关注，其中在贝类的净化技术方面，已经取得了较为突出的研究成果，并已经产业化应用。另外在水产品过敏原方面，应用超声波、超高压、辐照、生物酶解等现代食品加工技术，开发了水产品过敏原的消减技术。开发环境友好的、非抗生素的渔用抑菌剂，替代或者部分替代渔药、抗生素以及化学添加剂等，也是解决水产食品安全性问题的重要手段，如利用抗体或噬菌体裂解致病菌，降低其密度，进而减少或避免致病菌感染或发病的机会，从而达到治疗和预防疾病的目的。开展了金枪鱼红肉中组胺降解技术研究。利用单胺氧化酶特异性与组胺发生催化反应，从而降解红肉中的组胺，将鱼肉中组胺含量降至安全水平。质量安全监控方面，已开发出以酶—底物反应型货架期指示器、电子型货架期指示器、基于射频识别（RFID）技术的货架期指示器也正在研究开发中，为实现水产品实时信息监测和货架期预测提供了技术保障。渤海大学等单位完成大宗海产品对虾、鱿鱼和鱼糜制品质量安全控制关键技术成果获得 2013 年度全国商业科技进步奖特等奖。中国海洋大学等单位系统研究了海洋食品中危害因子的检测与控制技术，部分成果归纳提高后上升为国家 / 行业标准，创立了海洋食品中化学危害、生物危害和物理危害等检测的基础理论框架，引领了相关检测方法的发展，构建了海洋食品质量安全控制技术体系，引导企业对相关危害因素进行消减与控制，从无到有构建了海洋食品质量标准基础研究的理论框架，成果获得教育部科技进步奖二等奖。

4.水产食品质量安全监管体系

2015 年已经研发出贯通养殖、加工、流通全过程，适合多品种的水产食品质量安全追溯技术体系，研发了水产品供应链数据传输与交换系统、质量安全管理软件系统、水产品执法监管追溯软件系统，编制完成了水产品质量安全追溯信息采集、编码、标签标识规范等行业标准草案。其他溯源技术方面，微生物源示踪（MST）技术已成为当今非点源污染溯源研究领域中的一大热点，已被研究用于贝类、对虾等水产品中微生物污染源的示踪与溯源。

5.水产品质量安全风险评估技术

在水产品质量安全风险评估方面，完成了孔雀石绿、硝基呋喃类等禁用药物、药物残留、环境污染物、非法添加等重点危害因子的评估工作。对全国范围内贝类产品中副溶血弧菌和脂溶性贝类毒素的污染状况进行了调查；提出了海洋水产品生物危害风险评估模式，并结合副溶血弧菌的污染状况调查，完成了贝类中副溶血弧菌的风险评估。

系统摸查了镉、砷、铅等有害金属元素在水产生物、养殖环境以及食物链中的污染状况，研究了有害重金属的毒性及其生物效应，评价了高含镉饲料对养殖对虾、大菱鲆生长和对其食用安全性的影响，摸清了饲料中不同形态镉在养殖对虾体内的蓄积代谢规律及其对养殖对虾生长的毒性机理，依据风险评估的原则研究提出限量标准建议值，为水产品质量安全评价和后续研究提供了重要的技术基础。

全面摸查了我国海带、紫菜中的无机砷本底含量，在风险评估的基础上提出取消无机砷限量的建议；率先对我国主要海藻产区的海带和紫菜样品进行了铅、镉、铝等有害元素的系统本底摸查，发现了影响海藻食用安全的潜在隐患，储备了基础数据；首次对我国海藻中的铝、镉等有害元素形态进行初步分析，了解了我国养殖藻类该类重金属的存在的基本情况。

（四）研究平台建设情况、重要研究团队等的进展

1. 平台建设情况

主要的国家级平台包括国家水产品加工技术研发中心和国家海洋食品工程技术研究中心。国家水产品加工技术研发中心成立于 2009 年，依托中国水产科学研究院南海水产研究所。目前，中心之下有 35 个以海水鱼、虾蟹类、贝类、头足类、海藻、紫菜、海带、海参、大宗淡水鱼、鳗鱼、斑点叉尾鮰等水产品为加工对象的技术研发分中心，研发内容几乎包括所有养殖水产品和近海及远洋渔业资源。国家海洋食品工程技术研究中心依托单位为大连工业大学。主要开展海洋食品加工共性核心技术研究，开发市场潜力大、附加值高的海洋食品，探索海洋食品加工的科学技术与海洋食品产业经济结合的新途径，加强科技成果向生产力转化，促进科技产业化，推动集成、配套的工程化成果向相关行业辐射、转移与扩散。

其他研究平台，包括中国海洋大学的山东省海洋食品工程技术研究中心及水生生物制品安全性山东省重点实验室、渤海大学的生鲜农产品贮藏加工及安全控制技术国家地方联合工程研究中心、上海海洋大学的农业部水产品贮藏保鲜质量安全风险评估实验室及上海水产品加工及贮藏工程技术研究中心、广东海洋大学的广东省水产品加工与安全重点实验室、集美大学的福建省水产品深加工工程研究中心及福建省高校水产科学技术与食品安全重点实验室、浙江海洋学院的浙江省海产品健康危害因素关键技术研究重点实验室、中国水产科学研究院黄海水产研究所的国家水产品质量监督检验中心、中国水产科学研究院东海水产研究所的农业部水产品质量监督检验测试中心（上海）及农业部水产品质量安全风险评估实验室（上海）、中国水产科学研究院南海水产研究所的农业部华南水产品加工与质量安全研究中心、大连海洋大学的辽宁省水产品加工及综合利用重点开放实验室等。

2. 重要研究成果

2012—2014 年水产品加工与贮藏工程学科的获得的主要科技奖励包括：

（1）中国科学院南海海洋研究所等单位完成的"热带海洋微生物新型生物酶高效转化软体动物功能肽的关键技术"项目获 2014 年度国家科技进步奖二等奖。

（2）上海海洋大学等单位完成的"坛紫菜新品种选育、推广及深加工"项目获 2012 年度国家科技进步奖二等奖。

（3）中国水产科学研究院南海水产研究所等单位完成的"南海主要经济海藻精深加工关键技术的研究与应用"项目获 2012 年度广东省科技进步奖一等奖。

（4）中国水产科学研究院东海水产研究所等单位完成的"水产食品质量预测及靶向控菌技术研究和应用"获 2014 年度上海市科技进步奖一等奖。

（5）中国海洋大学等单位完成的"海参功效成分研究及精深加工关键技术开发"项目获 2013 年度山东省科技进步奖一等奖。

（6）长沙理工大学等单位完成的"淡水鱼深加工关键技术研究与示范"项目获 2014 年度湖南省科技进步奖一等奖。

（7）渤海大学等单位完成的"鱿鱼、对虾等大宗水产品贮藏加工与质量安全控制关键技术及产业化"项目获 2013 年度全国商业科技进步奖特等奖。

（8）南京财经大学等单位完成的"海洋生物功能性成分高效制备与应用"项目获 2014 年度教育部科技进步奖二等奖。

（9）浙江工商大学等单位完成的"养殖大黄鱼保鲜、加工关键技术研究与产业化示范"项目获 2012 年度教育部科技进步奖二等奖。

（10）中国海洋大学等单位完成的"海洋食品加工过程中质量安全控制关键技术及示范"项目获 2013 年度教育部科技进步奖二等奖。

三、本学科国内外研究进展比较

（一）国外主要研究进展

1. 以新技术开发提升水产品原料利用率

据联合国粮农组织（FAO）统计数据显示，自 20 世纪 90 年代早期起，渔业产量中直接用于人类消费而不是其他用途的比例不断增加。80 年代，生产的大约 68% 的鱼供人类食用，90 年代这一份额增加到 73%，2010 年超过 86%，总量为 1.283 亿吨。在食用水产品中，最重要产品类型是活体、新鲜或冷藏，占 46.9%，随后是冷冻（29.3%）、制作或保存（14.0%）和腌制（9.8%）（FAO，2012）。虽然冷冻仍然是食用水产品加工的主要形式，但随着全球经济迅速发展和生活水平的不断提高，人们对水产加工食品的要求也越来越高，不仅要求营养、美味，还要方便、保健。在发达国家，生物加工技术、膜分离技术、微胶囊技术、超高压技术、无菌包装技术、气调包装技术、新型保鲜技术、微波能及微波技术、超微粉碎和真空技术等高新技术在海洋食品生产中不断得到应用，使海洋食品原料的利用率不断提高，产品质量不断提升；并开发出多层次、多系列的海洋食品，满足了不同层次、不同品味消费群体的需求。如日本早在 1998 年就实施了"全鱼利用计划"，2002 年开始积极推进实施水产品加工的零排放战略，形成了低投入、低消耗、低排放和高效率的节约型增长方式。目前，日本的全鱼利用率已达到 97% ~ 98%。

2. 水产蛋白、糖类及脂质资源为功能因子的功能性产品不断丰富

随着 21 世纪生命科学的进步和科学健康饮食观念的普及，人们对海洋生物营养价值及其功能性成分功效的认识提升到了一个新的高度，人们的膳食结构和消费趋向也正在发生明显变化，选择更加健康安全的绿色功能性食品已成为社会时尚，具有广阔的空间和市场。

在水产品蛋白资源的高值利用方面，以满足特殊人群生理或临床患者特殊营养、病理

需要，按特殊配方专门加工的特殊膳食品以及肠内营养制品国际开发的热点。欧洲肠内营养产品评价每年以 20% 的速率迅速发展，在美国、日本和欧洲，已经有越来越多的普通人在自己的家中使用肠内营养制品。水产品富含重要营养和功能性物质，蛋白质氨基酸组成和安全性部分优于陆源动植物，以其为核心原料的特膳食品和肠内营养制品将是未来发展的重要方向。

在水产品脂质高值化利用方面，以开发新型的功能性脂质产品为重点，主要包括：①高 EPA/DHA 含量甘油酯酶法产业化制备技术，目前以酶工程技术生物合成的甘油酯型 EPA/DHA 产品中其含量已达 70% 以上；②磷脂型 EPA/DHA 产品开发技术，包括以海洋水产品加工副产物及南极磷虾等新型海洋生物资源提取磷脂型 EPA/DHA、以大豆磷脂生物合成磷脂型 EPA/DHA 产品以及 PC 型 DHA 生物合成 PS 型 DHA 等；③以专用型微藻发酵生产高含量的甘油三酯型 EPA/DHA 及磷脂型 EPA/DHA。④脂质产品的质量控制技术，主要包括鱼油制品中甲基汞、多环芳烃与多氯联苯等有害残留物的高效脱除技术、鱼油制品的稳态化关键技术研究及新型脂质产品开发。目前，美国、日本等发达国家在海洋脂质产品的微囊稳态化技术方面取得重要进展，并开发出了可以室温贮藏的液态型海洋脂质产品，但产品保质期仍较短。

在水产品多糖高值化利用方面，国际研究开发热点主要集中于：水产品多糖高效降解酶的发掘与工程化生产；以酶工程技术和现代分离技术制备聚合度均一的水产生物寡糖技术；水产品多（寡）的结构与活性修饰技术；多糖基功能性食品包装材料及医用生物材料制备技术。

3. 先进国家的水产品物流交易体系已经从人工管理发展到智能化技术

在产品流通体系建设方面，积极采用 GAP（良好农业规范）、GVP（良好兽医规范）等先进的管理规范，建立"从产品源头到餐桌"的一体化冷链物流体系，并通过先进、快速的有害物质分析检测技术和原产地加工等手段，从源头上保证冷链物流的质量与安全。在贮藏技术与装备方面，积极采用自动化冷库技术，包括贮藏技术自动化、高密度动力存储（HDDS）电子数据交换及库房管理系统应用，其贮藏保鲜期比普通冷藏延长 1 ~ 2 倍。在运输技术与装备方面，先后由公路、铁路和水路冷藏运输发展到冷藏集装箱多式联运，而节能和环保是运输技术与装备发展的主要方向。欧洲于 20 世纪 70 年代开始实行冷藏集装箱与铁路冷藏车的配套使用，克服了铁路运输不能进行"门到门"服务的缺点；加拿大最大的第三方物流企业 Thomson Group 除具有容量大、自动化程度高的冷藏设施外，还拥有目前世界上最先进的强制供电器（PTO）驱动、自动控温与记录、卫星监控的"三段式"冷藏运输车，可同时运送三种不同温度要求的货物。在信息技术方面，通过建立电子虚拟的海洋食品冷链物流供应链管理系统，对各种货物进行跟踪、对冷藏车的使用进行动态监控，同时将各地需求信息和连锁经营网络联结起来，确保物流信息快速可靠的传递，并通过强大的质量控制信息网络将质量控制环节扩大到流通和追溯领域。荷兰作为食品物流的典型代表，在发展海洋食品物流过程中，注意优化供应链流程，减少中间程序，实现物流增值。通过利用收集、鲜储、包装等程序标准化生产，将来自全国乃至欧盟各地的产品集散到世界各国。同时，注重发展电子商务，信息化程度较高。产品销售有先进的拍卖系统、订货系统，可以通过电子化食品物流配送中心向全球许多国家的消费者服务。

4. 新食源、新药源与新材料开发速度加快

随着陆地资源的日益减少，开发海洋、向海洋索取资源、开发新药源、新食源和新材料变得日益迫切。各国科学家期待从海洋生物及其代谢产物中开发出不同于陆生生物的具有特异、新颖、多样化化学结构的新物质，用于防治人们的常见病、多发病和疑难病症。鱼虾贝藻等加工副产物中含有各类功能活性因子，是开发海洋天然产物和海洋药物的低廉原料，合理利用水产加工副产物中丰富的活性物质，已经成为当代开发和利用海洋的主旋律。从水产品加工副产物或低值海产品提取制备功能性活性成分已成为提高企业市场竞争力、推动水产品产业健康持续发展的有力保证。

5. 发达国家的水产品质量安全保障体系已构建完成

在检测技术发展方面，发达国家呈现两个显著的趋势：一是对残留物的检测限量值逐渐降低；二是检测技术日益趋向高技术化、系列化（多残留）、速测化、便携化。在食品安全监管方面，欧美等发达国家和地区食品安全监管体制强调从"农田（水域）到餐桌"的全过程食品安全监控，形成政府、企业、科研机构、消费者共同参与的监管模式，并逐步采用"风险分析"作为食品安全监管的基本模式。在追溯体系建设方面，欧盟一直走在世界的前列，是可追溯性强制实施的坚决拥护者。北美和欧洲国家较早在水产品身份代码、信息范围的确定、信息采集和管理、数据处理等水产食品可追溯技术领域的多方面展开研究并将取得的成果应用于实践。条码技术在超市系统的成功应用，带动了条码技术在各行业的蓬勃发展；电子标签、电子标签（RFID）及计算机联体设备等现代技术的开发和应用为信息采集和传递提供了技术支撑；水产食品追溯体系需要的数据处理软件已研发并用于实践；美国已经建立了较为完备的产品召回程序，并纳入法规中。

（二）我国水产品加工与贮藏工程学科研究的差距

1. 养殖水产品加工与流通的基础理论研究薄弱

世界发达国家十分重视对水产品精深加工基础理论的研究，并以重大理论与技术的突破带动产业的发展。如日本 20 世纪 60 年代的鱼肉蛋白质抗冷冻变性理论的突破，带动了冷冻鱼糜及鱼糜制品工业的快速发展；诞生于 70 年代的冰温技术，在日本已推广至海洋水产品加工过程的冰温贮藏、冰温成熟、冰温发酵、冰温干燥、冰温浓缩及冰温流通等多个领域，成为水产品加工领域的共性关键技术。我国是水产养殖大国，2013 年，全国水产养殖面积 8321.70 千公顷。其中，海水养殖面积 2315.57 千公顷，淡水养殖面积 6006.13 千公顷，海水养殖与淡水养殖的面积比例为 28∶72。已形成产业规模的有南美白对虾、斑节对虾、中国对虾、日本对虾、梭子蟹、牡蛎、鲍鱼、海螺、毛蚶、贻贝、扇贝、蛤、蛏、海带、裙带菜、紫菜、江蓠、海参、海水珍珠、鲈鱼、大黄鱼、军曹鱼、鲷

鱼、美国红鱼、河鲀、石斑鱼、鲽鱼等20余种海水养殖品种及罗氏沼虾、青虾、南美白对虾、河蟹、青鱼、革鱼、鲢鱼、鲤鱼、罗非鱼等20余种淡水养殖品种。我国在上述养殖水产品的精制加工的基础理论研究方面仍处于较低水平，大部分科学研究仍以跟踪研究为主。主要表现在：对鱼、贝、虾、藻类等主要水产动植物原料中蛋白质、脂肪及多糖等主要营养与功能成分加工特性和营养特性缺乏系统研究；水产品在养殖、加工、贮藏及冷链流通过程品质变化过程与调控机制不明。

2. 水产品质量安全基础研究仍然存在薄弱环节

水产品质量安全问题日益受到发达国家的高度重视，为了保证水产品的安全和质量，世界渔业发达国家极为重视渔业环境的保护和监测、贝类的净化、有毒物质的检测技术和有害物质残留量限量标准等的研究，陆续制定了有关的法规和标准，安全控制技术日臻完善。尽管我国水产品质量安全科技取得了一定的成绩，但同渔业发达国家相比较，仍存在不小差距。

一是危害物产生途径和转化规律的分子基础不明；二是多残留检测方法少，快速检测技术不成熟，缺少痕量分析和超痕量分析等高技术检测手段；三是现场快速检测技术和设备依赖进口，原创性自主知识产权成果少；四是追溯体系、预警及风险分析的研究水平明显滞后于先进国家，无论是理论研究还是相关技术产品的开发，近年来的进展都较为缓慢，例如潜在危害因素的风险预测、突发食品安全事件的评估等均需要在今后给予更多的重视和强化。

3. 机械化与智能化水产品加工装备研发速度慢

发达国家的水产品加工已形成了完整的生产线，各工序衔接协调，实现了高度机械化和自动化。与发达国家相比，我国的水产品加工总体上还属于劳动密集型产业，机械化水平落后。中国水产科学研究院渔业机械仪器研究所，是目前我国唯一专业从事水产品加工与流通装备研发的科研单位，承担了我国水产品加工专用装备的大部分研究任务；大连水产学院、中国海洋大学、华中农业大学等单位，在从事水产品加工工艺技术研究的同时，也部分涉及加工装备技术的研究。但由于加工装备开发是一项综合性强、投资大的研究。不仅涉及水产品加工工艺，还包括机械制造、材料制造、自动化控制等多个学科。加工装备的研制，需要制作样机，并通过中试实验进行不断的改进和完善，需要的周期较长，而且研发过程中需要有很大的投入，目前国家在加工装备基础研究方面的科研投入力度不够，加工装备研发机构普遍面临科研经费不足的问题，影响加工装备的研发和更新换代。

4. 水产品加工科技创新能力仍显不足

我国涉海大学及涉农大学的食品科学与工程专业均设有水产品加工及贮藏工程二级学科，并形成了本科、硕士生、博士生及博士后等多个层次的水产品加工科研与教学体系。但我国水产品加工与流通科技创新能力仍显不足。主要体现在：拥有食品科学与工程一级学科博士点和水产品加工与贮藏工程二级学科博士点的学校较少，培养高端人才的能力相对不足；缺乏与食品科学与工程及其他相关专业的交叉融合，基础研究相对薄弱。虽然在水产品加工与贮藏领域获得自然科学基金资助的比例不断增加，但总体偏少。水产品物流学科和水产品质量安全学科起步较晚。从20世纪90年代起，中国有少数高校才开始设置物流管理本科专业。我国物流类本科专业设置有物流管理和物流工程两个专业，对于食品物流，尤其是水产品物流专业还没有设置专门专业。水产质量安全学科作为一个新兴学科始于20世纪90年代末的水产品质量安全标准、检测和认证体系建设，在近10年内有了一个质的飞跃，但创新能力相对不足。

四、本学科发展趋势及展望

1. 战略需求

由于人口膨胀、资源短缺和环境恶化三大问题所导致的食物供应短缺问题，正严重威胁着人类的健康和可持续发展，而陆地资源开发利用日趋达到极限。水产品为人类提供约30%的动物蛋白，是食品、蛋白质和药品原料的重要来源，在保证国家食物安全中发挥着越来越重要的作用。加强水产品加工、流通与质量安全保障体系建设，推动国家食物从"量"的安全向"质"的安全稳定转变，对进一步优化居民膳食结构、优化渔业产业结构、促进水产业可持续健康发展具有重要意义。

2. 发展思路

构建以企业为主体、大学和科研院所为依托、产学研用紧密结合的产业技术创新和技术服务体系，形成以加工带动原料生产、以加工保障消费的现代水产业发展新模式，解决制约我国水产业持续健康发展的问题；研究、开发主导大宗水产品资源加工的新工艺、新产品，攻克水产品加工副产物规模化利用的关键技术及产品的质量安全保障技术，发掘新型水产食品资源，提高水产品在国民饮食中的比重，逐步形成以营养需求为导向的现代水产食品加工产业体系，实现水产食品供应由量到质的本质提升；加强顶层设计，通过增强政策与法律法规引导，构建全产业链质量安全保障体系，实现养殖水产品"从养殖场到餐桌"的全过程安全。

3. 重点发展方向

（1）养殖水产品加工、流通与质量安全基础研究。我国是水产养殖大国，已形成产业规模的有20余种海水养殖品种及20余种淡水养殖品种。我国在上述养殖水产品的精制加工的基础理论研究方面仍处于较低水平，大部分科学研究仍以跟踪研究为主。主要表现在：对鱼、贝、虾、藻类等主要水产动植物原料中蛋白质、脂肪及多糖等主要营养与功能成分加工特性和营养特性缺乏系统研究；水产品在养殖、加工、贮藏及冷链流通过程品质变化过程与调控机制不明。

因此，综合利用现代分析化学、生物化学及分子营养学等技术和手段，系统研究鱼、贝、虾、藻类等主导养殖水产品原料的化学组成、结构、性质及分布，水产品营养成分的膳食价值、功能特点、吸收方式及生物活性，构建完善的养殖水产品化学与营养数据库；

系统研究养殖水产品中蛋白质、脂肪及多糖等主要营养成分以及产品鲜度、品质等在养殖、加工、贮藏、流通过程中变化机理及调控机制；明确水产品危害因子的生物蓄积及代谢机制，为水产品的精制加工与质量安全控制提供理论基础。

（2）水产品保活、保鲜流通技术。水产品的保鲜储运流通涵盖了从水产品从生产、加工、贮藏、运输、销售等多个环节。为保证捕获后水产品鲜度与质量，则要求这些环节中始终处于规定的低温环境下，防止水产品的变质腐烂以减少损耗，因此构建水产品冷链物流是一项系统工程，它主要包括冷冻加工、冷冻运输、冷冻贮藏和冷冻销售。目前，根据温度设置的不同，水产品冷链主要包括冰鲜冷藏链、冷冻冷藏链和超低温冷藏链。此外，对于活的水产品如淡水鱼、养殖海产品（海珍品）还有专门性保活、保鲜储运流通技术需求。因此，随着水产品产量的不断增加，保鲜储运与流通的重要性将进一步凸显，及时有效的保鲜储运流通是保持水产品品质、提升水产品价值的必要手段，是水产品加工业产业发展的重要组成。

关键技术主要包括水产品运输前期渔船暂养与规模化暂养技术，水产品休眠麻醉保活处理技术，水产品低成本快速冷却、冷冻加工技术，鲜活水产品现代流通的装备技术集成，水产品无水保活运输技术与装置，鲜活水产品人工运输环境调控技术，鲜活水产品品质可视化检测技术，鲜活水产品新型智能化包装技术与包装材料等。

（3）生鲜、调理、即食、中间素材等超市水产食品加工技术。生鲜、调理、即食、中间素材等超市方便食品是在传统食品和现代科学技术基础上适应人们不断增长的需要应运而生的，它是适应食品科学化、加工专业化、生活社会化和食物构成营养化的食品发展趋势而发展起来的。目前，全球方便食品在整个食品工业中所占份额为13%左右，而中国仅为3%。在水产食品产业中，冷冻调理食品、即食食品及中间素材食品等方便海洋食品的快速发展，不仅满足了人类生活方式改变的需要，还极大减少了传统消费习惯带来的废弃物排放。进入21世纪，全球经济发展将更为迅速，国际交流更加频繁，工作步伐更为快捷，生活水平和质量更加提高，休闲及旅游业更加兴旺。适应社会快速发展和节能减排的需求，需要重点开发生鲜、调理、即食及中间素材食品等精细化加工方便水产食品。

关键技术主要包括水产品的无残留减菌技术，鲜味降解抑制技术，产品质构保持技术，腥味控制技术，营养保持杀菌技术及速冻保鲜、超冷保鲜、高压保鲜、气调保鲜、冷冻干燥保鲜、辐照杀菌保鲜等新型保鲜技术。

（4）水产品加工副产物规模化高值利用技术。随着精细侵害水产食品、方便化水产食品及精深加工水产食品量的不断增加，水产加工副产物的产生也会呈现出增加的趋势。实现水产品加工副产物的规模化高效利用，是降低环境污染、提高水产品加工企业综合效益、保障水产品加工企业健康发展的关键。

水产品加工副产物的规模化高值利用关键技术包括水产品原料固液态自动化连续发酵技术，组合酶定向水解技术，自溶酶与固态发酵耦合技术等生物技术与装备，水产品精深加工专用工具酶和功能菌株的发掘和制备，水产品活性成分的提取、分离纯化、结构活性与活性稳态化技术。

（5）大宗养殖水产品前处理技术与装备。现代食品工业的发展，离不开与之密切相关的食品机械设备业的发展，设备的不断推陈出新是食品行业实现快速发展的主要基础。加工装备的机械化、智能化，是水产食品加工实现规模化发展、保证产品品质、提高生产效率、应用现代科技的必然趋势。随着全球老龄化进程的加快，能源资源的日益枯竭，全球劳动力资源和能源资源将处于快速减少的状态。目前，半自动化的机械化加工是发达国家海洋水产品加工的主要模式，形成低消耗、低排放和高效率的节约型增长方式，将成为海洋食品加工产业的必然选择。

主要关键技术包括包括大宗养殖鱼类的鲜度识别技术与设备、分级设备、鱼体脱鳞设备、鱼类切头机、剖鱼去脏机，设计和组建养殖鱼类加工的前处理（清洗、分级、去鳞、剖鱼、去脏、去头）成套设备，以提高养殖鱼类加工业的机械化、自动化水平和生产效率。

（6）水产品质量安全检测技术。针对目前我国检测技术与检疫技术不配套、滞后于产业发展、无法满足相关研究和监控工作的现状，跟踪国内外相关领域的最新动态和进展，基于化学、生物学、物理学技术，利用新型功能材料，重点研究生物毒素、重金属、药物、持久性有机污染物、致病微生物、环境激素、组胺、甲醛、环境内分泌干扰物、过敏原等有害物质以及掺杂使假、生物活性物质等影响水产品品质因素的检测方法，建立水产品质量安全检测技术体系，满足水产品质量安全监管和相关研究的需要。

主要关键技术包括高效、灵敏、便捷、经济的样品前处理技术，贝类毒素、真菌毒素、细菌毒素等生物毒素和化学性污染物多残留检测与确证技术，原产地溯源及快速筛选与现场速测技术，水产品中未知化合物残留筛查技术，等等。

（7）水产品质量安全危害因子甄别与评价技术。水产品质量安全危害因子甄别与评价技术具有判别影响产品质量安全的污染物、评价其迁移、转化和危害机制的技术特点，通过研究污染物在水生生物的分布、富集及代谢规律，水生生物对污染物特异性富集机理，污染物对养殖生物和模式动物的危害机制，建立污染物甄别和评价技术，为研究水产品质量安全形成过程与调控机理提供技术支撑。

主要关键技术包括水产品质量安全危害因素的甄别技术，污染物在水生动体内的富集动力学模型的建立，水产品质量安全评价技术。

（8）水产品安全风险评估技术。针对影响水产品质量安全的主要影响因素，从生态环境、食用安全、动物安全以及产品质量入手，以食品安全风险分析理论与方法为基础，建立毒理学评价技术、剂量—反应评估技术、暴露评估技术、统计模型及软件等核心技术，建立有害物质风险评估程序与方法，为水产品质量安全监管和限量标准研究提供技术支撑。

主要关键技术包括特定危害因素的风险评估模式研究，不同危害因子量值与风险的关系构建，风险指数评价方法。

（9）水产品质量安全过程控制与溯源预警技术。针对影响水产品质量安全的因素，基于 HACCP 管理的理论与方法，根据不同的危害因素提出水产品质量安全监管措施和溯源预警技术，构建水产品质量安全的监管技术体系。

关键技术包括水产品全程质量控制技术，危害因子的预警技术，可追溯技术与产地溯源技术。

4. 发展对策

（1）构建以加工带动养殖、保障消费的现代水产业发展新模式，促进养殖、加工与物流业同步发展。过去我们一直将养殖业作为渔业的产中环节，而将水产品加工业作为产后环节，导致人们对水产品加工业在渔业中的作用认识不足，忽视水产品加工业对原料及品质的需求。因此，我们必须充分认识水产品加工业在现代渔业中的巨大作用，同步推动养殖、加工与贮运（物流）技术研发，构建集养殖、加工、流通业于一体的现代化渔业产业技术体系，形成以加工带动生产与消费的良性发展机制，才能统筹安排渔业生产、加工和流通，才能保障水产品加工企业所需原料鱼的周年均衡供给。

（2）强化源头创新，研发关键配套技术，解决水产加工产业发展的瓶颈问题。在产品创新方面，从以单纯水产食品开发为主，拓展至新型水产食品、水产品与粮食的复配食品、水产品与肉类的复配食品的开发，实现大宗低值鱼的高效利用与增值目标。在技术研发方面，针对我国水产业的需求，开展水产原料特性、运输应激机制、宰后品质劣变机制、加工化学机制等研究，建立冷链物流、鱼糜制品质构调控、发酵鱼制品工程化生产等技术体系，大力发展生鲜、调理、即食等水产食品、新型鱼糜制品、风味即食水产食品等生产。在产业模式创新方面，针对不同产品及其所需的产业化关键配套技术，组织力量开展攻关研究，争取在应用基础研究和关键配套技术研究两方面同时得到突破，注重技术集成研究，形成一整套产业化技术体系。

（3）完善科研经费投入体制，构建以加工带动养殖的渔业科技创新体系。世界农业发达国家都十分注重对农业科技开发的投入力度。据统计，发达国家对农业产业的科技投入占农业产值的2%以上，而我国农业科研投入占农业GDP的比例仅为0.6%左右，远低于发达国家，而且主要投入产前农业，而发达国家对产后农业的科技投入一般占整个农业科技投入的70%以上。应首先从政府层面上建立逐年稳定增长的农业特别是产后农业科技的投入机制，保障养殖水产品精制加工、流通与质量安全控制的基础研究、前沿技术研究和公益性技术研究，保障水产渔业的健康持续发展。

（4）加强顶层设计，增强政策与法律法规的引导，切实保障养殖水产品质量安全。我国渔业产业的可持续发展和水产品质量安全现状之间的矛盾，以及我国水产品质量安全研究水平及与国际水平的差距，决定了本学科领域必须且始终要以基础研究、应用基础研究作为重点，以提升我国水产品质量安全领域的研究水平，加快学科发展。而作为一个新兴的综合性交叉学科，其涉及的专业领域十分广泛，需要综合运用生物、化学、物理、信息等方面的知识，诠释水产品的环境、生产、流通、加工、消费等关键环节的质量安全。因此，需要更新观念，通过顶层设计，增强政策与法律法规的引导，使企业积极参与质量安全保障体系的运行，并由政策保障"优质—优价"的原则，确保质量安全的前提下企业获得利益，从而激发企业参与质量安全保障的活力。

—— 参考文献 ——

［1］贾敬敦，蒋丹平，杨红生，等.现代海洋农业科技创新战略研究［M］.北京：中国农业科学出版社，2014.

［2］王志勇，谌志新，江涛，等.鱼类重量自动分级装置研究［J］.上海海洋大学学报，2012，21（6）：1064-1067.

［3］施文正，邸向乾，王锡昌，等.不同加工处理方式对南极磷虾体内氟含量的影响［J］.水产学报，2014，38（7）：1034-1039.

［4］孙来娣，高华，刘坤，等.南极磷虾油关键质量指标检测及对比分析［J］.中国油脂，2013，38（12）：80-83.

［5］孙甜甜，薛长湖，薛勇，等.南极磷虾脂质提取方法的比较［J］.食品工业科技，2012，33（16）：115-117，121.

［6］沈晓盛，韩小龙，张海燕，等.我国对南极磷虾的开发研究及其产业化利用现状［J］.现代食品科技，2013，29（5）：1181-1184，1191.

［7］赵启蒙，许澄，黄雯，等.贝类保鲜技术研究进展［J］.广东农业科学，2014，（6）：117-121.

［8］张双灵，张忍，于春娣，等.贝类重金属脱除技术的研究现状与进展［J］.食品安全质量检测学报，2013，4（3）：857-862.

［9］王继涛，朱蓓薇，董秀萍，等.热处理对扇贝闭壳肌肌动球蛋白生化性质的影响［J］.食品与发酵工业，2012，38（2）：22-26.

［10］刘媛，王健，孙剑峰，等.我国海洋贝类资源的利用现状和发展趋势［J］.现代食品科技，2013，29（3）：673-677.

［11］欧阳杰，沈建.中国贝类加工装备应用现状与展望［J］.肉类研究，2014，28（7）：28-31.

［12］徐文其，沈建.中国贝类前处理加工技术研究进展［J］.南方水产科学，2013，9（2）76-80.

［13］魏静，崔峰，张永进，等.基于虾类食品的保鲜保藏技术研究进展［J］.渔业现代化，2013，40（4）：55-60.

［14］全汉锋，王兴春，詹照雅，等.坛紫菜全自动加工设备及工艺的改进［J］.渔业科学进展，2012，33（1）：122-128.

［15］郑嘉楠.我国沿海省市水产品物流发展现状评估［J］.物流工程与管理，2012，34（8）：4-6.

［16］徐文杰，洪响声，熊善柏.基于近红外光谱技术的大宗淡水鱼品种快速鉴别［J］.农业工程学报，2014，30（1）：253-261.

［17］徐文杰，刘欢，陈东清，等.基于近红外光谱技术的鲢鱼营养成分的快速分析［J］.食品安全质量检测学报，2014，5（2）：516-527.

［18］黄涛，李小昱，彭毅，等.基于近红外光谱的淡水鱼新鲜度的在线检测方法研究［J］.光谱学与光谱分析，2014，34（10）：2722-2736.

［19］包玉龙，汪之颖，李凯风，等.冷藏和冰藏条件下鲫鱼生物胺及相关品质变化的研究［J］.中国农业大学学报，2013（3）：157-162.

［20］陈丽丽，赵利，袁美兰，等.电子鼻检测贮藏期草鱼新鲜度的变化［J］.食品科学技术学报，2014（4）：64-68.

［21］黄洁，李燕，尹芳缘，等.使用电子鼻预测低温贮藏罗非鱼储存时间［J］.传感技术学报，2013（10）：1317-1322.

［22］朱耀强，龚婷，赵思明，等.生鲜鮠鱼片货架期预测模型的建立与评价［J］.食品工业科技，2012，33（2）：

380-383, 388.

[23] 刘寿春, 钟赛意, 马长伟, 等. 以生物胺变化评价冷藏罗非鱼片腐败进程 [J]. 农业工程学报, 2012 (14): 277-282.

[24] 贾磊, 熊善柏, 赵思明. 包装方式对冰温贮藏鳙鱼头鲜度的影响 [J]. 食品科学, 2012, 33 (22): 328-331.

[25] 申松, 晓畅, 蒋妍, 等. 冷藏和微冻条件下长丰鲢鱼片品质变化规律的研究 [J]. 淡水渔业, 2014 (5): 95-99.

[26] 王发祥, 王满生, 刘永乐, 等. 改良壳聚糖涂膜技术对草鱼肉抑菌保鲜效果的研究 [J]. 现代食品科技, 2013 (8): 1816-1819.

[27] 王建辉, 刘永乐, 刘冬敏, 等. 冷藏期间草鱼鱼片脂肪氧化变化规律研究 [J]. 食品科学, 2013 (6): 243-246.

[28] 张月美, 包玉龙, 罗永康, 等. 草鱼冷藏过程鱼肉品质与生物胺的变化及热处理对生物胺的影响 [J]. 南方水产科学, 2013 (4): 56-61.

[29] 郑政东, 李小定, 熊善柏, 等. 茶叶在腌制罗非鱼片中对其性质的影响研究 [J]. 食品工业科技, 2012, 33 (22): 96-99, 104.

[30] 袁美兰, 赵利, 卢琴韵, 等. 不同品种淡水鱼加工鱼糜的适应性 [J]. 食品科技, 2014, 39 (5): 135-139.

[31] 叶蕾蕾, 吴晨曦, 刘茹, 等. 阳离子种类和添加量对鲢鱼糜凝胶力学特性的影响 [J]. 食品安全质量检测学报, 2014, 5 (8): 2319-2326.

[32] 吴润锋, 赵利, 袁美兰, 等. 漂洗前后四大家鱼鱼糜品质的变化 [J]. 食品科学, 2014, 35 (9): 132-136.

[33] 梁燕, 林丽英, 周爱梅, 等. 超高压处理对鱼糜蛋白凝胶及功能特性和结构的影响 [J]. 食品科技, 2012, 37 (11): 132-135.

[34] 田沁, 吴珂剑, 谢雯雯, 等. 鲢鱼头汤烹制工艺优化及烹饪模式对汤品质的影响 [J]. 华中农业大学学报, 2014, 33 (1): 103-111.

[35] 王晶, 林向东, 曹雪涛, 等. 一种替代罗非鱼片 CO 活体发色方法的复合发色新工艺 [J]. 食品与机械, 2014, 30 (6): 181-186.

[36] 毛文星, 许学秦, 许艳顺, 等. 高温蒸煮对鳙鱼块肌间小刺软化效果和质构品质的影响 [J]. 食品与发酵工业, 2014, 40 (11): 19-26.

[37] 艾明艳, 刘茹, 温怀海, 等. 框鳞镜鲤鱼片注射腌制工艺的研究 [J]. 食品工业科技, 2013, 34 (7): 273-276.

[38] 刘茹, 尹涛, 熊善柏, 等. 鱼肉和猪肉的微观结构与基本组成的比较研究 [J]. 食品科学, 2012, 33 (13): 49-52.

[39] 杨莉莉, 申锋, 熊善柏, 等. 木瓜蛋白酶制备草鱼鳞胶原肽的工艺优化及产物特性分析 [J]. 食品科技, 2012, 37 (2): 61-65.

[40] 刘茹, 李俊杰, 熊善柏, 等. 内源酶在鱼肉和猪肉热胶凝过程中作用的比较研究 [J]. 食品工业科技, 2012, 33 (11): 90-93.

[41] 雷跃磊, 刘茹, 王卫芳, 等. 三种添加物对鱼肉猪肉复合凝胶品质的影响 [J]. 食品工业科技, 2013, 34 (5): 281-284.

撰稿人: 薛长湖　励建荣　熊善柏　李来好　李兆杰

渔业装备学科发展研究

一、我国发展现状

渔业装备与工程学科领域主要包括：养殖装备、渔船与捕捞装备、水产品加工装备等。"十二五"以来，我国渔业装备科技围绕着现代渔业建设及生产方式转变，得到了长足的发展，与国际先进水平的差距正在缩小，一些领域的技术水平已经达到国际先进水平，支撑着渔业产业的发展。随着国家对于渔业装备及设施工程投入力度逐年加大，渔业装备科技已经渗透到产业的各个环节，科技贡献率和成果转化率显著提高，为加快我国渔业现代化发展提供强有力的技术保障。

（一）养殖装备

1. 池塘养殖装备

池塘养殖是我国水产养殖的主要生产方式，其设施陈旧、设备单一、调控手段有限、养殖方式粗放，在质量安全、高效生产、节水减排等方面存在着突出问题。"十二五"以来，在国家大宗淡水鱼产业技术体系"装备与设施岗位团队"（2009）、国家公益性行业（农业）科研专项"淡水池塘工程化改造与环境修复"（2012）、国家科技支撑计划 项目"淡水健康养殖关键技术研究与集成"（2012）等项目的支持下，我国在池塘养殖装备与设施领域的研究与技术创新，主要集中在高效生产设备、生态工程化调控、信息化装备、设施工程化与养殖小区构建等方面。

高效生产设备研发以养殖环境高效调控与生产过程机械化为重点，研发高效装备。围绕水质有效控制，研发了根据光照强度启动池塘底泥营养释放、上下水层交换的太阳能底质改良机[1]，有效提升了池塘初级生产力，减少了底泥淤积；太阳能移动式增氧机，实现了池塘水体低耗能均衡增氧[2]；涌浪机兼具水面造波增氧、上下水层交换、旋流集污等功能，在池塘综合增氧、高位池增氧集污等方面有明显作用，与增氧机配合使用，节能效果更好[3]。围绕机械化装备，研发了基于拖拉机液压动力平台的池塘拉网机械，提高了劳动效率，降低了劳动强度[4]；饲料集中投饲系统，实现了由定点料仓向多个池塘的远程投喂[5]。

生态工程化调控技术研发主要围绕池塘水质理化指标与环境生物调控，应用生态工程学原理，研究池塘藻相、菌相及理化指标关联机制及关键影响因子，探索调控模型，构建工程化调控设施及系统调控模式。开展了池塘复合人工湿地基质微生物多样性及其对铵态氮、总磷净化效果研究，研发了潜流式人工湿地，包括水平流设施与垂直流设施，确定了水力参数及基质、植物构建工艺以及设施配比[6-8]；研发了筏架式植物浮床、基质微生物—植物复合浮床，利用微生物转化与植物吸收进行原位净化；形成了生态沟、生态塘等池塘设施工程技术。

池塘信息化装备研发主要围绕环境监控与精准养殖，构建水质理化指标、环境气象因子等高效监测系统，构建水质预判模型，建立精准调控模式，建立溶氧、饲喂精准控制方式。开展基于神经网络的水质分析系统、测量误差影响因子等关键技术研究，研发基于CAN总线和MCGS组态软件的分布式监控系统，以无线传感网络技术实现通信与控制，对盐度、pH值、溶解氧、温度等进行实时监测，实现对增氧、调控设备自动控制[9-11]；初步建立水质预判模型，构建池塘养殖系统智能化化控制系统；建立池塘养殖物联网系统[12]，构建了基于监管的分布式水产品可追溯系统[13]；研发了基于无线传感网络的投饲机远程控制系统，建立了基于养殖环境信息与饲喂策略的投喂模型。

池塘设施工程化技术主要围绕全国性养殖池塘标准化改造工程以及节水、减排要求，研究设施构筑技术规范，构建节水减排系统模式，建立健康养殖小区示范点。开展池塘池型、护坡、塘埂、沟渠等技术规范研究，建立工程化参数，制订行业标准；开展区位规划以及养殖小区生产功能、水系构建、设备配置、设施配套等构建研究，提出配置原则；开展养殖场改造工程土方计算与平衡技术研究，提出工程概算编制方法[26]；开展池塘循环水养殖系统研究，组合潜流式人工湿地、生态沟渠、生态塘等技术，进行异位净化与循环利用。主要形成的主要系统模式包括：大宗淡水鱼池塘循环水养殖模式、河蟹池塘循环水养殖模式等。

"十二五"以来，以生态工程调控、设施规范化构建、机械化装备、数字化管控以及节水减排等技术为核心，集成健康养殖技术，在国家大宗淡水鱼产业技术体系核心示范片构建了一批核心示范点，相关技术直接应用50万亩，在全国池塘标准化改造工程中发挥了主要的支撑作用。鉴定及成果评价结果表明，我国在池塘养殖装备领域的综合技术水平达到了国际先进水平，局部成果达到国际领先水平，几项重要成果获得省部级科技进步奖，主要推广成效获得农业丰收一等奖（2013）。

2. 工厂化养殖装备

我国工厂化养殖装备科技以"车间设施＋循环水养殖"为代表形式，应用于海、淡水成鱼养殖和水产苗种繁育等领域。工厂化养殖具有高效利用水、地资源，可有效控制养殖废水及固形物排放，融合现代工业科技与管理方式的养殖工厂，是未来水产养殖工业化发展的方向。"十二五"以来，在国家"863"计划课题"工厂化海水养殖成套设备与无公害养殖技术"（2007）、支撑计划课题"节能环保型循环水养殖工程装备与关键技术研究"（2011）、"淡水鱼类工厂化养殖系统技术集成与示范"（2012）以及国家鲆鲽类农业产业技术体系"设施与设备岗位团队"（2009）等项目的支持下，在高效净化装备研发与系统模式构建方面取得显著进展。

高效生物滤器研发以生物膜形成机制与填料生物膜优化研究为重点，开展机理性研究与设备研发。围绕氨氮转化效率，开展填料形式、盐度、温度、C/N、水力负荷等条件下挂膜效应、最佳水力停留时间、氮化物去除与转化效率等实验研究；构建了海水条件下竹环填料硝化动力学模型及其污染物沿程转化规律[15]；研发了填料移动床、流化沙床、活性碳纤维填料、气提式沙滤罐、往复式微珠等新型生物滤器，其中填料移动床和流化沙床生物滤器，具有更高的反应效率及净化功能[16-18]。

高效净化装置研发以水体颗粒物有效分离、气水混合装置为重点，研发适用装备。水体颗粒物有效分离技术的关键，是减少固形物在水中停留时间与防治粪便破碎、溶解，以减缓生物滤器的负荷。研发的多向流沉淀装置，融合斜管填料技术，具有水力停留时间短，分离效率高等特点[19]；研发结构更为简单的旋流颗粒过滤器，具有实用性[20]。研发的多层式臭氧混合装置，以高效节能为目标，运用等高径开孔填料（鲍尔环）提高溶解效率，有效减小了装置的气水比，简化了结构[21]。

工厂化循环水养殖系统构建，以鱼池与车间设施构建为基础，集成了循环水处理系统、水质在线监控系统、自动投喂系统与数字化管理系统，以及针对养殖对象的系统工艺与操作规范，形成专业化的系统模式。包括：海水养殖密度为20～30千克/立方米的鲆鲽类养殖模式、30～40千克/立方米的大西洋鲑养殖模式；淡水养殖密度为20～30千克/立方米的鲟鱼养殖模式；50～60千克/立方米的罗非鱼养殖模式；名优品种苗种工厂化繁育模式。超高密度模式以罗非鱼为养殖对象，构建了100千克/立方米以上循环水系统[22]。

在社会可持续发展的要求与压力，我国以往的换水式工厂化养殖正在推进循环水系统升级，包括北方沿海"车间＋深井水"的鲆鲽类养殖模式，内陆一些地区"设施大棚＋深井水"的鲟鱼养殖模式，以及传统苗种繁育设施等，正在政策的引导和扶持下实施转变。在此过程中，工厂化循环水养殖科技，围绕高效与节能，正在发挥积极的支撑作用。"十二五"以来，通过技术进步，我国在工厂化循环水养殖装备的科技水平在装备系统构建上已接近国际先进水平，几项主要成果获得了中国水产范蠡奖和中国水产科学院科技进步奖。

3. 网箱养殖装备

网箱养殖是我国水产养殖主要生产方式之一。小网箱构成的鱼排设置在风浪影响较小的沿海内湾背风水域或内陆湖泊水库，生产方式粗放，对环境影响较大。较大的深水网箱在我国已有 15 年的发展历史，以高密度聚乙烯（HDPE）管材为框架的重力式网箱，有一定的抗风浪能力，分布在 20 米水深的水域，在内陆湖泊也有所使用。"十二五"以来，在国家支撑计划课题"南海区深水网箱高效健康养殖技术集成与示范"（2011）、国家海洋经济创新发展区域示范专项"深水网箱养殖产业工程技术研发公共服务平台"（2014），以及国家鲆鲽类农业产业技术体系"专用网箱养殖岗位及团队"（2009）等项目的支持下，在网箱设施安全性构建与高效装备方面取得一定进展。

网箱设施安全性研究以水动力特性与设施构建为重点，提升设施结构性能，降低网箱变形。开展 HDPE 圆形重力式网箱受力实测[22]，为设计与优化提供经验参数；开展水动力特性水槽实验，建立了数学模型[23]；利用数值模拟技术，研究网箱框架、网衣及锚泊结构受力与变形特性，研究表明：网衣高度和网目尺寸是网箱受力影响的最因素[24]；圆台形网箱箱形变形率更低[25]；提出 HDPE 重力式网箱设置以 0.75 米/秒水流为选择上限[26]。利用数值模拟技术，分析网箱群网格化布局水动力特性；双体相连网箱与单体相比，连接锚绳受力平均增加 2.6 倍，锚定锚绳受力增加 65%[27]；波流作用方向由正向变为斜向（45°）时，锚碇锚绳与连接锚绳受力增加最大[28]。

深水网箱高效装备以海上投喂、自动检测和配套设备为重点，开展装备研发。研发了基于 PLC 控制的网箱集中投喂系统，最大投送距离 320 米，最大投喂量 1100 千克/小时[29]；设计了高压射流式水下网衣清洗装置[30]；研制了利用水声多波束探测技术的远程监测系统，可对网箱鱼群的总体存在进行监测[31]。

深水网箱在我国从引进消化吸收，到再创新，实现了装备技术的国产化化，整体技术水平已接近与国际先进水平，并在设施抗风浪技术上处于领先水平，核心成果获得省部级科技进步奖，主要推广成果获得中国产学研合作创新奖。

（二）渔船与捕捞装备

1. 渔业船舶

渔业船舶是捕捞生产的载体，按作业方式，渔业船舶主要分为拖网渔船、围网渔船、刺网网渔船和张网渔船和钓船；按作业水域，可分为近海捕捞渔船、远洋捕捞渔船和内陆捕捞渔船。我国是世界渔船大国，以中小型渔船为主，主要分布在沿岸近海从事渔业生产。我国近海渔船装备水平落后，船型杂乱、能耗高、安全性差。远洋渔船分为在别国专属经济区作业的过洋性渔船和在公海作业的大洋性渔船，前者主要来自状况较好的近海渔船，后者主要来自进口的二手船舶。"十二五"以来，围绕近海渔船的船型优化与标准化，设立了国家公益性行业（农业）科研专项"渔业节能减排关键技术研究与重大装备开发"（2010）、工信部船舶高技术项目"南海渔船高效节能设计应用技术研究"（2013）等项目，在标准化船型研发与应用上取得成效。围绕大洋性渔船自主建造能力建设，设立了国家"863"计划课题"南极磷虾拖网加工船总体设计关键技术研究"（2012）、工信部船舶高技术项目"变水层大型拖网渔船自主研发"（2011）、"863"计划项目"大型远洋拖网加工捕捞装备"（2013），在一些领域形成了自主设计能力。

渔船标准化船型研究以船机桨优化与节能技术集成应用为重点，开展基础研究以技术集成。开展拖网渔船模型阻力试验，获取船模阻力曲线和实船有效功率曲线，取得实船静水有效功率，可为主机的选配提供理论依据[32]；建立了基于广义回归神经网络的"船型要素——船体阻力"数学模型[33]；应用非线性动力学方法，通过不同波浪条件下船舶非线性横摇运动的模拟计算，预测渔船横摇状态[34]。综合运用船型优化与船机桨匹配技术，研究设计了10多种近海钢质、玻璃钢标准化渔船，电力推进、LNG燃料动力等技术获得首次应用，双甲板拖网渔船标准化船型应用于过洋性渔船建造。

大洋性渔船研发的重点是变水层拖网渔船、南极磷虾捕捞加工船作业渔船和大型远洋拖网加工船的自主研发，以及金枪鱼围网等作业渔船的优化设计。南极磷虾拖网加工船总体设计关键技术研究项目，完成了船舶建模与设计计算，开展了桁架作业性能研究。变水层大型拖网渔船自主研发项目，与西班牙公司开展联合设计，完成了船图设计送审。金枪鱼围网渔船研发得以成功并进一步优化。开展远洋渔船螺旋桨优化设计，在船位流场研究的基础上，设计适伴流螺旋桨，其性能优于图谱[35]。在整船研发方面，设计了66米电力推进灯光围绕渔船，研发了国内最大的78米秋刀鱼与鱿鱼兼作渔船，在设计与建造水平上持续提升。

渔船综合性能研究以安全与经济性评价为重点，建立了评价体系。开展钢质海洋渔船安全状况评价研究，开发了技术评价系统[36]，对照《国家渔船安全公约》，我国24米以上钢质渔船的合格率不到10%，反映出我国渔船装备整体落后、安全隐患大的突出问题[37]；建立基于交互式偏好权重遗传计算的渔船技术经济论证方法，有效用于玻璃钢渔船经济技术评价；建立了拖网渔船能效设计指数（EEDI）计算方法，为拖网渔船节能设计提供评价手段[38]。

"十二五"期间国家高度重视渔船装备更新改造，鼓励建造远洋捕捞渔船，沿海各省以"安全、节能、适居、高效"为重点，积极推进近海渔船更新改造。渔船装备科技进步，在此过程中发挥了积极的支撑作用，尤其在近海渔船的更新改造上，远洋包括过洋性渔船，研发的标准化船型获得批量推广应用。主要成果获得中国水产科学研科技进步奖一等奖。

2. 捕捞装备

渔船捕捞装备主要包括捕捞机械、捕捞渔具和渔用仪器。我国捕捞装备整体水平落后，主要表现在：近海渔船捕捞机械装备化水平低，劳动强度大，安全性问题突出；远洋渔船，尤其是大洋性作业渔船捕捞装备主要使用二手进口设备，作业效率低，竞争力差；捕捞渔具在降阻水平、选择性捕捞能力和远洋捕捞作业效率上亟待提升；渔用仪器以声呐探鱼仪为代表，在选择性捕捞与远洋渔业竞争上能力明显不足。"十二五"以来，在国家"863"计划课题"远洋渔业捕捞与加工关键技术研究"（2012）、"863"计划项目"大型远洋拖网加工捕捞装备"（2013）、支撑计划项目"远洋捕捞技术与渔业新资源开发"（2013）

等项目的支持下，在着力解决我国远洋捕捞装备自主建造能力不足，以及近海捕捞装备安全节能水平提升的问题。

捕捞机械的研发以大洋性作业为重点，构建自主建造能力。开展金枪鱼围网起网设备研究，构建了包括19种、43台起网设备与电液控制系统方案[39]，研发了大拉力动力滑车；开展秋刀鱼舷提网设备研发，形成了产品制造能力；开展大型拖网曳纲绞车及张力平衡控制系统研究，设计了液压控制系统[40]，构建了重物与船体之间位移数学模型[41]，进行了仿真分析，并利用组态软件与PCL构建了集中控制交互平台[42]；开展新型鱿鱼钓机研制，构建了状态模拟集中控制系统。

捕捞渔具以降阻、高效为重点，研发大型网具。利用数值模拟技术，建立张网在波流场中的动力学方程，与水槽试验对比，符合性良好[43]；开展了金枪鱼围网、灯光罩网等渔具沉降性能模拟试验。开展单拖渔船V形网板水动力特性研究，得出网板升阻力系数等流体动力特性曲线、临界冲角、最大升阻比[44]；开展V形网板力学配合计算研究，建立计算模型，并将其实测数据与水槽实验回归，构建力学模型[45]。开展了张网网口优化、大网目底拖网身长度对网具性能影响，以及过滤性渔具网囊网目扩张性能等研究，研制了南极磷虾拖网网具，并进行中尺度实船测试。

渔用仪器以渔用声呐技术研究为重点，进行样机开发。开展以南海鸢乌贼、南极磷虾为对象的水声探测与评估技术研究，形成了商用探鱼仪南极磷虾声学图像数值化处理技术[46]；集成渔用声呐与电子浮标技术，研发嵌入式防盗技术，以区别渔船挂机螺旋桨启动与海洋噪声频率，可在50～100米距离内产生防盗响应[47]。360°电子扫描声呐研制，形成了整体技术路线与设计及案。

"十二五"以来我国在捕捞装备技术进步方面取得了明显的进展，主要研究成果，如大型远洋捕捞机械、网具等，形成产品技术，开始应用于生产实际。以电液控制捕捞装备技术为核心，应用于海洋工程装备领域，完成了国家重大专项"大型油气田及煤层气开发"子课题"COSL 3000米深水勘察工程船基盘及取样提升系统设备及其波浪补偿系统"研发，以及载人航天工程第二代高海况打捞装备"平战结合型高拦截臂打捞装置"的研制，达到国际先进技术水平。

（三）水产品加工装备

水产品加工装备主要分为原料初加工设备、高值化加工设备和水产副产物综合加工设备。随着现代渔业产业结构调整、产业链的延伸，水产品加工产业正在迅速发展，对水产加工装备的需求主要体现在替代劳力的机械化加工设备、与远洋捕捞产业相结合的船载加工设备以及物流保鲜装备等方面上。"十二五"以来，在国家"863"计划项目"南极磷虾快速分离与深加工关键技术"（2011）、"863"计划课题"新型水产品加工装备开发与新技术研究"、国家贝类产业技术体系"保活流通与初加工岗位及团队"等项目的支持下，水产品加工装备的创新水平正在明显提高。

原料初加工设备研发以大宗加工产品原料鱼前处理工序机械化为重点。开展大宗淡水鱼机械去鳞机制研究，对鲤、鲫、鳊及草鱼鱼鳞与鱼体的生物结合力进行系统性测量，对应单位面积鱼鳞数目、滑动摩擦角进行去鳞试验，形成的数据可为鱼鳞去除设备的设计依据[71]，研制了弹簧刷去鳞样机；设计了基于双滚筒同步对滚的去鳞开膛机、卧式多滚筒去鳞机。开展小个体海捕鱼去脏设备研究，以深水红娘鱼、叉斑狗母鱼、小黄鱼为对象，研究鱼体布置方式、破腹刀具结构，建立加工工艺，构建可接受评分与参数调整数学模型，获得优化机械性能，研制了样机[72]。研制挤压式对虾去头机，利用双弹性圆柱在虾头与身体结合部进行挤压分离，得率比刀切式明显提高[73]。

原料初加工设备研发，以大宗加工产品原料鱼前处理工序机械化为重点，开展样机研制。开展去鳞机制研究，对鲤、鲫、鳊及草鱼鱼鳞与鱼体的生物结合力进行系统性测量，对应单位面积鱼鳞数目、滑动摩擦角进行去鳞试验，形成设计依据[48]，研制弹簧刷去鳞样机；设计基于双滚筒同步对滚的去鳞开膛机、卧式多滚筒去鳞机。开展小个体海捕鱼去脏设备研究，研究鱼体布置方式、破腹刀具结构，建立加工工艺，构建可接受评分与参数调整数学模型，获得优化机械性能，研制样机[49]。研制挤压式对虾去头机，利用双弹性圆柱在虾头与身体结合部进行挤压分离，得率比刀切式明显提高[50]。

高值化加工设备研发以名优养殖品种和远洋船载加工装备为重点，开展样机研制。开展海参加工工艺与装备研究，采用连续式蒸煮工艺，全程连续投料，控温蒸煮，形成了整套装备[51]；利用机器视觉技术判别干海参腹水膨胀尺度，对参复水过程实施精准监控[52]。研发河蟹加工设备，采用皮带挤压、滚轴挤压和真空吸取方式，分别对蟹身、蟹足、蟹螯进行有效分离[53]。研制基于PLC控制夹持力的海带自动上料机，以及基于悬链线理论的海带打结机，显著提高工效[54]。开展南极磷虾船上加工与快速分离技术及装备的研究，优化虾粉加工工艺及设备性能，研究虾壳肉分离技术，优化滚筒挤压工艺参数[55]，研制往复滚筒挤压式虾仁加工样机。

水产流通装备以高效保活与信息化为重点。开展活鱼运输关键技术研究，从运前的预处理至运后的恢复，进行系统性工艺构建，以达到"少水"甚至"无水"的目的；研发了活鱼运输箱水质自动控制系统，对pH值、溶氧和温度等参数进行精准控制，优化控制参数[56]；研发了CO_2去除装置，控制pH值下降[57]。

水产副产物综合加工设备以加工废弃物混合固态发酵装备研究为重点。研究混合浆状水产加工废弃物与豆粕等原料混合的固态发酵控制技术，研制以车阵式和履带式连续发酵装置，研发气流式与流化床式黏性物料干燥设备，形成成套装备，提高了发酵过程的均衡性。

"十二五"期间，我国水产加工装备科技进步取得了明显的进步，部分成果参与获得了省部级科技进步奖，一些成果形成产品技术开始推广应用，南极磷虾加工装备研发取得重要进展，为今后的发展奠定了良好的工作基础。

二、国内外学科发展比较

1. 池塘养殖装备

整体而言，我国池塘养殖装备科技处于世界先进水平。池塘养殖主要存在于亚洲第三世界国家，我国是主要生产国。自 20 世纪 70 年代开始规模化发展以来，形成了以池塘设施和增氧机械为代表的装备模式，所具备的池塘设施规范化技术体系、各类增氧机系列、各种投饲设备等，为养殖生产提供了可靠的装备保障。在学科发展上，建立了设施规范化构建、生态工程化调控、机械化装备、精准化控制为主的研究领域及实验室体系和中试基地，形成了多支各具特色的创新团队。在技术研发层面，其系统性最为全面，应用性最为广泛。

基础研究方面，我国在池塘生态机制研究方面积累不足。我国池塘生态机制的研究开始于 20 世纪 80 年代，由于生产方式、气候环境、地域条件的不同，池塘生态机制具有明显的地域性差别，而在生态工程学层面的研究，则开始于"十一五"，至"十二五"才形成以池塘生态影响机制与调控模型构建为核心的研究体系，研究积累还处于局部状态，整体而言，对技术创新的推动作用尚未显现。对养殖池塘生态系统的构成与变化机制的研究，是国外农业工程学研究者所关注的重点，如美国的奥本大学（Auburn University），围绕池塘水质、底质生态机制及其影响因子，建立了研究体系，其研究成果对我国池塘生态工程学研究产生影响。

在技术研发方面，我国养殖装备的机械化水平不高。养殖装备的研发主要以增氧机和投饲机为主，前者起着池塘高效增氧和维持生态系统稳定的重要作用，后者解决了定时、定点、定量机械化投喂的问题，对于池塘养殖过程其他环节替代劳力的机械化技术研发还未有成效。国外的技术研发，以替代劳力、提高工效的机械化设备为主，包括疫苗注射机械、拉网机械、起鱼机械、分级机械等，装备的机械化、自动化水平更高。我国池塘养殖装备的研发已经不能满足因劳动力成本不断上升对生产过程机械化的产业需求。

在模式构建方面，池塘养殖系统设施化、生态功能化构建方面还显不足。"十一五"以来，以池塘设施构建和生态工程为核心的学科发展，围绕着高效养殖及健康养殖小区的构建，在我国大规模的池塘改造工程中发挥了重要作用，但与国外先进水平相比，在模式构建方面，其系统性、功能性乃至健康、高效养殖效果方面还有一些的差距。如美国克莱姆森大学（Clemson University）的分区循环水养殖池塘，通过设施与设备构建，强化了养殖池塘的光合作用及生态效应，达到的高效生产的目的。在生态环境保护的要求下，发达国家构建的池塘养殖系统，将养殖池塘与环境生态系统相结合，强调养殖场区域内生态功能的作用，注重养殖过程营养物质的循环利用，研究构建了多种形式的池塘循环水养殖系统。

2. 工厂化养殖装备

整体而言，我国工厂化循环水养殖技术体系基本建立。我国工厂化循环水养殖装备研究开始于 20 世纪 70 年代，经过 30 多年的发展，建立了以鱼池排污、物理过滤、生物过滤、消毒杀菌、给排水系统为主的技术体系，形成了针对主养品种的海、淡水养殖与名优水产苗种繁育系统模式，建立了一批生产示范基地。在学科发展上，围绕高密度循环水养殖形成了重点研究领域，构建了实验室体系与中试基地，形成了多个科研团队，在技术应用层面，跟上了国际发展水平。

在基础研究方面，我国对工厂化高密度养殖对象生理、生长机制研究不多，对水净化系统生物膜形成与干预机制缺乏研究积累。围绕鱼池流场条件、温盐度变化机制、养殖密度、应激条件等因素以及营养操纵等干预手段，对养殖生物生理、生长机制影响及其品质的研究，还处于起步阶段，限制了工厂化养殖技术的提升。对生物滤器生物膜形成机制，以及特定条件下快速培养方法的研究不够，制约了高盐、低温、高碱等特殊水质条件下生物滤器快速、稳定运行。国外的研究，针对为数不多的以大西洋鲑、大菱鲆、虹鳟等主养品种养殖环境及生长机制的研究很系统，建立了生长预测模型及专家系统，推进着循环水养殖系统的技术水平不断提高。

在技术研发方面，我国对工厂化养殖装备的研发以跟踪为主，创新性成果少。与国际先进水平相比，我国工厂化养殖装备的研发一直处于消化吸收与借鉴状态，主要的装备形式大都起源于国外，如各种形式的过滤筛、生物滤器、气水混合装置等，对养殖循环水处理新技术、新材料、新方法的创新性应用研发较少。发达国家在养殖系统的自动化控制、机械化操作，以及排放物再利用等方面的研究具有超前优势。

在模式构建方面，我国工厂化养殖系统技术集成性差，工业化水平不高。工厂化循环水养殖系统的构建仍然以设施装备为主，养殖技术主要来自经验，高投入的装备系统并未产生其应有的产能与效率。基础研究的不足，技术研究粗放，致使系统模式构建时，养殖技术与设施、装备的关联度不够，特定的模式及其对应的养殖工艺、操作规范尚未有效建立，系统工程学研究水平较低。国际先进的循环水养殖系统，可以根据市场订单的要求，设定养殖规程，控制生长规格，进行自动控制，建立工业意义上的养殖工厂。

3. 网箱养殖装备

我国深水网箱装备的研发源自于挪威大西洋鲑养殖的高密度聚乙烯（HDPE）圆形重力式网箱，对应我国沿海特殊的台风影响及其风浪流进行了技术改造，可以应用于 20 米以内的养殖水域。在学科发展上，建立了以网箱设施与配套装备为重点的研究领域，形成了数个专业的研究团队。

在基础性研究方面，我国在网箱设施领域的基础性研究，主要围绕 HDPE 网箱设施的水动力特性开展，研究范围较为单一。为解决 HDPE 网箱设施安全性问题、保持网箱箱形，开展了一系列与之有关的水动力学研究，包括水槽模型试验、数值模拟和海上测试，为提升网箱性能、开发系列化产品打下基础，但研究对象主要是一种网箱。国外针对网箱设施的水动力学研究，结构形式更为多样，研究基础较为扎实，研究出多种形式的设施结构，对推进深远海大型网箱乃至养殖平台的开发意义重大。

在技术研发发面，我国在深水网箱配套装备和新型养殖设施等方面的研发滞后。对网箱养殖配套装备的研发主要在集中投饲系统、网衣清洗装置和提网装置等方面，有关的技术研究并未持续，投入实际使用的设备很少。在挪威，有持续的装备研发体系，包括吸鱼泵、智能化投喂系统、水下监控系统、养殖工作平台（或船）以及信息化、自动化控制系统等，不断提升网箱养殖产业的装备化水平。发达国家为利用深远海水域发展水产养殖，研发了多种形式的大型养殖设施及配套装备，如蝶形网箱、张力腿网箱、球形网箱、半潜式养殖平台、养殖工船等，有效推进了深远海绿色、生态养殖产业的发展。

4. 渔业船舶工程

近年来，我国渔业船舶的研究水平取得了长足的发展，在近海标准渔船船型和大洋性作业渔船研发方面取得了明显的进展，为渔船装备的现代化发挥了重要的支撑作用。在学科发展上，形成以作业船型优化、船机桨匹配、节能技术应用等研究领域，以及"经验数据回归分析＋水槽模型试验＋数值模拟"的标准化、系列化船型研究方法，专业化的研究团队得以恢复，一些船舶设计公司也具有相当的研发能力。

在基础研究方面，我国对基本船型的研究积累非常薄弱。绝大部分新造渔船的船型设计，来自于对同类渔船的参照和经验积累，只有科研性项目才有条件开展船型的基础性研究分析，对主要作业船型的阻力、稳性、快速性分析，以及船型参数优化、系列化等研究开展不多，与发达国家相比存在较大差距。如日本的水产工学研究所，拥有拖弋水槽、循环水槽、船舶仿真系统等完备的渔船研究实验系统，承担着大量的渔船船型基础研究任务，为渔船设计与安全管理提供科学依据。

在技术研发方面，节能新技术的应用有待加强。我国渔业船舶设计对新技术的应用不多，主要沿用船舶工业的成熟技术，如船型计算与设计软件、球鼻艏、导管桨等，在先进技术的适用性研发方面创新不多，进展滞缓，如电力推进、LNG 燃料动力、玻璃钢渔船建造、全船自动控制等技术，与发达国家的研发水平相比，存在较大的差距。

我国对大型渔船的设计能力需要提高。由于装备水平明显落后，大洋性作业渔船生产效率低，竞争力不强，产业发展受到限制。我国在南极磷虾捕捞加工船、大型拖网加工船、变水层拖网渔船等领域，还不具有全面的自主设计能力，与世界先进技术相比差距明显。

5. 捕捞装备

我国捕捞装备技术经过数十年的发展，形成了完备的学科体系。近年来的研究重点，以远洋渔业装备技术为重点，正在取得重要的研究进展。在学科发展上，构建了以捕捞机械液压加载、渔具拖弋水槽为核心的实验系统，形成了专业的捕捞机械、渔具材料研究团队。

在基础研究方面，对捕捞网具水动力特性研究有待深入。我国对捕捞网具的基础性研究主要集中在拖网及网板的水动力特性等方面，与世界先进研究水平相比，在远洋大型拖网实验研究方面还较薄弱，在渔具与鱼类行为学研究方面有待起步。

在技术研发方面，远洋捕捞装备自主研发能力亟待提升。我国捕捞装备的技术研发还处于跟踪研制阶段，自主创新与研发能力不足，尤其在南极磷虾连续捕捞吸虾泵、大型拖网起网设备、变水层拖网曳纲张力平衡系统、360°电子扫描声呐、选择性捕捞渔具等方面，明显落后于国际先进的研发水平。

6. 水产品加工装备

我国水产品加工装备研发，围绕原料初加工、高值化加工和副产物综合加工领域，形成了研究体系，近年来的研发重点，主要集中在替代劳力的机械化加工设备和远洋船载加工装备等领域。在学科发展上，构建了实验室研究平台，形成了为数不多的研发团队，建立了"工艺研究＋装备研制"研究方法。

在技术研发方面，我国水产品加工装备机械化、自动化水平落后，自主创新能力不强。水产加工装备的研制，主要以跟踪国外先进技术为主，进行国产化研发，与加工工艺研究的衔接不够，创新能力不强。与国际先进研发水平相比，在机械化鱼体分割、开片设备，鱼糜高效漂洗设备，鱼糜制品加工设备，鱼粉低温干燥设备，虾壳分离设备等方面的研发水平明显落后。

在系统构建方面，我国远洋捕捞船载加工装备集成能力落后。南极磷虾船载加工装备主要应用常规的湿法鱼粉生产设备，针对磷虾特性的粉加工工艺研究与装备集成能力不足，与世界先进水平的差距明显。国外专业化捕捞加工船上配备的加工装备，自动化程度高，可以精准地实现去头、去皮、去脏、开片、冷冻包装及品质控制，系统性集成研究水平很高。

三、发展趋势及展望

1. 池塘养殖装备学科领域，将以生态工程学研究与功能化构建为研究重点，推进生产方式向"高效、低耗"转变

以主产区主要生产方式为对象，运用生态工程学原理，研究池塘生态系统物质与能量转换机制及关键影响因子，探索边界条件与调控模型，为养殖系统及养殖环境水质与环境生物有效构建，提供理论依据和工程学模型；把握系统生态位关联要素，以设施装备强化微生物、植物、植食性生物等群落功能，进行工程化构建，集成精准饲喂、环境监控、良好管理等技术，形成"高效生产、品质可控、节水减排"集约化池塘养殖新模式。

2. 工厂化养殖装备学科，将以养殖生境控制机制研究与高效装备研发为重点，发展工业化"养殖工厂"新模式

以品质控制与高效养殖为目标，系统性开展可控水体主养品种生长与品质水质、营养、环境操纵机制研究，构建生长与工程化调控模型；开展高效设施装备研究，研发精准化养殖生境调控系统，智能化投喂控制系统，低能耗水净化装备，机械化操作设备，功能化鱼池设施，信息化管理系统，生态化排污精化设施等；运用工程学原理，集合高效养殖技术，开展工厂化养殖系统构建研究，建立批序式养殖生产工艺及操作与质量控制规程，构建工业生产水平的现代化养鱼工厂。

3. 网箱养殖装备学科领域，将以远海大型设施装备研发为技术创新重要途径，形成新型海洋渔业生产方式

把握深海水域海洋物理环境，开展深远海大型养殖设施及生产平台研发及水动力特性研究，创制大型深海网箱及浮式养殖平台，研发机械化生产装备、信息化远程控制系统、专业化配套工船；创制大型养殖工船，构建海上环境控型集约化养殖系统、船载繁育系统，研发船体结构、高效装备与信息化管理系统，集成船载水产品加工技术及装备，海上扒载技术及装备，构建集养殖、繁育、加工及海上渔获物流通与物质补给为一体的远海渔业新模式。

4. 渔船与捕捞装备学科领域，将以船型标准化研究与大洋型渔船装备自主研发为重点，推进捕捞渔船现代化

以近海、过洋性作业中型钢质渔船、中小型玻璃钢渔船为对象，开展船体水动力学特性研究，优化基础船型参数，构建数值模型，建立船型设计方法；开展船机桨网优化研究，构建配置方法，推进标准化渔船建造。以南极磷虾捕捞渔船为重点，开展大洋性作业渔船研发，把握大型渔船构建功能、结构与配置，研发优秀船型；提升电液制装备核心技术，研发高效捕捞装备与专用网具，推进形成我国大型渔船自主建造能力。

5. 水产品加工装备学科领域，将船载加工关键装备研发与物流装备系统构建为重点，促进渔业产业链进一步扩展

船载加工装备以南极磷虾船上加工装备研发为重点，突破虾粉加工高效脱水、干燥关键装备，研发虾壳分离装备，形成船载加工系统技术与成套装备。物流加工装备以水产品高效保活、保鲜、冷藏及专业化运输为目标，开展基于信息物理系统的现代物流装备研究，研发物流环境感知与控制技术、物流装置嵌入式计算与分析系统、物流系统网络通信与控制系统，提升水产品远洋船载物流、内陆车载物流系统品质控制与高效配送水平。

6. 渔业装备学科研究，将从单一装备研发，向以新型装备研发为核心的系统模式构建拓展

在渔业生产力水平不断提升和科学技术现代化的推动下，渔业装备学科发展，将围绕现代渔业建设的要求，更多地融合现代工业机械化、自动化、信息化、智能化科技，更好地渔业生产技术相，形成适用技术装备，提升现代装备的研发水平。在研究方式上，将形成装备技术研究与系统模式构建两种主要的科研方式。装备技术研究，建立在对生产机制的探索、生产方法的创新和生产设备的研制上，形成良机良法的有效结合；系统模式构建，以生产过程生物、生态机制研究与把握为根本，高效装备研发为基础，集成相关生产技术，进行系统工程化构建，形成经济、高效的生产模式。

按照现代渔业建设"生态、优质、高效"的发展要求，在现代工业科技的推动下，渔业装备科技将以高效装备研发与系统模式构建为核心，针对产业需求以及共性、关键性、制约性装备技术问题，形成基础研究、技术研发和集成创新有效聚焦的创新链，不断提高渔业生产机械化、精准化、信息化水平，实现现代渔业建设"生态、优质、高效"的发展目标，促进渔业工业化发展。

参考文献

［1］田昌凤，刘兴国，张拥军，等.池塘底质改良机的研制［J］.上海海洋大学学报，2013，22（4）：616-622.

［2］吴宗凡，程果峰，王贤瑞，等.移动式太阳能增氧机的增氧性能评价［J］.农业工程学报，2014，30（23）：246-252.

［3］管崇武，刘晃，宋红桥，等.涌浪机在对虾养殖中的增氧作用［J］.农业工程报，2012，28（9）：208-212.

［4］江涛，徐皓，谭文先，等.养鱼池塘机械拖网捕鱼系统的设计与试验［J］.农业工程学报，2011，27（10）：68-72.

［5］王志勇，江涛，谌志新.集中式自动投饵系统的研制［J］.渔业现代化，2011，26（1）：46-49.

［6］姚延丹，李谷，陶玲，等.复合人工湿地-池塘养殖生态系统细菌多样性研究［J］.环境科学与技术，2011，34（7）：50-55.

［7］X.G.Liu，H.Xu，X.D.Wang，et al.An Ecological Engineering Pond Aquaculture Recirculating System for Effluent Purification and Water Quality Contro［J］.CLEAN - Soil，Air，Water，2014，42（3）：221-228.

［8］刘兴国，刘兆普，徐皓，等.生态工程化循环水池塘养殖系统［J］.农业工程学报，2010，26（11）：237-244.

［9］T.H.jiang，S.Y.Liu，D.L.Li，et al.A Multi-Environmental Factor Monitoring System for Aquiculture Based on Wireless Sensor Networks［J］.Sensor Letters，2012，10（1-2）：265-270.

［10］刘世晶；陈军；刘兴国，等.集中式养殖水质在线监测系统测量误差影响因子分析［J］.渔业现代化，2013，40（5）：38-42.

［11］曹晶，谢骏，王海英，等.基于BP神经网络的水产健康养殖专家系统设计与实现［J］.湘潭大学自然科学学报，2010，32（1）：117-121.

［12］李慧，刘星桥，李景，等.基于物联网Android平台的水产养殖远程监控系统［J］.农业工程学报，2013，29（13）：175-181.

［13］孙传恒，杨信廷，李文勇，等.基于监管的分布式水产品追溯系统设计与实现［J］.农业工程学报，2012，28（8）：146-153.

［14］王健，吴凡，程果锋.基于Excel的标准化水产养殖场工程概算编制方法［J］.渔业现代化，2011，38（2）：32-36.

［15］张延青，陈江萍，沈加正，等.海水曝气生物滤器污染物沿程转化规律的研究［J］.环境工程学报，2011，31（11）：1808-1814.

［16］宋奔奔，宿墨，单建军，等.水力负荷对移动床生物滤器硝化功能的影响［J］.渔业现代化，2012，39（5）：1-6.

［17］张海耿，吴凡，张宇雷，等.涡旋式流化床生物滤器水力特性试验［J］.农业工程学报，2012，28（18）：69-74.

［18］张海耿，张宇雷，张业铧，等.循环水养殖系统中流化床水处理性能及硝化动力学分析［J］.环境工程学报，2014，34（11）：4743-4751.

［19］张成林，杨菁，张宇雷，等.去除养殖水体悬浮颗粒的多向流重力沉淀装置设计及性能［J］.农业工程学报，2015，31（1）：53-60.

［20］顾川川，刘晃，倪琦.循环水养殖系统中旋流颗粒过滤器设计研究［J］.渔业现代化，2010，37（5）：9-12.

［21］刘鹏，倪琦，管崇武，等.水产养殖中多层式臭氧混合装置效率研究［J］.广东农业科学，2014，41（10）：115-119.

［22］张宇雷，吴凡，王振华，等.超高密度全封闭循环水养殖系统设计及运行效果分析［J］.农业工程学报，

2012, 28（15）：151-156.

［23］郭根喜，黄小华，胡昱，等.高密度聚乙烯圆形网箱锚绳受力实测研究［J］.中国水产科学,2010,17（4）：847-852.

［24］董国海，孟范兵，赵云鹏，等.波流逆向和同向作用下重力式网箱水动力特性研究［J］.渔业现代化，2014，41（2）：49-56.

［25］黄小华，郭根喜，陶启友，等.HDPE圆形重力式网箱受力变形特性的数值模拟［J］.南方水产科学，2013，9（5）：126-131.

［26］黄小华，郭根喜，胡昱，等.HDPE圆柱形网箱与圆台形网箱受力变形特性的比较［J］.水产学报，2011，35（1）：124-130.

［27］黄小华，郭根喜，胡昱，等.波流作用下深水网箱受力及运动变形的数值模拟［J］.中国水产科学，2011，18（2）：443-450.

［28］陈昌平，赵卓，郑艳娜，等.波浪作用下单体与双体深水网箱水动力特性研究［J］.大连大学学报，2012，17（6）：29-36.

［29］陈昌平，李玉成，赵云鹏，等.波流入射方向对网格式锚碇网箱水动力特性的影响［J］.中国水产科学，2010，17（4）：828-838.

［30］王志勇，谌志新，江涛.集中式自动投饵系统的研制［J］.渔业现代化，2011，38（1）：46-49.

［31］张小明，郭根喜，陶启友，等.歧管式高压射流水下洗网机的设计［J］.南方水产科学，2010，6（3）：46-51.

［32］张小康，许肖梅，彭阳明，等.集中式深水网箱群鱼群活动状态远程监测系统［J］.农业机械学报，2012，43（6）：178-182.

［33］郭观明，郭欣.拖网渔船模型阻力试验研究［J］.中国水运，2013，13（1）：10-11.

［34］李纳，陈明，刘飞，等.基于广义回归神经网络与遗传算法的玻璃钢渔船船型要素优化研究［J］.船舶工程，2012，34（4）：18-20.

［35］欧珊，毛筱菲.渔船非线性横摇理论研究分析［J］.船海工程，2011，40（3）：5-8.

［36］罗晓园，刘占伟，李新，等.基于现代远洋渔船的适伴流螺旋桨实用性研究［J］.江苏船舶,2013,30（5）：1-3.

［37］张光发，张亚，姚杰，等.渔船安全技术评价系统的开发与应用［J］.农业工程学报，2013，29（17）：137-144..

［38］任玉清，姚杰，许志远，等.中国钢质海洋渔船安全状况评价研究［J］.渔业现代化，2012，39（6）：56-61.

［39］刘飞，林焰，李纳.等.拖网渔船能效设计指数（EEDI）研究［J］.渔业现代化，2012，39（1）：64-67.

［40］陈秀珍.金枪鱼围网船围网设备及系统研究与应用［J］.机电设备，2012（5）：58-62.

［41］谢安桓，宋金威，喻峰，等.曳纲绞车液压系统的设计及控制研究［J］.液压与气动，2014（10）：11-16.

［42］徐志强，羊衍贵，王志勇，等.大型远洋拖网渔船拖网被动补偿系统的研究［J］.船舶工程，2013（4）：51-54.

［43］徐志强，倪汉华，羊衍贵，等.渔船捕捞装备集中控制管理平台的研制［J］.中国工程报，2012，10（3）：333-338.

［44］刘莉莉，万荣，黄六一，等.波流场中张网渔具水动力学特性的数值模拟［J］.中国海洋大学学报，2013，43（5）：24-29.

［45］李崇聪，梁振林，黄六一，等.小型单拖网渔船V型网板水动力性能研究［J］.海洋科学，2013，37（11）：69-73.

［46］饶欣，黄洪亮，刘健，等.立式曲面V型网板在拖网系统中的力学配合计算研究［J］.水产学报，2015，39（2）：284-293.

［47］张吉昌，赵宪勇，王新良，等.商用探鱼仪南极磷虾声学图像的数值化处理［J］.海洋科学进展，2012，33（4）：64-71.

［48］倪汉华，杨海马，谌志新，等.渔用声呐电子示位标防盗技术研究［J］.上海海洋大学学报，2014，23（2）：284-289.

［49］王玖玖，宗力，熊善柏，等.淡水鱼鱼鳞生物结合力与去鳞特性的试验研究［J］.农业工程学报，2012，28（3）：288-292.

［50］陈庆余，沈建，欧阳杰，等.典型海产小杂鱼机械去脏试验［J］.农业工程学报，2013，29（20）：278-285.

［51］王泽河，张泽明，张秀花，等.对虾去头方法试验与研究［J］.现代食品科技，2015（2）：151-156.

［52］徐文其，蔡淑君，沈建.一种鲜活海参连续式蒸煮生产工艺及其设备的研究［J］.食品科技，2011，36（1）：108-111.

［53］沈建，徐文其，刘世晶.基于机器视觉的淡干海参复水监控方法［J］.2011（1）：106-107.

［54］欧阳杰，虞宗敢，周荣，等.机械式壳肉分离加工河蟹的研究［J］.现代食品科技，2012，28（12）：1730-1733.

［55］李哲，王小强，李华龙，等.海带条自动上料机的设计及应用［J］.工程设计学报，2012，19（5）：408-411.

［56］郑晓伟，沈建，蔡淑君，等.南极磷虾等径滚轴挤压剥壳工艺优化［J］.农业工程学报，2013，29（S1）：286-293.

［57］聂小宝，张玉晗，孙小迪，等.活鱼运输的关键技术及其工艺方法［J］.渔业现代化，2014，41（4）：34-39.

［58］傅润泽，陈庆余，何光喜，等.基于活鱼运输的二氧化碳去除装置应用试验研究［J］.渔业现代化，2013，40（5）：53-57.

撰稿人：徐　皓

渔业信息学科发展研究

一、学科发展现状

1. 学科内涵

渔业信息学科是水产科学、信息科学、管理科学和经济学等多种学科交叉融合形成的一门新兴学科。学科的内涵是以渔业科学为基础，以信息技术为手段，以管理学和经济学为理论依据，以渔业产业需求为导向，研究渔业信息技术应用、渔业信息资源开发以及渔业发展战略研究，为行业的发展提供相应的信息支撑与决策支持。

2. 发展现状

本学科包括三个研究方向：渔业信息技术应用、渔业信息资源开发利用和渔业发展战略研究。

（1）渔业信息技术应用方面。

1）卫星遥感技术应用于渔情渔场预报及渔业生态环境监测。卫星遥感反演的海表温度（SST）、海水叶绿素 a 浓度、海洋动力环境（如海面高度）等信息目前已成功应用到渔业生态环境监测和渔情渔场预报领域。其应用重点也逐步从早期的渔场分析预报转向渔业栖息地环境变化、渔业生态系统综合管理和渔业生物功能区划等领域，更加注重对渔业生态系统整体的保护与管理。随着我国自主的高分辨率光学遥感、雷达遥感的发展和深入应用，及各类小卫星星座计划的建成，将在信息获取的精准性上大大提升，使渔业资源及生态环境监测的发展，从试验应用走向业务化运行，从定性理解走向定量研究，从静态的单尺度研究走向动态的点—区域—全球尺度的整合研究，从单一学科的局部性探索走向跨学科领域的交叉研究。随着我国自主海洋卫星的发展与业务化应用，今后我国也将重点发展自主海洋卫星的渔场监测与应用技术。

2）声呐技术应用于渔业资源跟踪与鱼群探测。采用声呐探测技术，对海洋和内陆流域及湖泊的鱼群进行定位、成像和跟踪。从早期的单波束垂直探测，到双频垂直和水平探测，以及多波束立体观测和成像，到目前的海洋声学波导遥感技术，声呐在渔业中应用已有了长足的发展。另外，还可借助声呐技术开展水下地形与底质测量，以支持鱼类关键生境识别及生物—生境的关系研究。随着我国海洋渔业声学的不断发展和成熟，目前正在向近海和内陆流域拓展。

3）卫星导航为核心的海洋渔船监测与动态监控技术。世界上远洋渔业发达国家，如美国、日本、法国等均构建了海洋渔船监测系统（VMS）用于打击渔船非法捕捞和渔业管理。主要的技术手段是以全球定位系统（GPS）定位技术为主，同时结合高分辨率遥感光学影像监测、雷达卫星监测信息综合提高渔船监测能力。我国北斗导航卫星也已经在海洋渔船监测和生产安全中得到初步应用。

4）地理信息系统（GIS）为核心的渔业综合管理决策支持技术。GIS的海洋渔业应用主要是开发渔业综合管理的GIS决策支持系统，进行捕捞渔获数据制图、渔业栖息地模型构建与评估、水产养殖规划选址等。

近几年，在"十二五"国家科技支撑计划、高科技"863"计划、科技基础条件平台、国际合作等相关研究项目的支持下，我国有关单位开展了渔业信息技术的专题研究或构建了一批信息服务平台，解决了水产信息应用中的一些关键技术，推出了一批技术成果。在渔业空间信息技术应用方面，主要有"北太平洋鱿鱼资源开发利用及其渔情信息应用服务系统""大洋金枪鱼渔场渔情速预报技术""利用GIS技术进行水产养殖规划""水产养殖遥感监测""利用MODIS卫星遥感对浒苔灾害的有效预警和监测""利用信息技术对中国黄河流域湿地水生生物资源价值评估""我国专属经济区和大陆架生物资源地理信息系统""海洋生物资源地理信息系统的研究"等，形成了渔业空间信息技术的研究特色，初步具备了开展科研大协作和技术攻关研究的人才队伍。在渔业生产及管理决策信息服务方面，主要开发构建了"对虾养殖管理信息系统""中国渔政管理信息系统""罗非鱼产业预警体系构建""水产病害测报系统""基于物联网的水产养殖水质实时监测系统""水产品质量安全可追溯信息平台开发"等课题研究，既满足了生产及管理的需求，也为其他学科发展提供了技术支撑。这些成果已经在水产的科研、生产和管理上发挥出不同程度的作用，为水产科技和产业发展提供了强大的技术支撑。

（2）渔业信息资源开发利用方面。以数据信息资源收集为基础的渔业专题数据库建设与共享，主要指渔业相关的各专题数据库建设、元数据库共享及数字图书馆建设等；如渔业环境数据库、渔业资源数据库、鱼病数据库等，通过此类数据库建设及共建共享，有助于打破学科间壁垒，实现数据共享、学科融合与创新发展。

1）专题信息服务系统的开发。主要针对所构建的各专题数据库以信息服务和利用为目标，开发为不同用户提供服务的信息系统或平台，如水产养殖管理决策系统、鱼病诊断专家系统等信息服务平台。

2）为渔业科研选题和制定国家渔业发展战略服务的机构知识库。建设、战略情报分析、文献计量分析等专题研究，主要是利用数据挖掘、文献计量等方法开展深度分析研究。

由中国水产科学研究院牵头先后开展了"水产种质资源共享平台建设""水产科学数据共享平台建设"等信息平台建设，为全社会提供了信息服务和信息共享。此外，农业部渔业局也构建了我国水产养殖渔情信息网络和海洋捕捞渔情信息网络，采集了多种渔业数据，为渔业管理提供了数据支撑。与此同时，中国水产科学研究院从2007年开始着手进行全院文献信息数据库共建共享工作，利用现代信息技术手段，把全院各所的信息资源统一进行整理、加工和数字化，并建立了VPN网络，实现了全部信息资源上网，形成了基础文献数据库服务体系，向全院提供信息服务。

（3）渔业发展战略研究方面。渔业发展战略研究是以信息分析学、经济学和管理学等为基础，以产业需求为导向，应用软科学研究手段，为行业的发展提供政策分析和决策依据。近年来，我国渔业发展战略研究主要包括：走中国特色渔业现代化道路的探讨、海洋生物资源开发和利用战略研究、"蓝色农业"与海洋渔业发展战略、水产养殖业发展战略、"海上粮仓"发展战略、休闲渔业发展战略、低碳经济与渔业碳汇、渔业多功能性与渔业新兴产业、全球金融危机及其对渔业发展的影响等。这些研究课题为行业管理和发展提供了有益的决策咨询和智力支撑。

二、国内外发展比较

信息技术的发展日新月异，物联网、云计算、大数据、智慧地球等新概念、新思路不断涌现。当前，信息技术发展趋势呈现如下特点：

（1）信息技术加快融合，集成综合应用趋势明显。物联网、云计算、大数据、智慧地球等新概念虽然各自内涵有所不同，技术侧重点也不同，但随着信息技术的发展加快，也在加速相互融合与渗透。尤其在应用领域，通常需要多种技术作为支撑。国外渔业信息技术发展在现有渔业空间信息技术应用的基础上，加强了与云计算、物联网和大数据等方法的融合，促进渔业空间信息技术应用理论与技术体系的构建和完善。

（2）渔业空间信息技术应用不断深化。与农业信息技术一样，空间信息技术已成为渔业领域应用最广泛、最成熟的信息技术。无论是海洋渔业，还是水产养殖应用，空间观测信息技术在渔船监测、渔业生态环境要素监测、水环境监测、渔业专题制图等诸多方面均有成功应用。随着空间信息技术的自身发展和与其他前沿信息技术的融合，渔业空间信息技术仍将进一步得到深化和完善，形成独特的应用理论体系。

（3）互联网的普及和云计算与大数据等技术的发展。渔业信息资源的共建共享与决策信息服务等从单机系统转变为以互联网应用与信息服务为主的综合应用，朝专业化、多媒体化、实用化的方向发展，更加重视信息资源的服务能力。国外当前的发展方向为：一是加强了各类渔业专题数据库建设及共享，适应网络化发展需求；二是构建了基于互联网的渔业生产及管理决策信息服务系统，满足各类专题信息平台应用的业务化与即时性需求；三是加强了渔业文献数据库共享，为其他渔业学科发展提供科技支撑。

（4）移动通信发展快，渔业信息服务朝大众化、个性化方向发展。以手机定位、导航定位等为基础的移动通信技术已经在其他行业得到成功应用。渔业移动通信技术的发展趋势是，重点开展基于位置的渔业信息服务与应用，如基于位置的海洋渔船渔情信息服务、水产养殖点的信息服务、水产品追溯的食品安全信息服务等，实现渔业信息服务的精准化与个性化。

对比国外应用研究现状，在渔业信息技术领域，我国差距明显，原创性集成创新能力落后。在空间信息技术的渔业应用领域，我国总体上虽然在遥感渔场监测、GIS 的渔业栖息地评价、水产养殖遥感监测、渔船监测与渔政管理指挥系统等研究方向上取得了很大成绩，但与国际先进水平还有相当距离。在自动化控制、数字通信以及物联网技术应用方面，成熟的专题示范性或业务化应用系统不多，推广应用少，对产业的支撑力度不足；人才队伍规模较小，研究团队综合实力弱；大型的专业数据库建设不足，种类少，覆盖面小，数据量不多，渔业信息标准化研究严重滞后。

在渔业信息化与信息资源的开发利用方面。我国与发达国家相比差距更为明显，主要体现在信息基础设施落后，信息化制度不完善，渔业信息化建设应用开发分散，总体建设缺乏顶层设计，信息共享、业务协同和服务应用程度需进一步提高。渔业信息资源建设是一项长期的基础性工作，它是渔业科学研究的基础，同时也是渔业信息化的重要内容。物联网、大数据（数据挖掘）、云计算等现代信息技术都依赖于海量的、规模化、可利用的数据资源开发。我国虽然在这方面做了一些工作，但所建的数据库或信息平台基本上还都是一个个信息孤岛，未能从整体上形成完整的可相互关联的信息网，缺乏信息资源建设的整体规划和完善实施的管理方案。另外，各单位在对此重视程度也不够，无论在立项、经费、人员等各方面都不能得到充分的保障。

在渔业发展战略研究方面。发达国家渔业统计数据较齐全、时间连续性也较好，产业发展政策与管理研究常常有相应数据库支持。政府或研究机构建立了相应的渔业经济分析预测平台。我国渔业统计数据的实用性、系统性、延续性亟待提高，服务于产业经济与战略研究的数据库和渔业经济分析预测平台亟须进一步完善。另外，发达国家的渔业战略研究是行业内外专家、多学科共同参与的研究，在实证研究和规范研究相结合的基础上，更注重数据支持、统计分析和案例调查等实证研究。我国渔业政策与管理研究也开始注重数据分析和案例调查，但深度和广度不够。

三、我国发展需求与对策

1. 发展需求

（1）我国渔业水域生态安全问题突出，亟须开展面向全国渔业环境变化遥感监测。水环境是渔业生产的物质载体和人类食物的重要来源，其变化和波动直接影响到渔业资源和人类命运。当前，随着城市化进程的加快，大量工业和生活排污、围填海工程、水电工程、航运河道整治工程、石油溢/泄漏事故以及过度捕捞等，对渔业资源及其生态环境造成了重大影响，水域生态安全问题已经严重影响到我国渔业的可持续发展。据监测，渤海海域的生产力水平已经不足 20 世纪 80 年代的 1/5，长江流域年可捕捞产量已从 50 年代的 40 多万吨下降到 2015 年的 10 万吨左右，白鳍豚已难觅踪迹，中华鲟、江豚等珍稀水生野生动物濒危程度加剧；而在近海海洋生物种群中，有开发潜力的种群比例也不断下降，而过度开发的种群却在大幅上升。然而，常规的野外调查方法由于受到采样覆盖的时间和空间的限制，使其只能在局部地点和特定的时间获得水环境监测数据。例如，我国渔业生态环境监测网络体系的数据主要来自分布在全国各海区和主要流域的 40 多个监测站，它们之间相距数百千米，且监测的时间频次较低，因此在较大的空间尺度上，很难获取足够的反映总体分布特征的数据，从而得出对水域生态环境变化全局性的认识。另外，这种依赖于自下而上层层上报的统计数据所存在的不确定性常常让管理决策人员感到无能为力，其时效性也远滞后于环境本身的变化速度。因此，迫切需要建立面向中国全境的准确探测渔业水环境变化的能力，例如以卫星遥感信息技术为手段，在大尺度上实现渔业水环境变化的快速监测，并建立基于地理信息技术的渔业环境污染与灾害信息快速分析、决策制定、实时发布的应急反应系统。

（2）远洋渔业发展竞争加剧，需要为产业发展提供高新技术支撑。2013 年国务院发布的《关于促进海洋渔业持续健康发展的若干意见》，明确指出了今后一定时期我国海洋渔业"控制近海、拓展外海、发展远洋"的战略方针。国际上，远洋渔业已经由简单的捕捞开发向资源管理及生态保护等负责任捕捞渔业方向发展。我国作为远洋渔业大国，尚未构建完整的海洋遥感观测技术体系和实现全球渔场海域的无缝监测，使大洋渔场渔情预报无法得到足够的数据源，渔业资源开发和渔场渔情预报种类缺少前瞻性，远洋渔船监测管理与信息服务系统尚未建立，大洋渔业生态环境研究基础薄弱。这些均使我国远洋渔业国际竞争力不强，不仅制约着我国远洋渔业的进一步发展，而且也是影响我国远洋渔业实现负责任捕捞的重要技术瓶颈。因此，进一步跟踪前沿信息技术，通过技术集成应用与创新，开展远洋渔场探测、助渔装备与加工、渔船监测管理等一体化的研发，实现远洋渔业全产业链的信息化与数字化发展。

（3）渔船管理及渔港规划建设任务艰巨，亟须强化信息技术支撑。随着海上极端灾害天气事件多发，我国周边水域生产形势复杂化和海上渔事纠纷的尖锐化，加上渔船渔港基础设施薄弱、渔业安全生产基础工作相对滞后，渔业安全生产管理的任务日益加重，渔业安全应急处置工作难度日益加大。此外，与加快推进现代渔业建设的要求相比，渔政信息化装备设施建设还存在重点区域不突出、重点水域不覆盖、整体发展不平衡的问题，渔船自动识别系统、渔船船位监测系统、渔港监控系统等安全监控系统目前只是在部分省或部分水域渔船应用，在涉外管理任务繁重的中韩渔业协定、中日渔业协定等水域及多数大中型渔船上还未得到应用，渔船安全应急和救助体系建设尚不健全，缺乏信息化和可视化的技术手段，应急处理能力和快速反应能力仍然不高；肇事船逃逸案件呈上升态势，认定肇事船只非常困难，严重威胁海上渔业安全生产秩序，保障渔民生命财产安全，维护渔民权益的任务十分艰巨。同时，"三无""套牌"船舶的大量存在严重损害渔业水域生态安全和生物多样性。渔业资源衰退，产业发展的资源环境基础受到严重威胁，加快推进现代渔业建设面临的资源环境刚性约束更加突出。

（4）水产养殖及水产品信息采集时效差，需要开展全过程监测及追踪。我国是世界水产养殖产量最大的国家，水产养殖产量也占我国渔业产量的约2/3。但我国水产养殖发展也存在着水产养殖自身污染、水产养殖无序发展、养殖水产品食用安全等诸多问题。由于大部分养殖区交通、通信条件差，养殖管理手段落后，水产养殖全过程的监测管理及追溯实现难度大。近年来移动通信、物联网等技术的发展为实现养殖全过程监管与追踪提供了可能。在水产养殖的关键环节，充分利用信息技术不仅可以提高水产养殖生产效率，而且有助于实现科学化的精准水产养殖。在宏观层面，应注重应用遥感等空间信息技术，开展养殖方式与结构变化的长时间序列监测，掌握水产养殖的时空分布规律，阐明水产养殖业发展对生态文明建设的贡献，为进一步发展水产养殖与规划布局提供技术支撑。在微观层面，重点应用物联网、移动通信、电子技术等，开展养殖水质实时监控、工厂化养殖监测、水产品安全追溯、养殖专家系统等研究，实现养殖全产业链的监控或重点养殖区养殖生产的智能化管理。

2. 发展对策

（1）战略定位。以"新四化"建设为指导方针，重点围绕渔业生产及管理需求，以转变渔业生产方式、推进渔业现代化和生态文明建设为核心，构建需求驱动的学科研究和发展机制。通过技术示范和产业化应用，确立信息技术在产业发展、渔业科技进步和部分学科发展中的重要支撑作用与引领地位，构建"需求驱动、集成创新、产业应用、信息服务"的学科研究与发展新格局，加快提高我国渔业信息化和渔业现代化发展水平。

（2）发展路线图见图1。

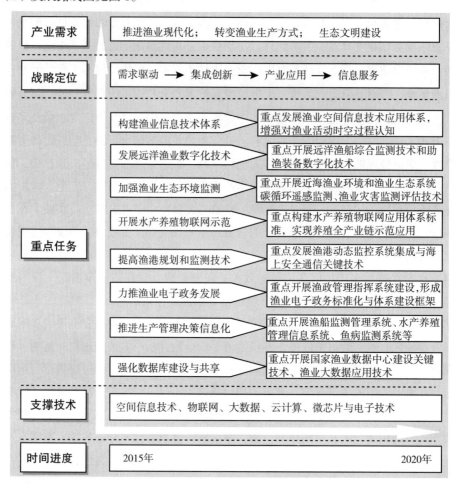

图1　发展路线图

3. 重点任务

围绕我国近海渔业资源与生态环境保护、海洋渔船监测管理与渔港规划建设、远洋渔业资源开发、水产养殖全产业链信息采集与决策管理、渔业数据共享与开发利用等重点需求，重点深化空间信息技术的渔业专题应用研发和推广示范，拓展物联网技术的渔业应用与集成创新，加强渔业数据信息共享平台建设等，加速助推渔业现代化建设与渔业信息化发展。

（1）深化渔业资源与生态环境遥感监测应用，为生态文明建设提供支撑。围绕我国远洋渔业生产及渔业资源评估与开发利用的需求，构建渔场渔情预报模型，开发可业务化应用的全球主要远洋渔业捕捞海域的渔情信息服务系统；围绕渔业生态恢复和生态文明建设，通过构建近海及内陆渔业生态环境空间观测数据中心，分析如何增强抵御台风、洪水和其他自然和人为威胁的能力。

主要的关键技术包括：渔场环境的遥感监测与信息提取技术、渔场环境与渔获数据的可视化分析技术、渔业生态环境区划与建模技术、渔业生态系统天地一体化监测技术、渔业水体污染遥感监测及生态效应分析系统构建技术等。

（2）发展水产养殖信息智能采集技术，推动水产养殖现代化。针对我国水产养殖区域面积广、养殖种类与类型多样、产业规模大的特点，利用遥感技术监测获取养殖面积等信息，掌握水产养殖的区域分布特点，提高水产养殖统计信息的准确性和养殖规划的针对性；以物联网技术为信息获取基础，开展水产养殖感知技术、组网技术、智能控制技术、预警预报技术等研究，收集汇总水产养殖关键环节数据，建设水产养殖专题数据库，开展水产养殖大数据应用；以水产养殖生态环境研究为理论基础，构建水产养殖生态环境模型及生长模型等，建立完整的智能化水产养殖技术体系，开发不同养殖种类或不同养殖区域的水产养殖信息管理系统或决策支持系统。

关键技术包括：水产养殖遥感监测与信息提取技术；水产养殖的适宜性评价技术；水产养殖信息的数据库构建技术；水产养殖水质智能感知监测与预警技术；水产养殖水质生态模型、生长模型构建技术；水产养殖过程的信息标准化与控制技术；水产养殖信息的知识发现与分析模型技术。

（3）加强渔船监测管理及渔港规划建设，助推海洋渔业现代化。围绕我国渔船渔港监督管理中存在的突出问题，以渔船渔港数字化体系建设为目标，以信号与信息处理技术、射频识别技术（RFID）、互联网及通信等技术为基础，开展数字化集成应用研究。重点研究内容包括基于多技术融合的渔港动态管理关键技术研究；海洋渔船自组织通信网络关键技术研究；船港一体化动态监测关键技术研究等。

关键技术包括开展基于多技术融合的渔港动态管理关键技术研究、海洋渔船通信网络中继放大和多点接入技术以及海洋渔船通信网络路由选择算法及组网技术研究工作。同时，开展船港一体化动态监测关键技术研究和全国渔船、渔港数据中心建设研究工作。

（4）拓展前沿信息技术渔业应用，促进生产及管理决策信息化。围绕我国渔业发展存在的生产与管理效率低、信息化水平落后、决策不科学等突出问题，以提高渔业生产及管理决策的信息化、科学化为目标，重点利用互联网、移动通信、数字通信、多媒体、数据库等信息技术，开展水产养殖管理信息系统、海洋渔业生产信息系统、渔政管理信息系统、渔业科研管理信息系统、渔业灾害风险评估信息系统、水产品价格信息系统等通用的渔业信息服务平台或市场导向类的渔业专题信息服务系统等。

关键技术包括：渔业数据库构建技术、渔业信息标准化、渔业移动信息服务技术、渔业数字信息技术、渔业多媒体信息采集与发布技术、渔业信息虚拟技术、渔业图像智能识别技术等。

（5）加强渔业数据库建设与共享，为渔业科研及管理提供保障。开展数据挖掘与智能信息处理、海量数据存储、个性化推荐等技术在渔业科学数据资源建设与社会化服务中的应用研究；通过机构知识库建设，利用数据挖掘、文献计量分析、竞争情报分析、决策支持、大数据等理论与方法，研究专题报告自动化生成技术等，为相关学科发展和重大技术攻关提供依据。

四、"十三五"项目建议

1. 我国近海渔业生态环境监测及评估

海洋渔场环境的变化是影响海洋渔业资源丰度变化、渔场时空分布变化及其年际波动的重要因素。主要研究内容包括：我国近海主要河口冲淡水、关键流系以及各种冷暖水团的时空变化规律及对我国近海渔业生态环境的影响；针对渔场环境年际波动变化大的特点，通过遥感监测海洋渔场生态环境要素的周年变化及时空变动，结合鱼类洄游规律和资源评估信息，构建业务化应用的渔场生态环境监测与分析系统，逐步研究摸清黑潮摆动、河口区冲淡水消长变化等中尺度环境特征对近海渔业生态影响的环境驱动机制，为更合理地确定休渔期或进行弹性的休渔管理提供政策依据。

2. 我国水产养殖数据采集体系建设

水产养殖是现代渔业的重要构成部分，现代水产养殖发展要求生产的集约化、自动化、智能化和信息化，水产养殖数据采集体系建设是现代水产养殖四化实现的基础。主要研究内容：研究满足现代水产养殖各产业要求的，包括生产、环境、管理、经济等在内的数据采集内容、标准、方法及运行机制，提供水产养殖智能控制处理技术、水产养殖产业预测预警技术等技术研究的数据支撑。

3. 远洋渔场渔船监测及信息服务应用示范

（1）海洋动力卫星的渔场环境分析技术。主要在前期工作基础上，利用我国自主海洋遥感卫星和海洋动力卫星，开展高精度海洋渔场判别及预报技术，完善业务化应用关键技术，实现渔场识别时间频度达到每周 2 次，空间精度达到 0.5° × 0.5°。

（2）精准渔场判别及鱼群现场侦测技术。主要开展鱼群洄游与现场侦测技术、多源信息的渔场精准判别技术等，实现从宏观到微观的渔场判别及预测。

（3）自主远洋渔船信息化监管监控技术。主要开展电子渔捞日志智能采集技术、集成北斗卫星和 AIS 卫星的远洋渔船监控技术应用示范、基于遥感影像的区域捕捞强度评估技术等研究，构建不少于 50 艘渔船的远洋渔场渔船监控示范应用系统，实现渔船捕捞渔获、船位及相关信息的一体化采集与传输，提高渔场渔船作业安全水平。

（4）基于渔船位置的渔场渔情信息服务技术。以渔船实时监控示范系统为平台，研究基于位置的海洋渔业信息服务技术，为渔船提供精细化的综合信息服务，为远洋渔业发展提供高技术支撑。

4. 渔业生态系统碳循环多尺度遥感监测技术

在生态系统尺度上研制定量估算渔业生态系统碳通量的方法；在卫星遥感观测尺度上研制定量估算渔业生态系统碳通量的方法；开展生态系统碳通量观测结果与卫星遥感观测结果的尺度转换和模型校验；根据水利工程设施对水文水情的可能影响进行情景假设，分析各情景下渔业生态系统碳循环过程的变化，定量分析渔业生态系统生态过程对人类活动影响的响应机制。

5. 渔场时空尺度的定量表达及最佳时空尺度选择

渔场具有典型的时空尺度和变化特征。重点以某远洋捕捞种类和渔场为对象，利用卫星遥感数据和渔业捕捞数据，研究海洋环境对渔场时空变动的驱动机制与时空尺度效应。主要包括：渔场分析的环境因子最佳时空尺度确定、不同时空尺度的环境因子转换与表达方法、渔场环境对渔场变动的驱动机制分析等。

6. 近海渔船监测监控与渔政执法管理示范应用系统

通过集成应用"3S"空间信息技术和卫星通信等技术，开展渔船的实时动态监测、渔船分布监测等，掌握渔船作业动态与渔船作业行为，为渔政执法管理、渔船作业安全预警和资源保护等提供技术支撑。关键技术包括有基于卫星导航的渔船动态实时监控技术、基于遥感影像的渔船时空分布解析技术、基于 RFID 技术的渔船身份识别技术、渔政综合管理决策支持技术、基于 AIS 的渔船作业安全预警与避碰救助技术、渔场捕捞信息的自动采集技术等。

7. 渔业灾害的监测、预警及损失评估方法研究

主要是通过应用空间信息技术、无线传感器网络技术以及灾害损失评估模型的构建等，开发渔业灾害的快速监测及预警系统，实现对海洋赤潮、海洋浒苔、蓝藻水华、溢油、低温冻害等渔业灾害的监测、快速预警及灾害损失评估，构建渔业灾害的防灾减灾技术体系。关键技术包括海洋赤潮、海洋浒苔、蓝藻水华、海洋溢油等遥感监测及预报预警技术、渔业灾害风险分析与损失评估技术等。

8. 水产养殖过程监控与水产品安全追溯示范系统

针对水产养殖过程的各个环节与重要阶段，利用数字通信、无线传感网络（WSN）、无线射频（RFID）及云计算技术等，研究养殖水体水质的在线监控、自动投饵控制、水产品安全追溯等技术，实现水产养殖全过程的监控与管理。关键技术包括养殖水体水质多参数的在线监测技术、养殖水体水质监测信息的无线传输技术、养殖过程信息流传递与控制技术、养殖饲料投饵自动化控制技术、养殖水产品质量安全监控技术、鱼类影像数字化与自动识别技术、养殖水产品信息编码与追溯技术等。

9. 水产养殖物联（标准）服务体系建设

研究并开发适用于现代渔业不同行业（特别是开放、室外水产养殖环境条件下）应用的高可靠、低成本渔业物联网专用传感器及设备，解决物联网技术在渔业上应用的传感层关键技术。针对渔业生产现场，制定我国渔业现场信息全面感知技术应用标准，信息传输规范和标准，感知设备智能接口标准，感知设备性能检验标准。研究现代渔业不同行业中作业过程，作业模型建立，作业安全与风险控制以及感知数据的处理方法，解决物联网技术在渔业上应用应用层关键技术。

10. 海洋渔船渔港数据中心建设关键技术研究

开展基于 AIS、北斗卫星、海事卫星等多源船位数据信息分析和数据集成共享研究；

研究与管理信息数据交换的接口设计研究（如渔政管理指挥系统）；渔船渔港数据信息智能化云服务的模式研究；面向海量空间信息的渔船渔港云存储平台架构研究；渔业海量信息的数据仓库建设关键技术研究；面向主题的智能化平台搜索技术研究等。

11. 国家渔业数据中心建设关键技术研究

开展基于云计算/云存储关键技术的渔业数据中心总体架构的研究，以模块化、自动化、高效节能为设计目标，实现计算和数据资源存储与管理；开展异构信息系统融合、集成等关键技术研究，为数据交换共享和数据平台建设提供技术支撑；开展面向渔业科学数据的信息资源采集、智能搜索及信息安全等技术研究；进行基于渔业大数据的服务模式技术研究，包括数据分析挖掘、数据个性化服务、数据推送技术，为数据应用提供方便、快捷、有价值的数据服务；针对渔业科学数据应用，研发基于移动互联网的多终端数据信息应用服务系统，扩展渔业信息技术的应用平台，为渔业数据中心建设提供技术支撑。

12. 养殖盐碱水域遥感监测及分类技术研究

针对我国盐碱水域范围广、盐碱化程度高及其水化学组成的复杂性和多样性特点，选择重点区域开展养殖盐碱水质监测与光谱测量，建立典型的盐碱水光谱库，进行盐碱水的遥感监测并建立盐碱养殖水体数据库，进行宜渔盐碱水域评价和掌握不同类型盐碱水域的养殖水体分布，为盐碱地综合治理和开发利用提供决策支撑。

13. 渔业科研机构知识库建设

机构知识库是机构实施知识管理的工具，是机构有效管理其知识资产的工具，也是机构知识能力建设的重要机制。围绕科研院所科研发展，开展机构知识库建设，增强科研成果及知识产权的影响力，提高科研成果转化能力及创新能力。

—— 参考文献 ——

［1］E.Chassot，S.Bonhommeau，G.Reygondeau，et al.Satellite remote sensing for an ecosystem approach to fisheries management［J］.Ices Journal of Marine Science，2011，68：651–666..

［2］V.Klemas.Fisheries Applications of Remote Sensing: An Overview［J］.Fisheries Research，2010，doi：10.1016/j.fishres.2012.02.027.

［3］A.Knudby，E.LeDrew，A.Brenning.Predictive mapping of reef fish species richness，diversity and biomass in Zanzibar using IKONOS imagery and machine–learning techniques［J］.Remote Sensing of Environment，2010，114：1230‑1241.

［4］M.X.，Niu，X.S.Jin，X.S.Li，.Effects of spatio–temporal and environmental factors on distribution and abundance of wintering anchovy Engraulisjaponicus in central and southern Yellow Sea［J］.Chinese Journal of Oceanology and Limnology，2014，32（3），565–575.

［5］J.Pan，Y.Sun.Estimate of Ocean Mixed Layer Deepening after a Typhoon Passage over the South China Sea by Using Satellite Data［J］.Journal of Physical Oceanography，2013，43：498–506.

［6］S.L.Shang Z.P.，Lee，G.M.Wei Characterization of MODIS–derived euphotic zone depth：Results for the China Sea［J］.

Remote Sensing of Environment，2011，115：180-186.

［7］ W.Turner，S.Spector，N.Gardiner，et al.Remote sensing for biodiversity.science and conservation［J］.Trends in Ecology and Evolution，2003，18（6）：306-314.

［8］ B.Kumari，M.Raman.Whale shark habitat assessments inthe northeastern Arabian Sea using satellite remote sensing［J］.International Journal of Remote Sensing，2010（31）：379-389.

［9］ V.D.Valavanis，G.J.Pierce，A.F.Zuur，et al.Modelling of essential fish habitat based on remote sensing，spatial analysis and GIS［J］.Hydrobiologia，2008，612（1）：5-20.

［10］ A.R.Longhurst.Ecological Geography of the Sea［M］.London：Academic Press，.2007：552.

［11］ B.Planque，J.M.Fromentin，Cury，P，et al. How does fishing alter marinepopulations and ecosystems sensitivity to climate？［J］.Journal of Marine Systems，2010，79：403-417.

［12］ W.W.L.Cheung，V.W.Y.，Lam，J.LSarmiento，et al. 2010.Large-scale redistributionof maximum fisheries catch potential in the global oceanunder climate change［J］.Global Change Biology，2010（16）：24-35.

［13］ 曾首英，静莹，张晓琴，等.世界鱼类数据库（FishBase）的建设与应用研究［J］.中国农学通报,2010(16)：382-387.

［14］ 曾首英，闫雪，静莹.我国渔业信息化发展现状与对策思考［J］.渔业信息与战略，2013（1）：20-26.

［15］ 李道亮，傅泽田，马莉，等.智能化水产养殖信息系统的设计与初步实现［J］.农业工程学报，2000（4）：135-138.

［16］ 王秋梅，高天一，刘俊荣.可追溯水产品信息管理系统的实现［J］.渔业现代化，2008（5）：56-58.

［17］ 周琼.基于 GIS 的太湖渔业资源管理信息系统的开发与研究［M］.南京农业大学，2012.

［18］ 王娜.泛在网络中信息资源管理的国内外研究综述［J］.图书馆研究，2014（14）：13-18.

［19］ 胡刚，马昕，范秋燕.北斗卫星导航系统在海洋渔业上的应用［J］.渔业现代化，2010，37（1）.

［20］ 赵树平，姜凤娇，孙庚，等，渔船安全救助信息系统的研究［J］.大连海洋大学学报，2015（10）：261-268.

［21］ 王立华，黄其泉，徐硕，等.中国渔政管理指挥系统总体架构设计［J］.中国农学通报，2015（10）：261-268.

［22］ 岳昊，欧阳海鹰，曾首英，等.浅谈中国鱼类多样性数据库建设现状——以 FishBase 为例［J］.中国农学通报，2013（8）：59-63.

［23］ 潘兴蕾，于文明，吕俊霖.新型渔业信息服务模式的探索与构建［J］.农业图书情报学刊，2013（9）：182-184.

［24］ 孙瑞杰，李双建.世界海洋渔业发展趋势研究及对我国的启示［J］.海洋开发与管理，2014（5）：85-89.

［25］ 李哲敏，徐琛卓，陆美芳，等.南非农业信息共享服务体系［J］.世界农业，2014（12）：12-17，182.

［26］ 吴维宁，卢卫平.美国国家渔业信息网络建设及其启示［J］.中国水产，2005（6）：33-34.

［27］ 王立华，孙璐，孙英泽.渔业科学数据共享平台建设研究［J］.中国海洋大学学报：自然科学版，2010，40（9）：201-206.

［28］ 黄巧珠，吕俊霖，麦丽芳.我国渔业科学数据库的现状与发展趋势［J］.安徽农业科学，2009，37（32）：15977-15978.

［29］ 杨宁生.现阶段我国渔业信息化存在的问题及今后的发展重点［J］.中国渔业经济，2005（2）：15-17.

［30］ 宋转玲，刘海行，李新放，等.国内外海洋科学数据共享平台建设现状［J］.科技资讯，2013（36）：20-23.

［31］ 张胜茂，杨胜龙，戴阳，等.北斗船位数据提取拖网捕捞努力量算法研究［J］.水产学报，2014，38（8）：1190-1199.

［32］ 岳冬冬，王鲁民，张勋，等.我国海洋捕捞装备与技术发展趋势研究［J］.中国农业科技导报，2013（6）：20-26.

［33］ 程田飞，周为峰，樊伟.水产养殖区域的遥感识别方法进展［J］.国土资源遥感，2012，23（2）：1-7.

［34］ 樊伟，周甦芳，沈建华.卫星遥感海洋环境要素的渔场渔情分析应用［J］.海洋科学，2005（11）：67-72.

［35］ 陈雪忠，樊伟.空间信息技术与深远海渔业资源开发［J］.生命科学，2012（9）：980-985.

［36］ A.M.P.Santos.Fisheries oceanography using satellite and airborneremote sensing methods：a review［J］.Fisheries Research，2000（49）：1-20.

［37］ 樊伟，崔雪森，伍玉梅，等.渔场渔情分析预报业务化应用中的关键技术探讨［J］.中国水产科学，2013（1）：235-242.

［38］ 陈新军，高峰，官文江，等.渔情预报技术及模型研究进展［J］.水产学报，2013，37（8）：1270-1280.

撰稿人：杨宁生　樊　伟

ABSTRACTS IN ENGLISH

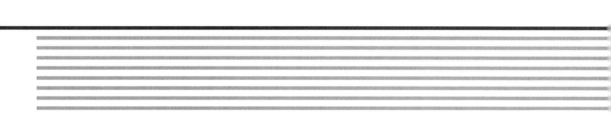

ABSTRACTS IN ENGLISH

Comprehensive Report

Advances in Fishery Science

Significant development has been achieved in fishery science in China from 2013 to 2015.In 2014, the total output of aquatic products reached 64.62 million tons, being the first in terms of production in the world the twenty five consecutive years.Of them, the output of aquaculture is 47.48 million tons and the production from fishing is 17.13 million tons.The export of aquatic products reached 4.16 million tons with a value of US $21.7 billion.

These achievements are close related with the advances in fishery science and technology in China.In recent three years, the development of fishery science and technology is presented as following:(1)Some aspects in Aquaculture Biotechnology have made great progress, even in the leading position of some research fields in the world.(2)Researches on functional gene screening and cloning of aquatic organism, trait-related molecular marker selection and application, molecular marker assisted breeding of mari-culture species, integrated multi - trophic Aquaculture, land-based recirculation aquaculture systems and pond aquaculture engineering etc have made a great progress and a great number of achievements, academic papers and patens have been obtained.The extension of achievements is applied to fisheries and aquaculture, pushing the sectors a great forward.(3)Freshwater fish breeding has obtained fruitful results in typical species. Industrial seedling rearing for freshwater aquaculture in China has reached the world's leading position.Factory circulating water aquaculture has been applied to main candidates such as fish, shrimp, crab and mussel.(4)The research on aquatic animal diseases has been advanced and the studies on the pathogenesis of some important pathogens have made remarkable achievement. The researches on fish vaccine and healthy aquaculture have got good results.(5)Research in fish nutrition and feed technology was being flourished, which improved the rapid development of aquaculture feed industry in China.(6)Fishery drugs discipline system construction and fishery drugs research had made greatly progress, new products and new technology constantly emerging, and the achievements fill the blank in domestic research field.(7)Piscatology discipline carry out lots of research include state policy support , responsible fishery, pelagic fishery resource exploitation and fishery sustainable development in recent years, and the great progress has been made in service assurance,technology support, talent development and science innovation, which provide scientific basis for fishery legislation perfection and standardizing fishery management.(8)Studies on Ocean Ecosystem Dynamics, fishery resources investigation and assessment, stock enhancement, conservation biology effectively provided the progresses of the dynamics of major stocks, biological characteristics and inhabiting environment of fishery resource, and the corresponding protective measures.(9)A series of studies have been conducted by Chinese scientists of fishery environment discipline on the theory and technique requirement of fishery Eco-environment monitoring, assessment and early warning technologies, impact of pollutant to environmental safety of production area and corresponding pollution effect, habitat conservation and restoration, and management of fishery eco-environmental quality.Many achievements have been obtained. (10)The mechanisms of quality change in aquatic products processing and storage has made significant progress.The processing technology, quality and safety control technologies of aquatic products, such as seaweed, sea cucumber, Antarctic krill and freshwater fish has made breakthrough. (11)The new progress has been achieved in the research of new pond culture machinery and subsurface constructed wetland ecological aquaculture system.The efficient purification equipment has been increasingly improved, and the specialized system model has formed for the industrial re-circulating aquaculture.The research on the feeding system, netting washing equipment, and remote monitoring of the deep water cage has made a breakthrough.(12)Fishery information science in China focuses on application of information technologies in fisheries, fishery information collection and management, fishery information analysis.And it has made substantial progress in the application of information technologies, information management and information analysis .

1. Major Achievements

1.1 New varieties for aquaculture

More than 150 species have been applied in the field of aquaculture by 2014, among which

90 were freshwater aquaculture breeding species.There were 29 mari-culture new varieties authorized by the Aquatic Product Original & Fine Variety Approval Committee, and being extended nationwide.

1.2 Development of sustainable aquaculture

Promote efficient and healthy development of aquaculture, by technology upgrading and reforming. Facility technologies have been introduced to help realizing the modern fishery standards of ecological aquaculture, water saving and waste reducing, as well as water quality regulation. Traditional pond aquaculture has been greatly affected and navigated to a more healthy direction.

1.3 Flourish in fish nutrition and feed technology research

Research on many aspects in fish nutrition and feed technology, including requirements of dietary nutrient, the data on apparent digestibility of feed stuffs, protein nutrition and substitution, lipid nutrition and replacement, carbohydrate, vitamin and mineral nutrition, larvae nutrition, relation between dietary nutrients and food safety and quality of aquatic products etc have been carried out and the study on nutriology of aquatic animals has been carried out at nutritive metabolism and gene expression level.

1.4 Etiology of fish diseases and fishery drugs

Researches in this field have been concentrated on various fish diseases and their pathogens, including parasites, viruses and bacteria.Fishery drug metabolism and pharmacokinetics, fishery pharmacology, fishery drug toxicity, fishery drugs safety engineering, and vaccine research in aquatic animal have been the focus of fishery drags researches.Many academic books in this field have been published.

1.5 Net performance and selectivity and standardization of fishing gear

The fishing gear allowed to use, temporary allowed to use or forbidden gear were classified.The allowed and temporary allowed gear were also limited by additional condition.Using expansion canvas in high trawling speed,factors which affects net performance have been studied.he selectivity of the fishing gear improved obviously by increasing the minimum mesh size.

1.6 Conservation and utilization of fishery resources

Studies on Ocean Ecosystem Dynamics, fishery resources investigation and assessment, stock enhancement, conservation biology effectively provided the progresses of the dynamics of major stocks, biological characteristics and inhabiting environment of fishery resource, and the corresponding protective measures.Strengthening the conservation of marine ecological environment and promoting sustainable development ability of marine fisheries are the main tasks of these studies.

1.7 Habitat conservation and restoration of fishery eco-environment

A series of studies have been conducted in this field.Many achievements have been obtained in the revealment of environmental variation dynamics and consequent significance for resource conservation and utilization, healthy development of aquaculture and aquatic food safety; as well as establishment of corresponding system of methods and techniques.environment quality of national key fishery waters was documented by Chinese Fishery Eco-environment Monitoring Network through water, sediment, and organism monitoring at >160 sites, consequently, providing critical data of fishery eco-environment in China.

1.8 Aquatic products storage and processing

The mechanisms of quality change in aquatic products processing and storage has made significant progress.The processing technology, quality and safety control technologies of aquatic products, such as seaweed, sea cucumber, Antarctic krill and freshwater fish has made breakthrough.

1.9 Development of fishery equipment

The efficient purification equipment has been increasingly improved, and the specialized system model has formed for the industrial re-circulating aquaculture.Feeding system, netting washing equipment, and remote monitoring of the deep water cage has made a breakthrough.The fishing equipments such as tuna purse seine hauling machine etc.have been developed.The pond culture equipment technology as a whole in China has reached world-class levels.

1.10 Fishery information science

Focus in this field has been placed on application of information technologies in fisheries, fishery information collection and management, fishery information analysis.The goal is to promote the fisheries development by providing the sector with advanced technologies and useful information. There is substantial progress in the application of information technologies, information management and information analysis.

1.11 Development in aquaculture biotechnology

The progress has been made in several aspects of this field: whole genome sequencing and fine mapping; functional gene screening and cloning: three categories of genes were reviewed according to their functionality, which are sex determination / differentiation, immunity, growth/ reproduction; trait-related molecular marker selection and application; high-density genetic linkage map construction; sex control and unisexual breeding; genome editing technology were successfully applied for genome editing in model fish; aquatic animal cell culture.

2.Future perspectives

The original innovation ability of aquatic seedling industry will continue to increase; the basic theory and applied technology of aquaculture will be further developed; healthy, ecology, intensive and low-carbon farming technology is the future trend.High quality, stress resistant and environmentally safe new good breeds should be selected within widely cultivated species.Key technologies concerning intensive freshwater pond aquaculture systems should be researched and developed with the application of engineering, ecology, biology related approaches.

The research on aquatic animal nutrition and feed exploitation needs further studies.Development of modern molecular nutrition, feed engineering technology and environmental friendly feed could ensure the quality and safety of aquatic products and the sustainable development of aquaculture.

Following researches are needed in the development of fishery drugs: new drugs and dosage forms of fishery drugs; antibacterial peptide and functional carbohydrate; the traditional Chinese drug for treatment of aquatic animal disease; fishery vaccine and the census work of fishery drug resistance about aquatic animal pathogen in some region.

The responsible fishing technology,efficient and eco-friendly fishing gear and fishing method,-comprehensive and systematic deep-sea fishery resource investigation, stock enhancement, conservation biology, application of information technology to fishing sector will be the main research areas for the sustainable development of capture fisheries.

The environment monitoring, assessment and early warning; pollution ecology and environmental safety conservation; adjustment, optimization and restoration of fishery eco-environment; and effective management of the environment quality will be focus in the field of fishery eco-environment.

The interaction of nutrients, quality change mechanism, chemical hazard components migration mechanism in aquatic products processing will be the key factors which affect the development of the aquatic food industry.Studies on these key factors would be emphasized in the next five year plan.

The study of fishery equipment should carry out and expand from the sole equipment R&D to the system model which takes the new equipment R&D as its core.The mechanization, precision and informational level of fishery production will be continuously improved, to accelerate the infomatization and industrialization of fishery.

Written by Huang Shuolin

Reports on Special Topics

Advances in Aquaculture Biotechnology

The domestic and international progress in Aquaculture Biotechnology were presented from seven aspects:(1)Whole genome sequencing and fine mapping: the fish species whose genomes were deciphered in recent years were listed;(2)Functional gene screening and cloning: Three categories of genes were reviewed according to their functionality, which are sex determination / differentiation, immunity, growth/ reproduction.Among each category several representing genes were highlighted in detail;(3)Trait-related molecular marker selection and application: Markers relevant to sex and immunity were summarized in this part.For the former group, due to poor differentiation of sex chromosome, identification of sex-specific markers was limited in half smooth tongue sole, striped beak fish, and tilapia.While immunity-related markers were well developed, numbers of markers regarding various diseases were obtained among many aquaculture species;(4)High-density genetic linkage map construction: High-density genetic linkage map were greatly developed in aquaculture animals.Simple Sequence Repeats(SSR) maps were already finished in half smooth tongue sole, Japanese flounder, common carp, and bay scallop.As a new type of marker emerging with whole genome sequencing, single nucleotide polymorphism(SNP)was recently used for constructing high-density maps in half smooth tongue sole, Japanese flounder, channel catfish, and Nile tilapia;(5)Sex control and unisexual breeding: "Study on fish sex control and haploid breeding technology" supported by special scientific research fund of agricultural public welfare profession of China has gained valuable experience in sex-specific marker screening, artificial gynogenesis and sex control technology.As the symbolic achievements of this project, the book "Fish sex control and cell engineering breeding"(editor-in-chief, Songlin Chen)was published;(6)Genome editing technology: TALEN and CRISPR were successfully applied for genome editing in model fish while they were still poorly employed in aquaculture.However, the enormous benefits of applying genome editing on aquaculture are urgently calling for relieving technical bottleneck in non-model animals.(7)Aquatic animal cell culture: The Asian research groups have become the main force in establishing fish cell lines, which greatly refined vertebrate cell research platform.Although researchers have attempted hardly in sea urchin, shrimp, amphioxus, invertebrate cell lines are yet to be established.

The overall trend of aquaculture biotechnology development, home and abroad, was analyzed and compared.The considerable progress of research and investigation, as well as existing problems and shortcomings, were also summarized among the past three years.In general, domestic groups have made significant progress on genomics and some already reached the world top level; Research on molecular marker screening and application has taken shape.In comparison, study on functional genomics fell behind and whole genomic selection has just got off the ground.

As the project "The exploration of genetic resource and the establishment and application of germ plasm creation technology in marine flatfish" was honored "2014 National Award for Technological Invention 2nd Prize".This significant achievement was presented, including detailed introduction of several original innovations.

The outlook and future countermeasures for aquaculture biotechnology were proposed.From the author's perspective, four fields are supposed to the most promising hotspots that are worth intensive investigation in the near future, e.g.genome editing technology, sex control technology, "omics" derived from genomics, whole genomic selection in aquaculture animal.

Written by Chen Songlin, Xu Wenten

Advances in Mariculture

Significant development has been achieved in mariculture during 2014-2015.There were 29 mariculture new varieties authorized by the Aquatic Product Original & Fine Variety Approval

Committee, and being extended nationwide.At the same time, a great deal of fruitful work has been done on genome sequencing and molecular marker assisted breeding of mari-culture species, Integrated Multi-trophic Aquaculture, land-based recirculation aquaculture systems and pond aquaculture engineering etc.and a great number of achievements, research papers and patents have been obtained.Significant progress was also made in mariculture technology extension, which raised the science and technology contribution rate in mariculture industry.However, China still lags behind in the world in mariculture fine variety breeding, and the level of automation and mechanization.Mariculture industry in China has to tackle with five major problems: (1) To establish the core position of seedling industry, and promote the level of fine variety application; (2) To emphasize product quality, and advocating for sustainable development; (3) To promote efficient and healthy development of mariculture, by technology upgrading and reforming; (4) To quicken the industrialization of high and new technology, and motivate mariculture expansion with high efficiency; (5) To strengthen applied research, and enhance mariculture industrialization.In view of future trends and strategies for China mariculture, our opinion is that, the original innovation ability of aquatic seedling industry will continue to increase; the basic theory and applied technology of mariculture will be further developed; healthy, ecology, intensive and low-carbon farming technology is the future trend; it is important to make steady headway for basic and applied research, so as to provide stamina for mariculture development.

Written by Wang Qingyin, Liu Hui, Li Jian, Guan Changtao,
Meng Xianhong, Jiang Zengjie, Wang Xiuhua, Luan Sheng, Chen Ping

Advances in Freshwater Aquaculture

Freshwater aquaculture chain has been gradually improved in China, the domestic freshwater aquaculture is now being established towards a way of sustainable development including water resource saving, environment friendly and quality safety.The yield of freshwater aquaculture was 29.36 million tons in 2014, which accounted for 45.4% of total aquaculture production.The freshwater aquaculture chain serves as a systematic industry which integrates basic and applied researches, involving key links between breeding, nutrition, feed, cultivation, transport and processing.

With the support of the Key Technologies Research and Development Program of China, freshwater fish breeding has obtained fruitful results in typical species such as grass carp, black carp, silver carp, bighead carp, common carp, crucian carp, blunt snout bream.Special cultivated freshwater species such as largemouth bass, yellow catfish, snakehead hybrids, catfish, culter hybrids have advantages in growth traits.Five breeding species have been cultivated in shrimp and Chinese mitten crab.A breeding species of triangle sail mussel named "Zizhu No.1" has been obtained in 2014.More than 150 species have been applied in the field of aquaculture by 2014, among which 90 were freshwater aquaculture breeding species.Over 90% freshwater aquaculture breeding species are developed by research institutes and universities focusing on aquaculture, which has made tremendous contributions to freshwater aquaculture industry in our country.

Since 2013, fishery has been developing in a way of sustainable aquaculture.Facility technologies have been introduced to help realizing the modern fishery standards of ecological aquaculture, water saving and waste reducing, as well as water quality regulation.Traditional pond aquaculture has been greatly affected and navigated to a more healthy direction.

Pond aquaculture includes freshwater fish cultured in lakes and cages.High-quality freshwater pond aquaculture has been established to have a complete industrial chain.However, small-scaled and scattered ponds restricted the application of intensive aquaculture.

Industrial seedling rearing for freshwater aquaculture in China has reached the world's leading position, factory circulating water aquaculture has been applied to main candidates such as fish, shrimp, crab and mussel.Other high-valued species like tongue sole, turbot, grouper, puffer fish and rainbow trout also succeed with factory circulating water aquaculture.

Compared with freshwater aquaculture in China, foreign colleagues focus on less species with more investment and better facility technology.They started earlier the whole genome sequencing in main freshwater aquaculture species, meanwhile, they have much more advantages in modern technologies, including whole genome breeding, molecular breeding and genome mutation breeding.Moreover, foreign colleagues pay more attention on intensive, industrial and mechanized aquaculture, making great efforts to develop patterns of ecological aquaculture.

The coverage rate of improved breeds of freshwater aquaculture is not high.Germ plasm decline and frequent diseases were more serious for freshwater aquaculture.To improve the production level of freshwater of high quality freshwater aquaculture seeds, high quality, stress resistant and environmentally safe new good breeds should be selected within widely cultivated species.

Key technologies concerning intensive freshwater pond aquaculture systems should be researched and developed with the application of engineering, ecology, biology related approaches.Minimizing the impact of pond aquaculture on environment could meet the requirements of sustainable development.

For factory circulating water aquaculture, the stability of water treatment system, reliable performance, accurate management of breeding system technology standards, industrial seedling rearing and facilities and equipment should be strengthened.

Written by Li Jiale，*Zou Shuming*，*Qiu Gaofeng, Liu Qigen, Tan Hongxin, Huang Xuxiong*

Advances in Disease Research in Aquaculture

Research in diseases of cultured fish and shellfish has contributed significantly to the sustainable development of aquaculture industry in China. Over the last two years, various progress has been achieved in relation with parasitic diseases, bacterial diseases, as well as viral diseases. In freshwater aquaculture, myxosporeans in crucian carp have attracted attentions, and the life cycles and the invasion into fish host as well as the pathogenicity have been investigated in several species of myxosporeans. It is also noticeable that a series of chemicals from Chinese medicine herbs have been characterized to treat the pathogen of "white spot disease", *Ichthyophthiriusmultifiliis*, and various effects have been made to identify possible immunogens from *Cryptocaryon irritans* for possible vaccine development. Bacterial diseases have been the major threat in aquaculture in China. Quite a few bacterial pathogens have been the focus of research. *Edwardsiellatarda* has been the subject of research in several laboratories, and it is shown that based on the composition of secretion systems, *Edwardsiellatarda* can be further divided into *Edwardsiellaanguillarum*, *E. piscicida*, and of course *E. tarda*. The type III and type VI secretion systems are of particular interest of research, and their pathogenicity are gradually elucidated. On the other hand, attenuated mutants of *E. tarda* have been developed as vaccines. In terms of *Flavobacteriumcolumnare*, the causative agent of columnaris disease, a successful gene deletion strategy has been developed for examining the virulence factors, which can be recognized as a significant progress in *Flavobacterium* research. Other bacteria, including species in the *Aeromonas*, *Vibrio*, and *Streptococcus* have also been the focus of research in quite a few laboratories in China, due to their damages in aquaculture in China. Some viraldiseases, including Grass carp reovirus (GCRV), iridoviruses, and some newly emerged Cyprinid Herpesvirus 2 have been investigated in respects with their genomes, pathogenicity to reveal the genotypes viral pathogens and also the molecular mechanisms involved in invasion and pathogenesis. Overall, the pathogenicity of bacterial and viral pathogens have been investigated at molecular level, and possible gene-manipulated vaccines have been under development and may even be under trials in aquaculture practice.

Written by Nie Pin, Xie Haixia, Chang Mingxian

Advances in Aquaculture Nutrition and Feed

In the past two years, the researches of aquatic animal nutrition and feeding have experienced a flourish development in our country, which provides a boost for the rapid and steady development of aquafeeds and aquaculture.Numerous studies including nutrition requirements of the main cultured fish species, the database construction of the aquafeeds' digestibility, the development of alternative protein and fat sources, the nutrition of broodstock and larvae and the development of efficient environment-friendly feed have been carried out and achieved a wide range of important achievements, making a great contribution to promoting our aquatic feed industry and the sustainable development of aquaculture in China.

1) Nutrition requirements of major aquaculture species and construction of database of raw materials bioavailability

The nutrient requirements of major aquaculture animals in different growth stages were determined and these laid the foundation for the development of precise feed.Protein requirements of 13 kinds of major aquaculture species involving fishes, crustaceans and reptiles were established.The protein requirements range from 24.8% to 45% in different aquatic animals. The essential amino acids requirements of *Barbus capito*, *Litopenaeus vannamei*, *Procambarus clarkia*, *Lateolabrax japonicas*, *Myxocyprinus asiaticus* and *Megalobrama amblycephala* were determined.At the same time, the essential fatty acids requirements of major aquaculture species were also established.The studies about carbohydrate focused on the effects of dietary carbohydrate on growth performance of animals, and the results suggested that the optimal dietary carbohydrate level may be set at between 15% and 35% which was related to the food habit.Furthermore, studies suggested that dietary carbohydrate influence the immunization and triglyceride and glucose metabolism of fish.The optimal copper sources and incorporation level were determined in cobia(*Rachycentron canadum*), and the studies about the selenium requirement of Chinese mitten crabs and the dietary calcium/phosphorus ratio requirement of tilapia fingerling suggested that optimal mineral level can promote survival rate, weight gain rate and immunity of aquaculture animals.A database about bioavailability of 20 kinds of materials in 10 aquaculture species was established.The animal protein sources include fish meal, meat meal, meat and bone meal, chicken meal, blood meal, feather meal, and shrimp powder and the plant protein sources include soybean and soybean by-products, rapeseed meal, cottonseed meal, peanut meal, yeast, distiller's grains and corn meal.

2) The development of new protein and lipid sources

The plant protein sources(soybean meal, cottonseed meal, corn gluten meal, wheat gluten and so on) have been widely used in aquaculture.However, new protein sources should be explored constantly due to the poor palatability, unbalanced amino acid content and richen in anti-nutritional factors of protein sources.The opportunity substitution level of vegetable protein sources has also been investigated recent years.Meanwhile, new protein source(fish protein hydrolysate, housefly maggot meal and silkworm chrysalis meal), compound protein sources(plant and animal compound protein sources)and new technologies(enzymatic hydrolysis technology and fermentation technology) have been developed constantly.The substitution level of new protein sources was also limited, for example, the housefly maggot meal could substitute 20%-60% fish meal.Meanwhile, the compound of new protein source and compound protein sources has also applied in aquaculture.Moreover, new technologies have also been applied in the development of protein sources.These investigations provided new insight for the high efficiency use of fish meal.

Similarly, vegetable oils have also been widely used in aquaculture due to its stable sources, low prices and potential benefit.The substitution proportion of linseed oil to fish oil is between 25%-66.7% in carp(*Cyprinus carpio*), turbot(*Scophthalmus maximus*), tilapia(*O.niloticus*)and so on.The substitution of soybean oil to fish oil should be lower than 66.7% in turbot.However, the substitution percent of palm oil to fish oil in half-smooth tongsue larvae should be in 32%-60%.Meanwhile, studies on the substitution of fish oil is not only limited to the suitable substitute levels, but also exploring the molecular mechanisms related.

3) The research on broodstock and larvae nutrition

Broodstock nutrition affects not only the fecundity, but also the larval quality.Nutrition enhancement and the control of light and temperature shorten gonad development duration, egg-laying period to some extent and significantly improved the egg quality of turbot(*Scophthalmus maximus*).And the regulation of the environmental factors and nutrition enrichment enhanced the average egg amount, floating egg amount, zygote motility rate and hatching rate.Besides, the secretion of sexual hormone of tongue sole(*Cynoglossus semilaevis*)broodstock was promoted by dietary supplementation with high vitamin C level(0.525%).In addition, highly content of vitamin C in diets could improve the reproductive performance and the quality of zygote, promote the hatching rate and decrease the malformation percentage of larvae.

The quality of larvae and the sustainable development of aquaculture will be benefit from study related to the nutrition of larvae.For better developing and using of microdiets, the ontogeny of the activity of digestive enzymes with the development of fish larvae was detected.The mRNA expression of lipolytic enzymes could be detected before first feeding and the lipid utilization capacity increased with the development of large yellow croaker larvae.Different weaning regimes(using zooplankton or formulated feed)could affect the growth, survival and population coefficient of the larvae and juveniles.Experiments were carried out to determine the requirement of nutrient for larvae such as phospholipids, n-3 long-chain unsaturated fatty acid and ARA. Comparative study of protein, peptides and amino acids utilization in large yellow croaker larvae was conducted and the results showed that comparing to intact protein, peptides and amino acids exert their beneficial effects though promoting the expression of PepT1 and CCK.At the same time, the effects of dietary lipid level and fatty acid profiles(DHA, EPA and ARA)on growth performance, digestive enzymes and expressions of lipid metabolism related genes in marine fish larvae(orange-spotted grouper and tongue sole)was also investigated and the results showed that optimum dietary lipid level and fatty acid composition could significantly improve the growth performance and development of digestive system in marine fish larvae.

4) Development of efficient environment-friendly feed

After putting research achievements into production, we successfully developed environment-friendly feeds.Recent years, feed conversion rate of aquatic animal was significantly decreased, for example the feed conversion rate of some marine fish species(Japanese sea bass, turbot, large yellow croaker and grouper)were about 1.0.The feed conversion rate of shrimp ranged from 0.91 to 1.63 and swimming crab from 1.28 to 1.49.It not only increased the feed utilization, reduced feed coefficient, but also reduced more than 15% discharge volume of N and P.The feed formulas can efficiently save non-renewable resources like fish meal and fish oil, meanwhile it can also protect the aquacultural environment by reducing the emission of N/P and heavy metal.

Written by Mai Kangsen, Ai Qinghui, Ren Mingchun

Advances in Fishery Drugs

With the rapidly development of aquaculture in China, aquatic animal disease problems have gradually emerged, and it restricts the development of aquaculture.For the effective prevention and treatment of aquatic animal disease, fishery drug become the preferred method.China's fishery drug industry starts in the early 1990s, after nearly 20 years of development, China's fishery drugs subject system construction and fishery drugs research had made greatly progress, new products and new technology constantly emerging, and the achievements fill the blank in domestic research field.

Now, the Ministry of Agriculture in China had published the official national standards for fishery drug include 147 species(dosage form + specification).In order to promote the construction of discipline system of fishery drug, experts in this field had edited and published some books, including: *fishery drug pharmacy*, *fishery drug preparation technology, fishery pharmacodynamics, fishery drug pharmacology and toxicology,* It is for the first time to systematically summary the research and development of fishery drugs in China .

On the other hand, scientific research institutions also launched fishery drug research work, including fishery drug metabolism and pharmacokinetics, fishery pharmacology, fishery drug toxicity, fishery drugs safety engineering, and vaccine research in aquatic animal.

However, due to the development of China's fishery drug discipline system is shortly than the developed countries, there are many difference in the depth of the study of the fishery drug. Including: (1)Our licensing national standards for fishery drugs include 147 species, but only 10% species had been subjected to drug research. (2)The management of the fishery drug in china is in the control of the post-event of fishery drug residues, and it lack of a prospective decision. (3)China and the major trading countries(EU, United States and Japan)which leads to a limited demand for fishery residues are not consistent. (4)Disable fishery drugs alternative drug development is seriously lagging behind to meet the needs of the development of aquaculture. (5)The same fishery drugs suitable for the use of aquatic fauna division have not yet been established and it lead to the use of drugs on the limitations.

In order to accelerate the development of research of fishery drug, China should make a detailed plan and focus on the following aspects of research, Including: the discipline basic research and construction of fishery drug; research on new drugs and dosage forms of fishery drugs; research on antibacterial peptide and functional carbohydrate, research on the traditional Chinese drug for treatment of aquatic animal disease; research on fishery vaccine; carry out the census work of fishery drug resistance about aquatic animal pathogen in some region.

Written by Wang Yutang, Feng Dongyue

Advances in Discipline of Piscatology

The Piscatology Discipline has focused responsible fishing technology, offshore new fisheries resource exploration and development for the sustainable development in capture fisheries and to meet the need for instituting government policies.Chinese scientists in this discipline made significant progresses in technology support, human resource development and technology innovation, providing scientific basis for fisheries policies and management.Specifically we conducted following research with these notable achievements:

(1)Compiled "National marine Fishing Gear Catalogue" through the three-year systematic survey and data collection in support of China's commitment for responsible fishing operations.

(2)Conducted research on ratio of lifting and sinking forces(L/S), and their relation to sweep and bridle rigging parameter for Antarctic krill midwater trawl and found that as L/s was increased, drag of the trawl was increased but the vertical opening was reduced.

(3)Developed a specialized Antarctic krill trawl and the low-speed horizontal spreader for near-surface krill trawling, significantly improved fishing performance of the trawl with catch rates comparable to similar vessels from other countries fishing on the same fishing grounds.

(4)Conducted codend selectivity studies for shrimp trawls, and found that larger codend mesh sizes significantly reduced bycatch but with minimal impact on shrimp retention.

(5)Conducted research on degradable materials to reduce ghost fishing of lost fishing gears. Montmorillonit(MMT)was modified and dispersed by synchronous modification and dispersion, which helped to prepare nanocomposite fiber of modified MMT and polylacic acid(PLA).It was found that the degradation rate of nanocomposite fiber in seawater could be controlled by the content of MMT, the degree of dispersion, environment temperature and pH levels; Conducted research to resolve problems of unequal lengths of rope's strands and threadsBased on the principle that maximum strengths are achieved when all contributing elements have equal length. By fully utilizing strengths of each thread and strand, we produced low- cost high-strength fiber ropes.

(6)Studied Antarctic krill distribution and found that krill mainly distributed around Zone 48 in the south ocean.The krill distributes vertically between 5.6 and 55.8m, with 90% of schools between 10 and 50m thick.Krill schools are usually thicker in daytime and thinner at night.

(7)Studied distribution of the *Dosidicusgigas*on fishing grounds off Peru, and found that the species distribution was closely related to The El Niño/La Niña events.

(8)Fishing effort based on the precise spatio-temporal position data from Vessel Monitoring System can be accurately estimated.This method has the advantages of real-time and wide range, which provide important technology support for science-based fishery management.

Written by Chen Xuezhong, Huang Hongliang, Li Lingzhi

Advances in Fishery Resources Conservation and Utilization

Aquatic ecosystem plays a critical role in energy flow and matter cycling, climate regulation, environment purification, and pollution control in natural ecosystem.Fishery resource, as the important ingredients in aquatic ecosystem, is the basic target for fishery production and the important source of animal proteins for human beings.In China, the natural fishery resources suffer from multi-stress, including overfishing, climate changes, water environment pollution and habitat deterioration and so on.The structure of fishery resources were greatly changed, and main economic species resources were replaced by the low-valued and small-sized species, finally led to the deterioration of ecosystem function and diversity.In view of the existing items, the government promulgated "Outline of Aquatic Organisms Resources Conservation in China", this further established the key points of fishery industry development in China, including the "conservation-oriented" inshore fisheries and "moderated-utilization oriented" distant water fisheries.The strategy of fishery industry development had been changed from "production-oriented" to "quality-oriented" and "responsibility-oriented".In 2013, The State Council issued "Several opinions on promoting the sustainable and healthy development of marine fishery", "strengthening the conservation of marine ecological environment and promoting sustainable development ability of marine fisheries" are the main tasks of marine fisheries development over the period ahead.In addition, "ecology civilization construction" has clearly been stated in 18th CPC National Congress.So, the sustainable utilization of fishery resources is the strategic demands for the support of high quality protein and the construction of ecological civilization.

During the National Twelve Five-year Plan period, a series of National Research Projects on the studies of the conservation and utilization of fishery resources had been approved.Studies on Ocean Ecosystem Dynamics, fishery resources investigation and assessment, stock enhancement, conservation biology effectively provided the progresses of the dynamics of major stocks, biological characteristics and inhabiting environment of fishery resource, and the corresponding protective measures.The international research of fishery resources conservation and utilization also mainly concentrated on the conservation, utilization and scientific management and assessment of fishery resource, in addition, the basic research on fishery resource were greatly developed, including the impacts of climate changes and human activities on fishery resource, risk-assessment of stock enhancement and so on.

Written by Jin Xianshi, Shan Xiujuan, Yang Wenbo

Advances in Fishery Eco-environment

Since July 2012, a series of studies have been conducted by Chinese scientists of fishery environment discipline on the theory and technique requirement of fishery eco-environment monitoring, assessment and early warning technologies, impact of pollutant to environmental safety of production area and corresponding pollution effect, habitat conservation and restoration, and management of fishery eco-environmental quality.Many achievements have been obtained in the revealment of environmental variation dynamics and consequent significance for resource conservation and utilization, healthy development of aquaculture and aquatic food safety; as well as establishment of corresponding system of methods and techniques. All these outputs are providing strong technical support to national fisheries enterprise of China.

During the 12th Five-Year Plan period, the situation of environment quality of national key fishery waters was documented by Chinese Fishery Eco-environment Monitoring Network through water, sediment, and organism monitoring at >160 sites, consequently, providing critical data that can be used to update annual Report on the State of the Fishery Eco-environment in China. The monitoring results showed that eco-environment in China had been kept generally stable, but pollution was still one of the most serious problems in some local waters, with main pollutants of nitrogen and phosphorus nutrients and petroleum. A study on the Changjiang Estuary clarified the relationship between temporal and spatial dynamics of fishery resource and effects of salinity, water temperature, prey organisms, and substrate, proposed the thresholds of key effective factors of silt-discharge conditions and pollutant concentrations, conveyed the important viewpoints of risk reduction for different types of fishery organisms from saline water intrusion and water pollution by ecological reoperation. Based on the investigation of coastal water in northern South China Sea and their strategies of Ecosystem Approach for Fisheries Management(EAFM), scientists discovered the current status of fishery resources and habitats in 12 important estuaries and bays along the coast; expounded the evolvement tendency of the resources and habitats, revealed their variation regulations and mechanisms, and established a technology development platform of EAFM. Not only that, scientists preliminarily grasped the physicochemical environment characteristics of fishing grounds around Nansha-east Zhongsha Islands, opened out formation features and the relations among ecological environment factors of some new found "high productive fishing grounds", disclosed the reasons on occurrence of low temperature, high salinity water masses around northern area of Zhongsha Islands in Spring, and "strong oceanic upwelling" near Vietnam coast in center of South China Sea in Summer, established a fatty-acid based bio-indicator system for identification of phytoplankton composition, and analyzed the features of biomass and stable isotope in zooplankton with different particle sizes from southern South China Sea in Spring and Summer. The work filled a gap which has hitherto existed on essential fishery habitats in the oceanic area and provided important basic information for more decent assessment, reasonable utilization of fish resources and integrated investigation on conservation of Nansha Island eco-environments. Also, major breakthroughs obtained on the research of habitat elemental fingerprints in otolith from important fishery fish species. A general criteria has been set up on habitat salinity markers of Sr:Ca and

Mg:Ca ratios in otolith of diadromous and potamodromous fishes, respectively. The analyses of life history transects and X-ray intensity maps on otolith element concentrations objectively and visually reflected the regulations of habitat requirement, life histories, migratory histories, and corresponding biological significances of fish.

Aiming at recent frequent oil spill accidents and their hazard to fishery organisms, researchers conducted the investigations on toxicological effects and mechanisms with different types of crude oils in fish, shrimps, and mussels at individual, cellular and molecular levels. Many impotent data have been obtained on acute toxicity, the adverse effects, hematological and histological damages bioaccumulation and release, and transfer of oil pollutants through food chains(e.g., algae-mussel food chain), and, consequently, preliminarily elucidated the toxic and bio-accumulative mechanism of oil spilling pollution, as well as provided the risk assessment in food quality of fishery organisms. By studying on effect of typical pollutants and pesticides to important aquaculture organisms, scientists established some new trace analysis methods; optimized the technology system of "South China Sea Mussel Watch", the method for identification of pollutant source in cultural sea areas, the risk assessment models for food quality, hygiene and safety of fishery resources; explained the spatial and template dynamics of 14 typical pollutants and pesticides in mussels from coastal culture areas, and the mechanisms of accumulation, emission, metabolism and single/multiple exposure-response relationships; developed 26 potential biomarkers for impacts of heavy metals, environmental hormones, POPs and pesticides; systemically clarified the variation tendency of food quality, hygiene and safety of the fishery resources, and elucidated the toxicological effects of these typical pollutants and pesticides to coastal aquaculture species. Based on the "Mussel Watch by Freshwater Mussel *Anodonta woodiana*" on heavy metals, researchers successfully set up a "Tissular Specimen Pool" and a "Standardized Living Individual Pool of Captive Breeding Mussels", which are especially used for *in situ/ex situ* pollutant monitoring and toxicity assessment. The results demonstrated that a close correlation existed between the pollutant contents in *Anodonta woodiana* mussels and in their surrounding habitats, suggesting the feasibility of controlling low background levels of contaminants in the "Standardized Mussels" by controlling the contamination level of culture habitats. Moreover, "Standardized Mussels" have the capacity for heavy metal removal from aquaculture water by bio-concentration.

Point against current situation of serious fishery resource degradation and habitat destruction, a series of studies has been performed on technology of fishery eco-environment conservation and remediation. For example, the research of artificial fish reef revealed the mechanism of flow field around artificial reef structures and functions of eco-adjustment; established comprehensive assessment method for marine fouling organisms; evaluated the adhesion effects of fouling organisms to 6 basic materials of artificial reef and possible influence on ecological benefits; amplified the effect mechanisms of 7 environmental parameters and seasonal factors on the fouling organisms, and the optimization approaches for elevation of feed efficiency in artificial reef areas; as well as quantitatively estimated the performance of artificial reef on enhancement of fishery resources and marine ecosystem services.Revolving around the influence of marine engineering on fishery resources and relating restoration, recent studies of the environment discipline brought insight into the spatial and template distribution of important fishery species of China, and their spawning sites, feeding grounds, over-winter grounds, and migration routes, verified the most sensitive time period of spawning for short-distance migration fish in coastal, estuarine, and bay areas, determined scientifically the key conserving fishery species and protected water regions; first elucidated the principle of that potential value loss of recruitment must be the main loss for coastal fishery resources; established the methods for quantify and assessment of the loss consequences of the recruitment and further the resources of the species; developed the standard and professional operation process for levying ecology compensation fee; and established the suitable eco-restoration technology for different types of fishery environments. Also, aimed at the destructive situation of natural seaweed bed in bays along Chinese coast, seaweed bed restoration has been undertaken in the Daya Bay of the South China Sea and Xiangshan Bay of the East China Sea.*Sargassaum horneri* and some other Sargassaceae species were the first choice for the restoration purpose, and no significant difference was found between the natural and transplanted Sargassaceae seaweeds.In addition, artificial oyster reef has been demonstrated to be an effective way to restore the coastal eco-environment.The ecological engineering of artificial oyster reef not only enhanced the oyster population and expanded its production area, but also obtained higher average densities, biomass of oyster and biodiversity of the area than those in control natural area without oyster reef engineering.For dealing with environmental degradation the aquaculture pond, an innovative technology of *in-situ* multilevel bioremediation was developed and a domestically applicable optimization and adjustment system was also established.These actions improved the water quality of fish ponds, decreased the rate of disease occurrence, reduced the usage of fishery medicines, and protected aquatic product quality safety, increased survival rate, feed efficiency, and production/unit area.Moreover, zero effluent discharge was realized and the goal of energy conservation and emission reduction was achieved by means of this technology.

To satisfy the requirement of aquaculture environment conservation, scientists in fishery eco-environment discipline formulated many specified criteria and provide strong technique support to conservation of national fishery resources and environments, e.g., "Techniques and Methods for Evaluating the Impact of Construction Projects on National Aquatic Germplasm Resources Conservation Areas", "A Method of Damage Evaluating Underwater Blasting on Fishery Resource and Environment", "Technical Specifications of Typical Pollutants Screening in Tidal Shellfish Cultured Environments", and "Technical Specifications of Type Classification of Tidal Shellfish Cultured Environments".

During the 13th five-year period, according to requirement of fishery development in China, and using the developing direction of international corresponding advanced technique as a reference, the main research emphases of our fishery eco-environment discipline will be continually investigated at four different levels, i.e., environment monitoring, assessment and early warning; pollution ecology and environmental safety conservation; adjustment, optimization and restoration of fishery eco-environment; and effective management of the environment quality.

Written by Shen Xinqiang and Yang Jian

Advances in Aquatic Products Storage and Processing

The advances in aquatic products storage and processing since 2012 in China were summarized, the present situation were compared with foreign situation, and the development of aquatic products storage and processing development in future were prospected in this report.According to the report, the mechanisms of quality change in aquatic products processing and storage has made significant progress.The processing technology, quality and safety control technologies of aquatic products, such as seaweed, sea cucumber, Antarctic krill and freshwater fish has made breakthrough.The report suggested that we should strengthen the basic research on the interaction of nutrients, quality change mechanism, chemical hazard components migration mechanism, in aquatic products processing, and put forward the aquatic food development, by-products utilization and the product quality and safety guarantee system construction of the key technology of aspects that need to be developed.

Written by Xue Changhu, Li Jianrong and Xiong Shanbai

Advances in Fishery Equipment

The new progress has been achieved in the research of new pond culture machinery and subsurface constructed wetland ecological aquaculture system. The efficient purification equipment has been increasingly improved, and the specialized system model has formed for the industrial re-circulating aquaculture. The research on the feeding system, netting washing equipment, and remote monitoring of the deep water cage has made a breakthrough. More than 10 kinds of inshore steel and FRP fishing boats have been developed by the integrated application of ship form optimization and match technology of ship, propeller, and main engine; there is the primary application of new energy resources like electric propulsion and LNG fuels on fishing boat. The fishing equipments such as tuna purse seine hauling machine etc. have been developed. The raw material pre-treating equipments such as the gutting machine for marine fish and heading machine for prawn have been developed; and the processing equipments for sea cucumber, crab and the Antarctic krill shell and meat separating technique and equipment have also been developed.

The pond culture equipment technology as a whole in China has reached world-class levels, but the research on pond ecological Mechanism shows a deficiency of technology accumulation. Our industrial recirculation aquaculture technology at the application level keeps up with the world-class level, but the relevant fundamental research shows a deficiency of technology accumulation. The development of deep water cage auxiliary equipment technology relatively delayed. There is less application of innovative technology on the design of fishing vessel. The innovation and R&D capability for fishing equipment is insufficient. Comparing to the developed countries, the level of aquatic product processing technology and equipment in China obviously lag behind them.

The intensive pond culture new model will be established by focusing on the ecological engineering research and functional construction. The modern industrial production level fish farming plant will be established by focusing on the research of the control mechanism of aquaculture habitats and the R&D of efficient aquaculture equipment. By integrating farming, breeding, processing, and fish catches circulation and materiel supply on the sea as a whole, the new deep sea fishery model will be formed. The research of ship-type standardization and independent R&D of deep sea fishing vessel equipment will be emphasized in fishing vessel and equipment development field. In aquatic product processing equipment field, the focus will lie on the research and development of the key on board processing equipments, and the system construction of logistics equipment.The mechanization, precision and informational level of fishery production will be continuously improved, to accelerate the industrialization of fishery. The study of fishery equipment should carry out and expand from the sole equipment R&D to the system model which takes the new equipment R&D as its core.

Written by Xu Hao

Advances in Fishery Information Science

Fishery information science is an emerging and comprehensive subject integrating the fishery science, information science and management science.It focuses on application of information technologies in fisheries, fishery information collection and management, fishery information analysis.The goal of the subject is to promote the fisheries development by providing the sector with advanced technologies and useful information.

The report is made up of 4 parts.The first part briefly introduces the current development status of fishery information science in China.In the past years, the subject has made substantial progress in the application of information technologies, information management and information analysis. The second part is the comparison between China and abroad.Generally, China has speeded up itself to catch up with the world advance.But compared with the developed countries, gaps still be existed, mainly in the overall planning of information infrastructure, awareness of information sharing, and talents who are familiar with both information technologies and fisheries.The third part raises the demands and strategies for future development including the direction, roadmap and major tasks.The last part puts forward a number of the project proposals in China's 13th Five-Year Plan.

Written by Yang Ningsheng

索 引